Johann Georg Kohl

Geschichte des Golfstroms und seiner Erforschung

weitsuechtig

Johann Georg Kohl

Geschichte des Golfstroms und seiner Erforschung

ISBN/EAN: 9783956561030

Auflage: 1

Erscheinungsjahr: 2013

Erscheinungsort: Bremen, Deutschland

@ weitsuechtig in Access Verlag GmbH. Alle Rechte beim Verlag und bei den jeweiligen Lizenzgebern.

weitsuechtig

Geschichte

des

Golfstroms und seiner Erforschung

von den

ältesten Zeiten bis auf den grossen amerikanischen Bürgerkrieg.

Eine Monographie

zur

Geschichte der Oceane und der geographischen Entdeckungen

von

J. G. Kohl.

Motto: „Die Einzelheiten der Geschichte der Wissenschaften gewähren nur insofern einen Nutzen, als man sie durch ein gemeinsames Band verknüpft."

Humboldt.

Mit 3 lithographirten Karten.

BREMEN.

Verlag von C. Ed. Müller.

1868.

Den

Herren Officieren

des

United States Coast-Survey

in

WASHINGTON

gewidmet

zur freundlichen Erinnerung an den Verfasser.

Vorrede.

Unterzeichneter, seit längerer Zeit mit Studien und Arbeiten über die Geschichte der Entdeckung der Neuen Welt beschäftigt, wurde bei seiner Anwesenheit in den Vereinigten Staaten in den Jahren 1854—1857 von dem damaligen Superintendenten des United States Coast-Survey, seinem jetzt verewigten Freunde Prof. Bache eingeladen, für dieses Institut eine Geschichte der Erforschung des Golfstroms von der Zeit des Columbus bis zur Mitte des 19. Jahrhunderts zu entwerfen. Er führte diese Arbeit aus und seine Schrift wurde, in Englischer Sprache abgefasst, in dem Archive des besagten Instituts zu gelegentlichem Gebrauche niedergelegt, dem Verfasser dabei jedoch die Erlaubniss zur Veröffentlichung derselben in Deutscher Bearbeitung vorbehalten. Im Jahre 1858 in seine Heimath zurückgekehrt, unterzog er sich dieser Umgestaltung seiner Schrift, die zur grösseren Hälfte in der von Herrn Prof. Koner in Berlin redigirten Zeitschrift für Erdkunde abgedruckt wurde. Unterzeichneter schätzt sich glücklich, dass er jetzt im Stande ist, eine Berichtigung und Vervollständigung der ganzen Abhandlung den Liebhabern der Geschichte der Geographie, deren nachsichtiger Beurtheilung er sein schwieriges Unternehmen empfiehlt, vorzulegen.

Bremen im Juli 1867.

J. G. Kohl.

Berichtigung.

Der sechste Abschnitt des Buches ist beim Druck irrthümlich mit VII. bezeichnet und die fehlerhafte Zählung so weiter geführt worden.

Seite 135: statt März 1821 liess 1822.

Inhaltsverzeichniss.

Einleitendes.

Ueber den Zweck und den Nutzen des Werkes überhaupt 1
Allgemeine vorläufige Schilderung des Golfstroms, seiner verschiedenen
  Partieen und seines Zusammenhangs mit anderen Strömungen 2
Ueber die verschiedenen Perioden und Epochen der Geschichte des Golf-
  stroms und über den Plan dieser Schrift 11

I. Ein Blick auf die Kenntnisse und Ideen über Strömungen im Atlantischen Ocean in den Zeiten vor Columbus.

Phönizier und Römer 17
Araber 19
Normannen, Italiener und andere im Mittelalter 20

II. Columbus und seine Zeitgenossen.

Columbus. — Der Golfstrom veranlasst die Entdeckung Amerika's . . . 28
  Columbus entdeckt den Aequatorialstrom und die Strömungen in der
  Caribischen See. — Seine Ansichten über die Ursachen und Wirkungen
  der Meeresströmungen 30
John und Sebastian Cabot und die Corteroale 31
  Die Cabot's entdecken den Labradorstrom und die Küsten-Strömungen
  Nord-Amerika's 31
  Sie treten bei der Chesapeake-Bay in den Golfstrom ein 31
  Die Tagebücher Sebastian Cabot's und der Portugiesen Cortereal . 32

III. Von Columbus bis Antonio de Alaminos oder von 1503—1519.

Die Fahrten nach Neufundland und die Umsegelung Cuba's 34
  Ponce de Leon.
Ponce de Leon entdeckt zuerst die Strömung bei Florida und den Ba-
  hama-Bänken 36
Die Piloten und Fischer des Hafens von Havana 37
Entdeckung des Golfs von Mexico oder des unteren Reservoirs des Golf-
  stroms. — Peter Martyr's Meinungen über die Strömungen des Atlanti-
  schen Oceans 38
Er glaubt, dass der Aequatorial-Strom um den ganzen Globus fliesst . 39
Einwirkung des Golfstroms auf die ersten Schifffahrten der Spanier . . 40
Alter Spanischer Seeweg über den Ocean nach Europa 41

IV. Antonio de Alaminos 1519.

Veranlassung zu der Reise des Alaminos 42
Er segelt durch den Golf von Florida mit dem Golfstrom nach Europa . 43
In Folge dieser Reise und Entdeckung wird die Richtung der Spanischen
  Heimreisen nach Europa geändert 43
Circulirende Schifffahrt eingeführt im Parallelismus mit der circulirenden
  Bewegung der Strömungen 44

V. Von Antonio de Alaminos oder von der Entdeckung des Ausfalls des Golfstroms im Jahre 1519 bis zum Jahre 1620.

Seite

Lucas Vasquez Ayllon. 1526. 47
Juan Bermudas. 1526. 47
Narvaez und de Soto. 1528—1543 48
John Hawkins. 1565 49
Ribaults Neuer Oceanischer Seeweg. 1562 50
Don Pedro Menendez. 1565—1573. Dieser Spanier segelt zum ersten Male gegen den Golfstrom 51
Sir Humphrey Gilbert. 1570. Seine Ansichten über Meeresströmungen . . 53
Seine Erwägungen über eine Südliche oder Nördliche Hinreise nach Amerika 54
Seine Erwartungen von den durch den Golfstrom veranlassten Hindernissen und Vortheilen 55
Martin Frobisher's Beobachtungen über die Strömungen des Nord-Atlantischen Oceans. 1576—1578 56
Seine Ansichten von den Eisbergen 56
Beobachtet nordöstliche Strömungen im Westen von Irland 57
Die Ansichten anderer Hydrographen des 16. Jahrhunderts über Strömungen 58
Die Bewegung des Golfstroms wird dem Mississippi zugeschrieben . . . 59
Expeditionen nach Alt-Virginien. 1584—1602 59
Bemerkungen über die Stärke des Golfstroms. — Entdeckung der Gegenströmungen längs der Küste von Florida. — Erste Erwähnung des stürmischen Cap Hatteras. — Südöstliche Strömungen im Westen der Azoren entdeckt 59
Herrera's Beschreibung des Golfstroms im Jahre 1600 und einige sonderbare Theorien über Meeresströmungen 62
Erste phantastische Strömungs-Karte 62
Gosnold's Reise 1602. — Gosnold segelt gegen den Golfstrom in der Mitte des Oceans 65
Er beobachtet nach Nordosten getriebene Golf-Kräuter 200 Leguas westlich von Irland 66
Eine Beobachtung seines Steuermanns Gilbert 67
Entdeckung der hohen Temperatur des Golfstroms in hohen Breiten durch den Franzosen Lescarbot 1606 68
Die Theilung der Amerikanischen Küstenlandschaften in ein „Nördliches" und ein „Südliches Virginien" durch den Golfstrom veranlasst 1606 . 69
Wie der Golfstrom die Ursache der so späten Ansiedlung von Newyork war 70
Beobachtungen über den Golfstrom während der ersten Expedition nach Chesapeake-Bai. 1606—1609 71
Erste Beobachtungen über „Westindische Orkane" im Golfstrom und über ihre circulirende Bewegung 71
Capitän Samuel Argall's „schneller Weg nach Virginien" 1609 72
Argall segelt über den Ocean von Osten und Westen mit den Gegenströmungen im Süden des Golfstroms 73
Argall ist der erste mit der Schifffahrt der Ostküste Nord-Amerika's sehr vertraute Seefahrer 75

Henry Hudson 1609.

Henry Hudson kreuzt und beobachtet den Golfstrom zu wiederholten Malen 76
Nachfolgende holländische Expeditionen zur Bai von Newyork 1609—1620 77
Die Holländer segelten gewöhnlich auf einer südlichen Route mit dem Golfstrom nach Newyork 77
Die kleine „Mayflower" mit den Pilgrim-Vätern im Golfstrom 78

VII. Geschichte des Golfstroms von 1620 bis 1770.

Rückblick auf die hydrographischen Schriften des 16. und 17. Jahrhunderts 79

Inhaltsverzeichniss.

	Seite
Ansichten des Geographen Varenius über Strömungen	82
Varenius giebt eine zu seiner Zeit meisterhafte Schilderung der Meeresströmungen	83
Er classificirt zum ersten Male die Meeresströmungen: in „beständige" und „periodische", sowie in „allgemeine" und „specielle" oder Seeflüsse.	83
Des Isaac Vossius Ansichten über Meeres-Strömungen 1663. Er weist auf die Harmonie der Bewegung der Gewässer in verschiedenen Abschnitten des Oceans hin	84
Verschiedene Ansichten der ausgezeichneten Hydographen und Naturforscher des 17. Jahrhunderts: Varenius, Vossius, Fournier, Keppler über die Ursachen der Strömungen	86
Erste Aufstellung der Hypothese, dass astronomische Entdeckungen von Copernicus und Kepler und die Umdrehung der Erde etwas mit Entstehung und Richtung der Strömungen zu thun haben	87
Erste allgemeine Strömungs-Karte. 1678. Der Norwegische Maal-Strom ist der erste auf See-Karten dargestellte Meeres-Strom	88
Kircher's Strömungs-Karte	88
Halley's Wind- und magnetische Karte	89
Die Männer der Wissenschaft fangen an, auf die Westindischen Producte, welche vom Golfstrom zu den Küsten des nördlichen Europa geführt werden, aufmerksam zu werden. 1674	89
Die Frage, ob die „fremdartigen Bohnen" und Pflanzentheile an der Küste von Schottland von den Molucken oder von Westindien kommen	90
Ansichten der Dänen Claussen und Debes und der Engländer Mackenzie und Sloane hierüber	91
Französische und Spanische Reiser zur Erforschung des Golfs von Mexico: Siguenza und Andres de Pez. Prof. Laval's und Charlevoix's Bemerkungen über den Golfstrom. 1720—1722	92
Einwirkung der Nord-Winde auf die Schnelligkeit des Golfstroms zuerst beobachtet	93
Schätzung der Schnelligkeit des Golfstroms	94
Die Wege der Französischen Seefahrer nach und von ihren Westindischen Colonien durch den Golfstrom bestimmt	95
Chabert's Beobachtungen über Strömungen in den Nordöstlichen Zweigen des Golfstroms. 1753	95
Englische Piloten und See-Karten in der ersten Hälfte des 18. Jahrhunderts Langsame Verbesserung der Strom-Karten	96
Erste Darstellung der Sargasso-See auf Karten	98
Erste „Pfeile" auf Karten, den Golfstrom anzuzeigen	99
Vernachlässigung und Nichtbeachtung des Golfstroms in der Schifffahrt	99
Die Königl. Englischen Post-Schiffe machen mühselige und langwierige Reisen nach Amerika und längs der Küsten Amerika's, weil sie den Golfstrom nicht beachten	100
Die Freibeuter, „Wrecker's" und Küstenfahrer von New-Providence und die Wallfischfänger von Nantucket in der ersten Hälfte des 18. Jahrhunderts	101
Sie kennen und benutzen den Golfstrom am besten	102
Die Amerikanischen Capitäne von Boston und Rhode Island	103
Sie führen den Namen „Gulfstream" oder „Gulf" ein	104
Sie verlegen ihre Reise-Route von Europa nach Amerika nördlich vom Golfstrom	104

VIII. Benjamin Franklin und der Engländer C. Blagden 1770—1786.

Benjamin Franklin. Er wird durch die Amerikanischen Capitäne zuerst mit den Einwirkungen des Golfstroms auf Schifffahrt bekannt gemacht.	106
Er zeichnet mit Capt. Folger die erste Golfstrom-Karte	107
Er erforscht selbst den Golfstrom mit dem Thermometer	108

	Seite
Geschichte des See-Thermometers	108
Franklin's verschiedene thermometrische See-Reisen	109
Er glaubt, dass die Passat-Winde den Golfstrom veranlassen	110
Bemerkungen des Dr. Charles Blagden und anderer Engländer aus Franklin's Zeit über den Golfstrom	110
Lebendige westindische Schildkröten an der Küste von Schottland gefangen	111
Die Gegenströmungen des Golfstroms auf beiden Seiten desselben beobachtet	112
Die Strömungen bei den Azoren beobachtet. 1775	112
Blagden empfiehlt der Englischen Marine den Gebrauch des Thermometers	114
Reform in der Schifffahrt nach Franklin und Blagden	114

IX. Die Fortschritte der wissenschaftlichen Erforschung des Golfstroms von B. Franklin bis auf den Beginn der Operationen des Amerikanischen Bureaus der Küsten-Vermessung, oder von 1786—1845.

Governor Pownall und Jonathan Williams. 1787—1790	115
Pownalls Karte des Golfstroms	115
Seine Oceanischen Schifffahrts-Routen von und nach Europa	115
Die thermometrischen Reisen von Jonathan Williams	116
Seine Karte vom Golfstrom	117
Capt. Billings und William Strickland	117
Capt. Billings's Reise von 1791	117
W. Strickland's thermometrische Reisen und Karten	118
Strickland weist den warmen Golfstrom in sehr hohen Breiten nach	119
Volney über den Golfstrom	120
Der Golfstrom bis nach Norwegen verfolgt	120
Beobachtungen über den Golfstrom im ersten Viertel des 19. Jahrhunderts und von Rennell, oder von 1800—1832.	120
Der Gebrauch der See-Thermometer und der Chronometer wird gemeiner unter den Seeleuten	120
Erste Flaschen-Experimente zur Bestimmung von Meeres-Strömungen	120
Erste kalte Streifen und Oasen im Golfstrom entdeckt	121
Sir Philipp Brookes Beobachtungen über den Zustand des Golfstroms im Winter	121
Der französische Akademiker Bromme über den Golfstrom	123
A. von Humboldt über den Golfstrom	123
Humboldt macht den Golfstrom populär in Europa	124
Humboldt's Beschreibung des Golfstroms	124
Er schildert ihn je nach den verschiedenen Zeiten des Jahres	124
Er glaubt, die Umdrehung der Erde sei die treibende Ursache des Golfstroms	125
Seine Karte des Golfstroms	125
Sein grosses Manuscript über den Golfstrom	126
Verschiedene Englische Erforscher des Golfstromes nach Humboldt und vor Rennell von 1814—1833	126
Chronologische Uebersicht der Wege verschiedener Englischer Schiffe im Golfstrom	127
Capt. Pell	127
Capt. Livingston	127
Capt. Tozer	128
Capt. Napier	128
Leopold von Buch untersucht die Einflüsse des Golfstroms auf das Klima Norwegens	128
Capt. Scoresby über die Nordischen Ausläufer des warmen Wassers 1820	129
Er weist einen warmen submarinen Strom unter dem kalten Wasser des Nordens nach und hält ihn für einen Zweig des Golfstroms	129
Beobachtungen des Obersten Sabine über den Golfstrom	130

Inhaltsverzeichniss. XIII

Seite

Sabine findet im Jahre 1822 einen breiten warmen Strom zwischen kälterem Wasser auf beiden Seiten in der Länge von Madeira östlich der Azoren 131
Er hält denselben für eine aussergewöhnliche Ausdehnung des Golfstroms 132
Sein Bericht über den ungewöhnlichen Wetterzustand in Europa in den Jahren 1821—1822 134
Die Flaschen-Experimente, die in dieser Zeit zur Entdeckung von Strömungen angestellt wurden 135
Chronologische Zusammenstellung derselben 135
J. Rennell's Untersuchungen über den Golfstrom. 1832 136
John Purdy's Nautische Schriften 136
J. Rennell compilirt und verarbeitet die in dem Bureau der Englischen Admiralität deponirten Materialien über die Nord-Atlantischen Strömungen. 136
Rennell's Werk wird die höchste Autorität über Strömungen 137
Seine Karten 138
Die Namen, welche er für die verschiedenen Partieen des Golfstroms vorschlug 139
Seine Ansicht über die Ursachen des Golfstroms 140
Er glaubt, dass der Golf von Mexico ein erhabenes Niveau hat und dass der Golfstrom durch die Bänke von Nantucket und Neufundland und durch die arktische Strömung nach Osten gewandt wird 140
Er lässt den Golfstrom bei den Azoren enden 142
Seine Ansichten über die „Ueberfluthungen des Golfstroms" und den unregelmässigen Wechsel in seinen Breiten 142
Er zeigt, dass gleichzeitige Beobachtungen in den verschiedenen Partieen des Golfstroms wünschenswerth sind 144
Die zur Zeit Rennell's noch nicht erforschten Abschnitte des Golfstroms nach Rennell 145
Arago über die Ursachen des Golfstroms 146
Rennell's Voraussetzung, dass die Caribischen und Mexicanischen Binnen-Meere ein höheres Niveau besitzen, wird durch Experimente widerlegt . 146
Arago hält, wie Humboldt, die Umdrehung der Erde für die Haupt-Ursache der Strömungen 146
Wissenschaftliche Verbesserungen in der Schifffahrtskunst und in der Weise der Erforschung und Beobachtung Oceanischer Verhältnisse 147
Verbesserung der Chronometer und ihr Einfluss auf Beobachtung und Bestimmung von Strömungen 148
Magnetismus, magnetische Karten, locale Attraction seit 1851 148
Thermometrische Tief-See-Peilungen 149
Die Resultate der Flaschen-Experimente jedes Jahr publicirt 149
Erste Flaschen-Karte (Bottle Chart) vom Nord-Atlantischen Ocean und vom Golfstrom im Jahre 1843 150
Capt. Belcher's erste und zweite Flaschen-Karte des Golfstroms 150
Redfield's Eis-Karte des Nord-Atlantischen Oceans 150
Capt. Koeler's Bemerkungen über den Golfstrom 151
Untersuchungen und Beobachtungen über den sogenannten Nord-Oestlichen Zweig des Golfstroms 152
Französische Reisende verfolgen den Golfstrom bis nach Spitzbergen und weisen ihn bei Wardoehuus und dem Nord-Cap nach 152
Der Russische Akademiker Bär weist die Einwirkung des Golfstroms auf der Westküste von Novaja Semlja nach 152
Er bezeichnet Novaja Semlja als den äussersten Grenzwall des Golfstroms im Nordosten 153
Leopold von Buch zeigt, dass das Clima von Cherry-Island vom Golfstrom beeinflusst wird 154
Des Dänen Irminger Bemerkungen über die Temperatur des Seewassers zwischen Skandinavien und Grönland 157
Der Golfstrom bei Island, das Treibholz bei Island 158

XIV Inhaltsverzeichniss.

Seite
Des Prof. Sartorius meteorologische Bemerkungen über Island 161
Contraste der südlichen und nördlichen Küste Islands. 161
Merkwürdiger Einfluss der nördlichen Zweige des Golfstroms auf die Schifffahrts-Wege bei Island 162

X. Neueste Darstellungen des Golfstroms.

Dr. Kane glaubt, den Golfstrom auf der Nördlichen Küste Sibiriens nachweisen zu können 163
Herr J. Simpson glaubt den Einfluss des Golfstroms jenseits der Behrings-Strasse wahrzunehmen 164
Herr Findlay führt das Golfstrom-Wasser längs der Küste Sibirien's und weiter östlich um den Pol herum zur Baffins-Bay zurück 164
Dasselbe thut Herr M. F. Maury 165
M. F. Maury's Theorie vom Golfstrom. Die Vereinigten Staaten organisiren ein System der Beobachtung der Meeres-Strömungen in allen Gewässern des Globus 165
Herrn Maury's Wind- und Strömungs-Karten 166
Die Conferenz der Hydrographen in Brüssel im Jahre 1853. 166
Maury's Nördliche Gränze des Golfstroms für September 167
Maury und die moderne Ansicht von den Nördlichen und Oestlichen Zweigen des Golfstroms 167
A. G. Findlay's Karte des Golfstroms 171
W. C. Redfield war der erste, welcher nachwies, dass das kalte Wasser des Arktischen Stromes sinkt und als Gegenstrom unter dem Golfstrom fortgeht 172
Der „Afrikanische Strom", der „Einzug in die Strasse von Gibraltar" und der „Rennell-Strom" werden als Zweige des Golfstroms aufgestellt . . . 172

XI. Geschichte der Operationen der Officiere des Amerikanischen Bureaus der Küsten-Vermessung im Golfstrom.

Kurze Geschichte des Amerikanischen Bureaus der Küsten-Vermessung. . 174
Chronologische Uebersicht der Expeditionen der Amerikanischen Offiziere im Golfstrom von 1845—1860 177
Expeditionen der Lieutenants Davis und Bache in den nördlichen Sektionen des Golfstroms 178
Entdeckungen des Naturforschers Agassiz in Florida. Er beweist, dass die Halbinsel Florida ein Erzeugniss der Korallenthiere und des Golfstroms ist 179
Expeditionen der Lieutenants Craven und Maffit in den mittleren Sektionen des Golfstroms 180
Die vom Amerikanischen Bureau der Küsten-Vermessung publicirte Karte des Golfstroms 181
Die Expeditionen und Entdeckungen der Lieutenants Craven, Sandt, Hover etc. in den südlichen Partien des Golfstroms 182
Entdeckung des „Riegels von Bimini" 182
Erforschung der Verhältnisse und Gestaltung der Strasse von Florida . . 183
Unterbrechung dieser Operationen durch den grossen Amerikanischen Bürgerkrieg 185
Schilderung des Golfstroms nach den Forschungen der Offiziere des Amerikanischen Bureaus der Küsten-Vermessungen 185
Einige Bemerkungen über die von den Amerikanern construirten Instrumente zur Erforschung und Bestimmung der Temperatur, Tiefe, Richtung etc. von Meeresströmungen 185
Verhältnisse im Golf von Mexico und bei dem Beginn des eigentlichen Golfstroms 194
Die Halbinsel Florida 196

Inhaltsverzeichniss.

	Seite
Bodengestaltung in der Strasse von Florida	199
Der „Riegel von Bimini," der die Mexicanischen und Atlantischen Gewässer scheidet	200
Die kalten und warmen Bänder oder Streifen des Golfstroms	201
Die „kalte Mauer"	205
Die Gebirgszüge und Thäler auf dem Boden des Golfstroms	207
Zusammenhang der submarinen Gebirgszüge und Thäler mit den kalten und warmen Adern des Golfstroms	209
Das kalte Wasser unter dem Golfstrom	211
Die Elemente und Stoffe, welche den tiefen Meeresgrund im Golfstrom bedecken	213
Die Temperatur des Golfstroms in seiner Längenrichtung	215
Geschwindigkeit des Golfstroms	217
Gegenströme des Golfstroms	219
Verschiedenheit der Golfstrom-Temperaturen nach den Jahreszeiten und in verschiedenen Jahren	222
Schlussbemerkung	223

Einleitung.

Der „Golfstrom", eine Combination sehr merkwürdiger Wasser- und Luft-Phänomene ist der bedeutsamste Charakter-Zug des Nord-Atlantischen Oceans. Er bildet die einflussreichste Quelle der Temperaturen, der Winde und Stürme dieses Abschnitts des Weltmeeres und ist mit Rücksicht darauf wohl der „Sturm-" oder „Wetter-König" jenes Oceans genannt [1]) worden.

Seit unvordenklichen Zeiten hat er die grösste Einwirkung auf das Klima, den Grad von Bewohnbarkeit und die Art der Produktivität der grossen Continente, welche dieses Meeres-Bekken umgeben, ausgeübt. — Seit der Entdeckung von Amerika war er der Regulator der verschiedenen Schifffahrts-Systeme oder Beschiffungsweisen dieses Oceans, welche je nach der Kenntniss, die man von dem Golfstrom erlangt hatte, gewechselt haben. Er könnte die Haupt-Arterie der ganzen Masse von Gewässern zwischen Europa und Nord-Amerika genannt werden, in ähnlicher Weise wie man die Gebirgskette der Anden das „Rückgrat" des Amerikanischen Continents genannt hat.

Eine Untersuchung der Geschichte der allmähligen Entdekkung und Erforschung dieses Golfstromes umfasst beinahe die gesammte Geschichte des Nord-Atlantischen Oceans. Eine solche Darstellung, die der Gegenstand meiner Mittheilung ist, wird sowohl ein allgemein wissenschaftliches Interesse darbieten, als auch vielfach nützlich und befruchtend auf verwandte Zweige der Geschichte einwirken können.

---

[1]) „The Wheatherbreeder" and „the Stormking of the Atlantic". Maury.

Wenn wir den verschiedenen theilweise falschen, und allmälig berichtigten Vorstellungen und Ideen über Atlantische Strömungen, welche unsere Vorväter hegten, und nach denen sie ihre Schiffahrt und ihre See-Unternehmungen einrichteten, nachforschen, werden wir im Stande sein, auf die Geschichte dieser Schiffahrt selbst und ihre Entwickelung manches Licht zu werfen, so wie auch auf die Geschichte der durch sie veranlassten Ansiedelungen, und insbesondere auf das Wachsthum der Brittischen Colonien an der Ostküste der jetzigen Vereinigten Staaten, deren Handel und Seefahrt vorzüglich stark unter den Einflüssen des Golfstromes stand und steht.

Obwohl ich hier nicht mit einer vollständigen Schilderung des Golfstromes, die nur das Endresultat der ganzen Untersuchung sein könnte, beginnen will, so wird es doch, bevor wir den Gegenstand überhaupt angreifen, nöthig sein, auf seine Ausdehnung und seine Hauptzüge, und wie sie sich in der Jetztzeit, ich meine in der jetzigen geologischen Periode, darstellen,[1] **einen allgemeinen Blick zu werfen.** Nur dadurch werde ich im Stande sein, zu zeigen, weshalb ich meine Untersuchungen so weit ausdehne, wie ich es that, und zu gleicher Zeit werde ich nur so einige passende Ausdrücke und Namen gewinnen können, die ich im Verlaufe meiner Abhandlung benutzen mag, um damit auf eine kurze Weise die verschiedenen Partieen des Golfstromes und der mit ihm verbundenen Oceanischen Regionen zu bezeichnen.

Der **eigentliche Golfstrom** im engeren Sinne des Wortes ist nur der markirteste, am besten bekannte und durch seine geographische Stellung zwischen Europa und Nord-Amerika einflussreichste Theil jenes grossen Systems von Strömungen, welches in dem weiten Atlantischen Becken kreist. Der breite Aequatorial-Strom, durch die Passat-Winde gefördert, bewegt sich von Osten nach Westen, von den Küsten von Guinea zu denen von Brasilien. An der grossen beim Cap St. Augustin ostwärts hervorragenden Bastion von Brasilien wird er ge-

---

[1] Ich sage „in der Jetztzeit". Denn die Beschaffenheit, Richtung und Umgestaltungs-Geschichte des Golfstroms in früheren Perioden der Erdentwickelung lasse ich hier selbstverständlich unerörtert. Siehe hierüber die Schrift von Rudolph Ludwig: Die Meeresströmungen in ihrer geologischen Bedeutung etc. Darmstadt 1865.

brochen, getheilt und fliesst nach zwei Seiten hin ab. Erstlich in dem sogenannten „Brasilischen Strom", der zunächst in einer südwestlichen Richtung gegen die Mündung des La Plata-Flusses zielt und dann sich südöstlich nach dem Cap der guten Hoffnung zurückdreht; — und zweitens in einer westnordwestlich gerichteten Stömung, welche mit der Nordküste Brasiliens und mit der Küste von Guyana parallel läuft, und die wir wohl den Guyana-Strom nennen könnten. Dieser nordwestliche Zweig des Aequatorial-Stromes tritt durch die zahlreichen Meerengen und Canäle zwischen Trinidad und den Karibischen Inseln in die Karibische See.

Die gesammten Gewässer der Karibischen See streben gemeiniglich von Osten nach Westen mit einer allmähligen Abweichung nach Nordwesten. In ihren westlichen Partien ist diese Bewegung in Uebereinstimmung mit der Richtung der Küsten-Linie noch mehr nordwärts gewandt. Die Karibische See, welche zuletzt einen Theil ihrer Gewässer durch die Strasse von Yucatan in den Golf von Mexico hinauslässt, kann als das primäre oder obere Reservoir des Golfstromes betrachtet werden. Die Gewässer, welche so der Golf von Mexico aus dem Süden empfängt, circuliren in diesem halbmondförmigen Becken rund herum und entschlüpfen zuletzt aus ihm durch den Golf von Florida ostwärts. Der Golf von Mexico kann als das untere oder Haupt-Reservoir, gewissermassen als das Quellen-Becken des Golfstromes, der von ihm seinen Namen erhalten hat, bezeichnet werden.

Der eigentliche Golfstrom wird als bei der südöstlichen Oeffnung des Mexicanischen Meerbusens anfangend betrachtet. Er fliesst daselbst zünächst in einem vergleichsweise engen Canale zwischen Cuba, Florida und den Bahama-Bänken. Innerhalb dieses Canals nimmt er zuerst eine östliche, dann eine nördliche Richtung an. Wir mögen diese ganze Section als die Engen des Golfstroms *(the Narrows of the Gulf Stream)* bezeichnen. Wir könnten sie auch als die Haupt-Wurzel oder Quelle seiner weit ausgreifenden Zweige und Adern betrachten.

Diese „Engen" des Golfstromes empfangen im Osten einige Seiten-Zweige, welche durch das Labyrinth der Bahama-Bänke und Inseln zu ihm stossen, und welche theilweise als secundäre Zweige des Hauptstromes oder als Nebenquellen *(„Fee-*

ders") angesehen werden mögen. Der hauptsächlichste dieser in den Hauptstrom einlaufenden Nebenflüsse ist der sogenannte alte Bahama-Canal, dessen Strömungen sich gewöhnlich westwärts bewegen und zuweilen eine grosse Masse Wasser in den Golfstrom werfen.

Bei dem nördlichen Ende der Bahama-Bank, zwischen ihr und dem Cap Cañaveral verlässt der Golfstrom seine „Engen" und tritt in den Ocean ein. Von alten Englischen Seefahrern ist diese Partie der Strömung zuweilen der „Ausfall" *(the Outfall)* des Golfstromes genannt worden. Es ist ein sehr passender Name und wir mögen ihn für unsere Zwecke zur Bezeichnung jenes Abschnitts adoptiren.

Die Küsten Cuba's, Florida's und der Bahama-Bänke oder Inseln können gewissermassen als die Ufer der Golfstrom-Engen betrachtet werden.

Von seinem Ausfalle an schweift der Golfstrom über die weite Masse des Oceans dahin, indem er an Breite zunimmt. Da er in der Folge der Erdumdrehung eine schnellere Bewegung nach Osten mit sich bringt, als er in den ihn umgebenden Gewässern findet, so ändert er zugleich seine direct nördliche Richtung allmählig zu einer nordöstlichen. In eben dieser Richtung wird er auch durch die Ostküste der Vereinigten Staaten und durch das hohe unterseeische Plateau, welches sich längs dieser Küste weit hin erstreckt, festgehalten. Beide laufen parallel mit dem tiefen Thale und Körper des Golfstromes von Südwesten nach Nordosten, und sie mögen seine westlichen Ufer genannt werden.

Auf der östlichen Seite hat diese Partie des Golfstromes keine Festland-Ufer. Dort bildet nur der Central-Körper des Oceans seine Grenze. Gewisse tief liegende Bänke, welche in neuerer Zeit entdeckt und als eine unterseeische Fortsetzung der Bahama-Gruppe nach Norden nachgewiesen sind, so wie vielleicht die lange Bank, auf welcher die Bermudas-Inseln stehen, können gewissermassen aber als östliche Seiten-Ränder des Golfstrom-Thales, als submarine Ufer, betrachtet werden.

Die grosse Halbinsel von Neu-England mit den Inseln und Bänken von Nantucket, die sich ziemlich weit nach Osten hinauswerfen, beendigen diesen Abschnitt des Golfstromes. Sie halten einigermassen seinen nordöstlichen Fortschritt auf und werfen ihn noch mehr östlich herum. — Diese östliche Tendenz des Golfstromes wird zugleich noch verstärkt durch die aus Norden und Nordwesten kommenden Polarströmungen, welche daselbst anfangen, einen freien Zutritt zum Golfstrom zu gewinnen und ihm kräftiger entgegenzutreten.

Bis zu der besagten Gegend (bis zu den Bänken von Nantucket und Neu-England) behält der Golfstrom noch vieles von seinen Eigenthümlichkeiten, die er beim „Ausfall" besitzt, bei, hat seine dortige Schnelligkeit und Wärme noch nicht sehr bedeutend gemindert, und seine Breite nicht sehr vergrössert. Er verfolgt bis dahin ausdauernd so ziemlich dieselbe Richtung nach Nordosten, und ist auf beiden Seiten in scharf bestimmten und leicht erkennbaren Gränzen eingeschlossen, während von jenem Punkte aus die Veränderungen in allen diesen Rücksichten anfangen, sich schneller bemerkbar zu machen. Wir dürfen hier daher wiederum eine Gliederung oder einen Abschnitt des Stromes annehmen und festsetzen, und können den Abschnitt vom Ausfall bei Florida bis zu den Bänken von Neu-England als „den Hauptstamm des Golfstroms" *(the Maintrunk of the Gulf Stream)* bezeichnen.

Die Gewässer dieses Hauptstrom-Stammes sind in Hinsicht auf ihre Temperatur, ihre atmosphärischen Erscheinungen, ihr animalisches Leben, ihre Farbe und andere Eigenschaften sehr verschieden von den Gewässern des Oceans, dem sie gleichsam eingebettet sind. Ihre leicht erkennbaren Gränzlinien werden gewöhnlich die „Ränder oder Kanten des Golfstroms" *(the Edges of the Gulf Stream)* genannt. Die, welche gegen die Küste der Vereinigten Staaten Front macht, wird die „innere oder westliche Kante" genannt, die dagegen, welche der Mitte des Atlantischen Oceans zugekehrt ist, heisst die „äussere oder östliche Kante."

Von der Nachbarschaft der Nantucket- und der St. Georgs-Bänke ändert der Golfstrom, wie ich sagte, schneller als zuvor seine Richtung. Er fängt hier an beinahe direct nach Osten zu fliessen, indem er daselbst gewissermassen ein Knie oder eine grosse Biegung macht. Es ist die am meisten auffallende der hier eintretenden Umwandlungen, und wir mögen desshalb von ihr die Benennung dieser Region herleiten, und dieselbe

„das grosse nordwestliche Knie" oder die grosse Beuge des Golfstroms" (*the great Bend of the Gulf Stream*) nennen. Der Strom verlässt bei dieser „Beuge" zugleich die Nachbarschaft der amerikanischen Küsten, die in nördlicher und nordöstlicher Richtung weiter gehen, und hat alsdann zu beiden Seiten die breite See, während er an den „Engen" zu beiden Seiten, und im „Hauptstamme" wenigstens auf einer Seite Festland-Ufer besass. Indem er nun ganz frei über den weiten Ocean hin ostwärts schweift, breitet er sich in bedeutenderem Maasse aus, vermindert aber zugleich die Tiefe seines warmen Wassers, welches gleichsam wie eine grosse Masse Oel auf dem kalten Wasser darunter schwimmt.

Für gewöhnlich fliesst er in einigem Abstande südlich von den Rändern der grossen Bänke von Neu-England, Neu-Schottland und Neu-Fundland. Zuweilen aber und in gewissen Zeiten des Jahres berührt er die südlichen Enden dieser Bänke und mitunter überfluthet er sie noch weit und breit. Mehr und mehr sich ausbreitend, und allmählig immer mehr seine ursprünglichen Eigenschaften einbüssend, stets aber nach Osten fortschreitend, gewinnt der Golfstrom endlich die Nachbarschaft des weiten unterseeischen Plateaus, auf dem die Azoren liegen. Hier, ungefähr in der Mitte zwischen den Bänken von Neu-Fundland und den Azorischen Inseln, treten wieder einige sehr auffallende Veränderungen ein, und wir dürfen daher hier wieder einen Abschnitt oder eine Gliederung annehmen. Den bezeichneten Abschnitt des Golfstromes von den Küsten von Neu-England oder von der grossen „Beuge" bis zur Nachbarschaft der See der Azoren hat man wohl, „den grossen östlichen Schweif des Golfstroms" (*the Tail of the Gulf Stream*) genannt, und wir mögen diesen Namen beibehalten. Er ist in gewisser Hinsicht bezeichnend. Denn wenn man mit Recht die ganze Figur, die der Golfstrom macht, der eines Cometen vergleicht, und wenn demnach der concentrirte Kopf und der Haupt-Stamm dieser Cometen-Figur in die „Engen" von Florida und an die Küsten der Vereinigten Staaten fällt, so haben wir in der östlichen Gegend, in der wir uns jetzt befinden, den Schweif. Wie der Hauptstamm eine östliche und westliche Kante hat, so hat dieser Schweif eine nördliche und südliche (*the northern and the southern Edges of the Gulf Stream*).

Ungefähr in der Mitte zwischen den Azoren und den Neu-Fundland-Bänken dehnt sich der Golfstrom, wie der äusserste Schweif eines Cometen so weit aus, und verliert zugleich so viel von seiner ursprünglichen hohen Temperatur und Schnelligkeit, dass man sagen kann, er gehe dort als ein einziger compacter Stromkörper, als ein „Meerfluss", verloren. Er theilt sich in mehrere breite Aeste. Wir können eine südöstliche, östliche und nordöstliche Stromrichtung erkennen und unterscheiden.

Der südöstliche Zweig *(the south-eastern Branch)* macht sich zuerst in der bezeichneten Gegend etwa 10 Längengrade östlich von den „Bänken" bemerkbar. Da fängt ein Theil der Gewässer an, sich ein wenig südöstlich und nach den Azoren zu herumzuschwingen. Die Azoren liegen gewöhnlich noch mitten in diesem südöstlichen Zweige, welcher in den Passagen und Meer.-Verengungen zwischen diesen Inseln sehr verschiedenartige Strömungen und Gegenströmungen bewirkt. Südlich von den Azoren wird die Richtung dieser Strömung noch südlicher. Sie nimmt hier die allgemeine südliche Richtung der Gewässer längs der Küsten von Nord-Afrika an, und schwingt sich, mit ihnen in den Aequatorial-Strom einleitend, allmählig wieder nach Westen herum.

In der Mitte dieser Umschwingung der Gewässer und zu den Seiten derselben legt der Golfstrom die Seekräuter und Tange ab, welche er von den Golfen von Florida und Mexico mit sich geführt hat, und welche hier in den ruhigen Gewässern zwischen den Azoren, Canarien und den Inseln des Grünen Vorgebirges jene unermesslichen Seewiesen gebildet haben, die seit der Zeit der portugiesischen Entdeckungen gewöhnlich die Sargasso-See *(the Sargasso-Sea)* genannt werden. Diese Gegend, die Sargasso-See, ist zuweilen als das Ende und der Mund des Golfstromes betrachtet worden, und man hat sie wohl den „Recipienten" des Golfstromes *(the Recipient of the Gulf Stream)* genannt.

Ein „östlicher Zweig" des Golfstromes ist nicht immer erkennbar. Doch unterliegt es keinem Zweifel, dass zu wiederholten Malen das warme Wasser des Golfstromes direct östlich bis in die Bai von Biscaja hinein verfolgt und nachgewiesen ist. Aber die vielleicht regelmässigen Perioden des Auftretens einer östlichen Verlängerung des Stromes, und die ursachlichen Umstände, welche diese Verlängerung erscheinen oder verschwinden lassen, sind noch nicht bekannt. — Einige Hydrographen bringen auch den Einzug *(the indraught)* der Atlantischen Gewässer in die Strasse von Gibraltar in Verbindung mit dem östlichen Zweige des Golfstromes.

Die nordöstliche Partie des Golfstromes zweigt sich allmählig von dem Hauptkörper des „Schweifs" in der Mitte zwischen den Azoren und den Neu-Fundland-Bänken ab, und richtet sich auf die nördlichen Gegenden Europas, nach Grossbritannien und Scandinavien hin, welchen Ländern sie von jeher die Producte und die wärmeren Temperaturen der Tropen zugeführt hat. Ihre warmen Gewässer und wohlthätigen Einflüsse sind durch neue Forschungen bis nach Island, Spitzbergen und die Nähe des Pols nachgewiesen, wo dann endlich der Name „Golfstrom" billig verschwindet, weil die Gewässer aus Süden hier zuletzt völlig erkalten und als rückfliessende Arktische Ströme in die Circulation wieder eintreten.

So viel hier vorläufig von der Verästelung des Golfstroms selbst. Ich muss nun zugleich auch eine kurze Schilderung der Zustände in der Nachbarschaft des Golstromes und der Gewässer, in die er so zu sagen eingebettet ist, geben, da ihre Bewegungen und Strömungen theils noch ein Erzeugniss des Golfstromes sind, oder doch auf seine Natur und Beschaffenheit einen grossen Einfluss ausüben. — Sie sind natürlich zugleich in Verbindung mit dem Golfstrome ein Gegenstand der Beobachtung und Erforschung gewesen; und wir können die Geschichte des letzteren nicht entwickeln ohne häufig auch auf sie Bezug zu nehmen:

In den oberen „Reservoiren" des Golfstromes, in der Karibischen See und dem Golfe von Mexico, finden wir eine Menge Gegenströmungen, welche von den hervortretenden Vorgebirgen und den Winkeln und Biegungen, der Küste erzeugt werden. In der Strasse von Yucatan existirt ein nordöstlicher Gegenstrom auf der Seite von Cuba. Im Golf von Mexiko haben wir einen sehr markirten südwestwärts gerichteten Gegenstrom im Westen der Mündung des Mississippi, längs der Küsten von Texas.

Im Golfe von Florida existirt ein Labyrinth von sehr

schwierigen und wechselnden Gegenströmungen längs und zwischen den sogenannten „Florida-Keys" (den Korallen-Inseln und Riffen im Süden der Halbinsel). Und ähnliche veränderliche Strömungen begleiten den Golfstrom in seinen „Engen" innerhalb der Bahama-Bänke.

Der ganze lange Raum zwischen der inneren Kante des „Hauptstammes" des Golfstromes und der Ostküste der Vereinigten Staaten zeigt kalte Strömungen, welche gewöhnlich der Richtung des Golfstromes entgegen sind und nach Süden und Südwesten vorschreiten. Sie sind von den Nantucket-Bänken und New-York bis zu der südlichen Spitze der Halbinsel von Florida nachgewiesen. Wir mögen sie den **inneren oder westlichen Gegenstrom des Hauptstamms des Golfstromes** nennen.

Sie sind eine Fortsetzung der grossen strömenden Wassermasse, welche sich von der Baffins- und Hudsons-Bai im Angesichte der ganzen Ostküste Nord-Amerikas südwärts hinabbewegt. Diese letzten Strömungen, die gemeiniglich der „Labrador-Strom" *(the Labrador current)* genannt werden, können wir als die einflussreichsten Opponenten und Nachbaren des Golfstromes bezeichnen. Sie fliessen aus ihren nordischen Reservoiren auf einer breiten Strecke über die Bänke von Neu-Fundland und Neu-Schottland. Sie begegnen dem Golfstrom bei den südlichen Enden dieser Bänke, fassen ihn so zu sagen in die Seite, stauen ihn gewissermassen auf und helfen ihn ostwärts herumbiegen.

Der Labradorstrom bringt aus dem Norden einen östlichen Rotationsschwung mit, der langsamer ist als der, welchen er in diesen südlichen Breiten trifft. Seine kalten Wasser und Eisberge werden daher mehr westwärts zu den Küsten des Amerikanischen Continents herangetrieben, aus denselben Ursachen, aus welchen die von Süden kommenden Golfstrom-Gewässer ostwärts und **von den besagten Küsten weg getrieben werden**.

Der Labrador-Strom kommt mit dem Golf-Strom auf einer weit ausgedehnten Linie in Contact. Er wirft seine Eisberge in die warmen Gewässer des südlichen Stroms. Er bildet längs der nördlichen Kante des letzteren viele Meeres-Wirbel und rauhe Wellenschläge *(„ripplings")*. Indem er südwärts mächtig vordringt, fliesst er wahrscheinlich als eine Tiefenströmung unter den wärmeren und daher leichteren Gewässern des Golfstromes weg und nimmt ihn so zu sagen auf den Rücken. Ostwärts von den „Bänken" werden diese Strömungen aus Norden allmählig nach Osten hin umgekehrt, und zu östlichen Drift-Strömungen umgewandelt, zum Theil wohl in Folge der hier vorherrschenden Westwinde, und so verschmelzen sie theilweise denn dort im Parallellismus mit dem nordöstlichen Zweige des Golfstromes.

Im Süd-Osten wird, wie ich schon sagte, der Golfstrom oder doch sein südöstlicher Zweig von dem breiten südlich gerichteten Strome aufgenommen, welcher längs der Küsten von Spanien und Marocco hinabgeht, und welcher als „der Vater der Guinea-Strömung" betrachtet wird. Der Golfstrom und seine Seiten-Ströme bilden auf diese Weise so zu sagen einen colossalen Wasser-Wirbel oder Strömungs-Kreis, und in der Mitte dieses Wirbels liegt eine grosse Partie des Atlantischen Oceans, die wir so abgränzen können: dieselbe wird im Süden von der Region der Passat-Winde und der Aequatorial-Strömung begränzt, im Westen, Norden und Osten von dem bogenartig gekrümmten Golfstrom, der sich ganz um sie herumschwingt, umschlungen, und von den Stürmen und Orkanen, welche dem Laufe des Golfstromes folgen, umbraust.

Diese Meeres-Section mögen wir als die innerste Gegend des Nord-Atlantischen Oceans betrachten. Es ist eine Gegend, in der gemeiniglich leichte veränderliche Winde und theilweise (in seinen südlichen Partien) Windstillen vorherrschen. Sie ist, besonders in ihrem östlichen Theile mit Golf-Tang („*Gulf weed*") bedeckt. Es giebt hier keine starke und vorherrschende Strömungen, keine scharf gezeichnete Meeres-Flüsse. Nur in ihren nördlichen und westlichen Partien längs „der südlichen Kante" des „Schweifs", sowie längs der östlichen Kante des Hauptstammes des Golfstromes giebt es südwestlich und südlich gerichtete Gegenströmungen bis zu den nördlichen Theilen der Bahama-Bänke hinab. Bei diesen Bänken verbinden sich diese Gegenströmungen mit einem Zweige des aus seinem „Ausfall" hervorstürzenden Golfstroms und reissen diesen Zweig mit sich, indem sie mit ihm südöstlich längs der Bahama-Inseln zur Insel St. Domingo hin streifen.

Diese grosse Gegenströmung ist in der Nähe des Golfstromes stärker als nach dem Innern des Oceans hin. Wir können sie den „östlichen Seitenstrom des Golfstromes" nennen.

Auf das ganze so eben geschilderte vom Golfstrom umkreiste innere Becken des Atlantischen Meeres hat man wohl zuweilen den Namen „Sargasso-See" angewandt. Und obwohl dieser Name im engeren Sinne ursprünglich nur seiner oben bezeichneten östlichen Hälfte gehört, so mögen wir ihn doch als sehr passend im weiteren Sinne auch für das Ganze adoptiren, da in der ganzen Gegend See-Tange zerstreut vorkommen und da bekanntlich auch in seiner westlichen Hälfte wieder sehr grosse Fucus-Wiesen erscheinen.

Unser mächtiger Oceanischer Strom hat wie der Nil, wie die Donau und wie jeder andere Festland-Fluss, — und in Uebereinstimmung mit seiner Grösse noch viel nachdrücklicher als irgend einer von diesen, — die Unternehmungen, den Wachsthum und den Fortschritt der Ansiedelungen und des Verkehrs der Menschen beeinflusst.

Sehr entlegene Länder sind durch ihn in Verbindung gesetzt, und haben durch ihn nicht nur einen Theil ihrer Producte und Vegetation sondern zum Theil auch ihre Bewohner erhalten. Er hat auf mancherlei Weise die Schiffahrt der Handelsnationen behindert oder gefördert, und hat die Oceanischen Heerstrassen vorgeschrieben, auf welchen ihr Handel sich bewegen sollte, — bald auf diese, bald auf jene Weise, je nach dem Grade der Kenntnisse, welche sie von den Eigenschaften des Stromes erlangt, und je nach den Hülfsmitteln, in deren Besitz sie sich gesetzt hatten, um diese Eigenschaften zu ihrem Vortheil auszubeuten, oder ihre Nachtheile zu überwinden. Der Strom hat blühende Colonien zu seinen Uferländern geführt, und an diesen Ufern sind lebhafte Hafenstädte und Marktplätze begründet worden, welche ohne ihn gar nicht ins Leben gerufen wären. Ohne den Golfstrom gäbe es kein Havana, kein Charleston etc., eben so wie es ohne den Nil kein Alexandrien und kein Memphis gegeben haben würde.

Indem wir uns daran machen, die ganze grosse Masse von

Thatsachen, welche das, was wir „die Geschichte des Golfstromes" nennen können, bilden, zu sammeln und zu ordnen, wird es nützlich sein, hier gleich im Voraus die berühmten Männer kurz zu nennen, die durch ihre Oceanischen Entdeckungen eine Revolution in der Kenntniss und Benutzungsweise des Golfstromes veranlassten, und die durch ihre eingreifenden Reformen gewisse Abschnitte, Pausen oder Epochen in dieser Geschichte bewirkten.

Vor der Fahrt des Columbus im Jahre 1492 war unsere Kenntniss des Atlantischen Oceans äusserst beschränkt. Columbus ist der erste Urheber dieser Kenntniss, sowie der ganzen Oceanographie. Er war der erste, der die Existenz der mächtigen Strömungen in jenem grossen Becken nachwies, welche die Hauptquellen anderer Strömungen und namentlich auch unseres Golfstromes sind.

Nach Columbus bewegte sich die Atlantische Schiffahrt der Spanier für beinahe 30 Jahre auf den Bahnen, die er vorschrieb und in Schwung brachte, bis endlich der berühmte spanische Seefahrer Antonio de Alaminos bei verschiedenen Gelegenheiten vor und in dem Jahre 1519 die Passagen und Strömungen in dem Golfe von Mexico und Florida, und die neue Schiffahrts-Route durch die „Engen" des Golfstroms und durch den neuen Canal von Bahama entdeckte, indem er durch diese Entdeckung das ganze System Atlantischer Schiffahrt änderte und diejenige Heimfahrt von Amerika nach Europa einführte, welche nach ihm sowohl von spanischen, als von anderen europäischen Seefahrern beinahe zwei Jahrhunderte hindurch benutzt worden ist.

Nach dem genannten Alaminos wurden eine Menge zerstreuter Beobachtungen in allen Abschnitten des Golfstromes gemacht. Aber in Folge der unvollkommenen Hülfsmittel, welche man für die genaue Bestimmung von Meeresströmungen besass, waren alle diese Beobachtungen unzuverlässig und ungewiss. Auch gab sich niemand die Mühe sie zu sammeln, zu combiniren und ein so vollständiges Gemälde des Golfstroms zu entwerfen, wie es doch schon damals mit Hülfe der in vielen Büchern, Journalen und Seeberichten enthaltenen Notizen hätte entworfen werden können.

Im Verlaufe der Zeit wurden aber viele Reformen in der

Seefahrt durchgesetzt, mehre Instrumente erfunden, welche die genauere Beobachtung der Strömungen, ihrer Richtung und Schnelligkeit erleichterten. **Die Logge, das Chronometer, das Seethermometer, verbesserte Methoden zur Beobachtung der Länge wurden eingeführt, und Benjamin Franklin und sein Zeitgenosse**, der Engländer **Blagden** waren seit dem Jahre 1770 die ersten, die sich dieser Hülfsmittel zu einer vollkommneren Erforschung des Golfsstromes bedienten. Sie verfolgten ihn von den Küsten Amerikas bis zu den Azoren und bis zur Bai von Biscaya, gaben zum ersten Male der Welt ein **Bild oder eine Karte von der Ausdehnung** und Form dieses Flusses in der Mitte des Oceans, und reformirten hierdurch wiederum die Beschiffungsweise des Nord-Atlantischen Oceans und insbesondere die **Fahrt von Europa nach den Vereinigten Staaten.**

Bald nach Franklin und Blagden zog der Golfstrom allgemein die Aufmerksamkeit auf sich; er wurde bei allen Seefahrern und Naturforschern so zu sagen ein sehr gewöhnlicher **Lieblings-Gegenstand** der Beobachtung, und unsere Kenntniss von ihm ward nun von vielen Seiten her berichtigt. Aber die Phänomene, welche mit ihm in Verbindung stehen, sind so zahlreich und ihre Untersuchung ist so schwierig, dass **ganz** genügende Resultate von Privatbemühungen und von nur gelegentlichen und vereinzelten Beobachtungen nicht erwartet werden konnten.

Es war schon oft der Wunsch ausgesprochen, dass dieser interessante Gegenstand von einer hülfsmittelreichen wissenschaftlichen Macht in die Hand genommen, und dass von einer solchen eine ununterbrochene Reihe von planmässigen und zusammenhangenden Beobachtungen über die Temperatur und Tiefe des Golfstromes in seinen verschiedenen Abtheilungen, seiner wechselnden Breite, seiner „Ueberfluthungen" und deren vielleicht regelmässige Wandlungen zu verschiedenen Zeiten des Jahres und in verschiedenen grossen Zeit-Epochen, — über seine „Unterströme" und über den Zustand und die Configuration des grossen „Thales", durch das er fliesst, — und ferner über die athmosphärischen Phänomene, welche er auf seiner

Oberfläche und in seiner Nachbarschaft veranlasst, angeordnet werden möchte.

Innerhalb der letzten 30 Jahre ist in der Nähe „des Hauptstammes" des Golfstromes ein Institut, das zu einer Untersuchung der bezeichneten Art besonders qualificirt und berufen war, aufgewachsen, und seit dem Jahre 1845 hat dieses Institut, nämlich das sogenannte *United States Coast Survey*, eine eingehende und planmässige Untersuchung des Abschnitts des Golfstromes, welcher die Amerikanische Küste bestreicht, in Angriff genommen, hat dieselbe zu einem Hauptgegenstande seiner Thätigkeit gemacht und auf diese Weise wieder eine neue Aera in der Geschichte der Golfstrom-Erforschung begründet, welche bereits die Entwickelung vieler interessanter Erscheinungen zum Resultate gehabt hat.

Diesem Allen nach mögen wir für die ganze Geschichte des Golfstromes gewisse Perioden annehmen, und dieselbe auf eine bequeme Weise unter folgenden Capiteln abhandeln:

1) Ein Blick auf die Kenntnisse früherer Jahrhunderte von Meeresströmungen, oder auf die Zeiten vor Columbus d. h. vor 1492.

2) Die Entdeckungen und Beobachtungen des Columbus über Atlantische Strömungen, von 1492—1503.

3) Die Zeit der ersten und ältesten spanischen Schifffahrtsweise zwischen Westindien und Europa, von Columbus bis Antonio de Alaminos (1503—1519).

4) Antonio de Alaminos (1519) oder die Einführung eines neuen Schifffahrts-Systemes in Folge der Entdeckung des Ursprungs und der „Engen" des Golfstromes.

5) Von Antonio de Alaminos bis Benjamin Franklin und Blagden (von 1519—1770). Diese lange Periode, kann wieder in zwei untergeordnete Abschnitte gebracht werden, die ich indess erst weiter unten an ihrem Platze definiren will.

6) Benjamin Franklin und Blagden (1770—1786) oder die Einführung einer abermaligen Reform in der Beschiffungsweise des Atlantischen Oceans, durch die Entdeckung und genauere Bestimmung der Gränzen und Eigenthümlichkeiten „des Hauptstammes" und seines grossen östlichen „Schweifs".

7) Die Fortschritte der wissenschaftlichen Erforschung des Golfstromes nach B. Franklin und Blagden bis 1845.

8) Die Unternehmungen der Officiere des Amerikanischen Coast Survey's im Golfstrom seit 1845.

L.

Ein Blick auf die Kenntnisse und Ideen der Seefahrer über Strömungen in den Zeiten vor Columbus.

Die Entdeckung, dass es ausser dem schaukelnden Wellenschlage überall auch fortschreitende oder fliessende Bewegungen in der See gäbe, muss bald gemacht sein, so wie nur Schiffer an einer Seeküste vor Anker gingen und das Wasser mit Allem, was es enthielt, an ihren befestigten Schiffsrumpfen sich vorbeibewegen sahen, oder so wie nur ein Schiffer in der Nähe einer erhabenen Küste von Windstille überfallen wurde und nichts desto weniger, mit den Strömungen dahin treibend, an den Umwandlungen der Küsten-Physiognomie seinen Fortschritt wahrnahm. Ja auch die Bewohner der Küsten mögen vom Festlande aus, indem sie einen auf der stillen Oberfläche des Meeres schwimmenden Gegenstand mit den Augen verfolgten, jene Beobachtung gemacht haben.

Die Strömungen in den Meerengen von Constantinopel, Messina und Gibraltar sind seit den ältesten Zeiten Mittelländischer See-Unternehmungen berühmt gewesen, und der Umstand, dass die Zeitgenossen Homer's den „Ocean"[1] einen collossalen „Salzwasser-Strom", der in einem majestätischen Wirbel um die ganze Welt flösse, nannten, könnte wohl darauf hinzudeuten scheinen, dass auch ausserhalb der Säulen des Herkules über eine fortschreitende Bewegung des Meeres Berichte und Vorstellungen in Schwung gebracht waren.

Zuweilen begegnen wir auch in den Schriften der Alten einem Versuche zur Erklärung des Phänomens der Meeres-

---

[1] Nach der Meinung einiger ist dieser Name von dem griechischen Worte „ὠκύς" (schnell) abzuleiten. „Okeanos" also ungefähr so viel als: „der Schnellfliessende."

strömungen. Soll doch nach Einigen Aristoteles sogar vor Kummer darüber gestorben sein, dass er nicht im Stande war, die Ursachen und Anlässe zur Strömung in der Strasse von Negroponte zu finden, — und das wäre denn doch ein ziemlich starker Beleg dafür, dass die Griechischen Naturforscher eifrig genug über das Phänomen der Meeresströmungen nachdachten. Wir müssen es sogar als wahrscheinlich betrachten, dass die Alten auch mit der Existenz einiger Theile derjenigen Strömungen, die uns hier vorzugsweise beschäftigen, einigermassen bekannt, und dass sie auf die Erscheinungen in manchen östlichen Zweigen unseres Golfstromes aufmerksam gewesen sind.

Seit unvordenklichen Zeiten hat der Golfstrom das Klima, den Ackerbau und die Bevölkerung des nordwestlichen Europa's beeinflusst und hat von jeher dann und wann die fremdartigen Produkte der Westwelt und vielleicht auch einige ihrer Bewohner zu den Küsten Norwegens, Grossbritanniens, der Canarischen Inseln und anderer Länder geführt. Es ist mehr als wahrscheinlich, dass die Erscheinung dieser fremdartigen aus Westen kommenden Produkte und Menschen die Aufmerksamkeit der Bevölkerung in jenen Ländern zu allen Zeiten auf sich zog, und sie auch zu Vermuthungen über das Ursprungsland derselben und über ihre Herkunft veranlasste, wenn auch Strabo, Plinius oder Ptolomäus von diesen Vermuthungen sowohl, als von jenen Thatsachen nicht immer Notiz nahmen. Als man später solche Dinge verzeichnete, vernahm man denn, dass die Küstenbewohner verschiedener jener Länder die besagten Pflanzen und Früchte von einer gewissen fabelhaften Insel, „St. Brandan" oder „Antilia" genannt, die in den westlichen Partien des Oceans existiren sollte, ableiteten. Aehnliche Sagen mögen nun von jeher an den Küsten Europa's unter dem Volke existirt haben, und wenn dies der Fall war, so müssen doch die Leute wohl an Wind- und Wasserströmungen aus dem Westen geglaubt haben.

Die ersten Ocean-Schiffer, die Phönizier und ihre Abkömmlinge und Zöglinge die Karthager, müssen auf ihren häufigen Fahrten zu den Zinn-Inseln (Grossbritannien) schon viele hundert Jahre vor Christus die östlichen Ausläufer des Golfstroms in der Bai von Biscaja wiederholt durchsegelt haben. Und manche ihrer Schiffe mögen schon von dem in diesem Golf kreisenden sogenannten „Rennell-Strom" an die Küsten von Erin geworfen sein, in derselben Weise, in welcher dies noch jetzt unseren Schiffen zuweilen zustösst.

Die Canarischen Inseln und ihre Nachbarschaft scheinen von den **Karthagischen Schiffen** erreicht und befahren worden und das für gewöhnlich **nicht überschrittene** Endziel ihrer Fahrten nach Süden gewesen zu sein. Weiterhin, so gingen unter ihnen die Berichte, sei das Meer unfahrbar, **„in Folge der dichten Kräutermassen, von denen es bedeckt werde."**[1] — Aus dieser Notiz mögen wir schliessen, dass die Karthager wenigstens mit einem Theile jener Binnen-Gegenden des „Wirbels" unseres Golfstromes, die wir „die Sargasso-See" nennen, bekannt gewesen sind. Könnten uns je die Tagebücher und die näheren Umstände der Expeditionen der Himilco's und Hanno's (der Carthagischen Erforscher der westlichen Küsten Africa's und Europa's) wieder aufgefunden werden, so würden wir in ihnen wohl zahlreiche Spuren von interessanten Andeutungen über die „Kräuterwiesen" unseres Golfstromes finden.

Nicht viel mehr können wir von den Oceanischen Schifffahrten der **Römer** sagen, welche die Atlantische Küste zu beiden Seiten der Strasse von Gibraltar besuchten und eroberten, die unter ihrem Admiral Agricola (84 nach Christi Geburt) **ganz Grossbritannien und Irland umschifften** und auch auf der Westküste Afrika's wieder bis zu den Canarischen Inseln und bis zu der Nachbarschaft unserer Golf-Kräuter-Wiesen hinab vordrangen. Ihre Flotten haben im Laufe der Jahrhunderte häufig Gewässer durchkreuzt, welche unter dem Einflusse unseres Golfstromes stehen, und ihre Seefahrer mögen von diesen Strömungen Vortheile und Nachtheile erfahren haben, obwohl wir in den Werken ihrer Geographen und Naturforscher, die sich viel häufiger mit der mehr in die Augen fallenden Erscheinung der Ebbe und Fluth beschäftigten, keine Anspielungen auf in jenen Gegenden vorhandene fortschreitende **Strömungen** finden.

---

[1] Siehe hierüber: Peschel, Geschichte der Erdkunde. München 1865. p. 22 und die dort citirten Zeugnisse und Stellen der alten Geographen über den **Fucus natans.**

Die grossen Entdecker und Seefahrer, welche zunächst nach den Alten von den östlichen Winkeln des Mittelländischen Meeres aus zum offenen Atlantischen Ocean vordrangen, die **Araber**, kamen auch wieder bis an die nordöstlichen Grenzen der Sargasso-See. Dass die Araber, welche im 12. und 13. Jahrhundert auf der andern Seite sogar bis China segelten, überhaupt Beobachtungen über Meeresströmungen gemacht haben, wissen wir mit Gewissheit. Ueber die **Strömungen des Indischen Oceans, welche in südwestlicher Richtung längs der Ostküste von Africa auf Madagascar fliessen**, erlangte von ihnen Marco Polo einige Kenntnisse, die er uns aus ihrem Munde mittheilt. Waren die Araber dort auf das Phänomen der Strömungen aufmerksam, so werden sie dasselbe auch wohl im atlantischen Ocean nicht ganz übersehen haben.

Die Araber nannten unsern Ocean „**das Meer der Finsterniss.**" Vielleicht gaben sie ihm diesen Namen in Bezug auf die häufigen finstern Nebel, welche die Mischung der warmen Gewässer unsers Golfstromes mit den kalten Strömungen aus Norden erzeugt. Vielleicht aber verstanden sie diesen Namen auch blos figürlich als „den unbekannten Ocean", im Gegensatze zu dem grossen östlichen oder Indischen Meere, welches von ihnen, da sie es viel besser kannten, wohl **das Meer des Lichts** genannt werden konnte. In dem Indischen Ocean nennt uns die Geschichte den **ersten Entdecker der regelmässigen Winde (der Monsoons).** Es war ein Grieche, Namens Hippalos. Dort hatten auch die Araber, wie ich oben sagte, die Existenz der Strömungen bis Madagascar auf wiederholten Fahrten ausgemacht. Schon in den ältesten Berichten der Araber über ihre Ankunft in China (im 9. Jahrhundert) finden wir eine **Schilderung der** Chinesischen Orkane oder der sogenannten Typhons, welche mit dem Golfstrom des östlichen Asiens nordwärts hinabwirbeln. Ja dieser asiatische Golfstrom selbst, der seit unvordenklichen Zeiten von den Japanesen „**Karasiwo**" (der dunkelblaue Strom) genannt wird, wurde vermuthlich, so lange es japanesische Seefahrer gab, beobachtet. — In diesen östlichen Gewässern war also in der That schon seit alten Zeiten einiges Licht über Strömungen verbreitet.

Im 11., 12. und 13. Jahrhundert setzten sich die Normannen in Bewegung und machten sich mit einem grossen Theile des Atlantischen Oceans besser bekannt, als irgend eine andere Nation. Es unterliegt keinem Zweifel, dass sie zur Ostküste von Nord-Amerika, wahrscheinlich soweit südlich wie die östliche Spitze des heutigen Neu-England (Cape Cod) segelten. Einige glauben sogar, dass sie dort südwärts bis Virginien und Florida gelangten, und es ist ziemlich gewiss, dass sie auch die Gruppe der Azoren, welche von einem Zweige des Golfstromes umflossen sind, kannten und besuchten.

Sie haben demnach vielfache Gelegenheit gehabt, über einen grossen Abschnitt der mit unserm Golfstrome verbundenen Gewässer Beobachtungen zu machen. Und da wirklich mancherlei Bemerkungen über Fluth, Winde, Wasserwirbel und Strömungen in ihren übrigen Schriften zu finden sind, so mögen wir glauben, dass wir auch in ihren Tagebüchern und Berichten von „Vinland" (Amerika), über den Golfstrom manches Interessante finden würden, wenn sie in diesen leider sehr lakonischen Berichten alle ihre Kenntnisse, Beobachtungen und Erfahrungen niedergelegt hätten.

Ich will hier nur darauf hindeuten, dass die normännische Geographie von Amerika mehre Namen darbietet, die etwas mit unserm Golfstrom zu thun zu haben scheinen. Ihr „Straumsöe" (Insel der Strömungen), — ihr „Straumsfiordr" (Bai der Strömungen), — ihr „Straumness" (Cap der Strömungen) sind von Rafn, dem Geschichtsschreiber dieser Normannen, alle an die Küste von Neu-England verlegt und in die Nachbarschaft von Cape Cod und der Nantucket-Bänke, nahe bei jener grossen nordwestlichen „Beuge" unseres Golfstromes, welche so viele Seiten- und Gegenströmungen verursacht.

Während und nach dem Verfall der Seemacht der Araber und Normannen, fingen die Italiener (die Genueser und Venetianer) an, jenseits der Strasse von Gibraltar hinaus zu segeln. Am Ende des 13. Jahrhunderts entdeckten sie wieder die Canarischen Inseln und in der Mitte des 14. Jahrhunderts Madeira und die Azoren, die interessanten Aussen-Posten des Golfstromes, die seit der Mitte des 15. Jahrhunderts von Portugiesen, Spaniern und Flamingen besucht und besiedelt wurden. Excursionen zu diesen Inseln hin und von ihnen aus wurden nach jener Zeit häufig gemacht, und wir wissen unter andern, dass im Jahre 1452 ein portugiesischer Seemann Pedro de Velasco auf einer Fahrt von Fayal nach Westen die Insel Flores erreichte und dann, nachdem er von dort einen nordöstlichen Cours eingehalten, in Irland ankam. Derselbe muss also auf diese Weise einen grossen Theil des nordöstlichen Zweiges unseres Golfstromes durchfurcht haben, und **wurde vielleicht gerade durch ihn zu den Küsten Irlands hingeführt**.[1]) Dass auch die Sargasso-See den Portugiesen **lange vor** Columbus bekannt war, wird unter andern daraus wahrscheinlich, dass der alte Name dieser See portugiesischen Ursprunges ist.

Aus allem diesem, sage ich, ist es einleuchtend, dass schon lange vor Columbus und vor dem Jahre 1492 häufige **Gelegenheit zur Beobachtung Atlantischer Strömungen dargeboten war**. Dass aber solche Beobachtungen und Erfahrungen auch in der That **gemacht** wurden, lässt sich wenigstens wahrscheinlich machen. In Hinsicht auf Ströme in engen Strassen oder nahe bei erhabenen Küsten, oder bei Inseln, in deren Nähe ein Schiff ankern kann, existirt kaum ein Zweifel, da müssen die Strömungen dem Gesagten nach offenbar auf mancherlei nicht schwierige Weise ermittelt worden sein.

Aber die Frage wird etwas zweifelhafter, wenn wir untersuchen, ob und wie die alten Seefahrer vor der Erfindung der Logge, des Chronometer, des See-Thermometer, der Mondabstände und so mancher anderer Instrumente und Verhältnisse, durch welche eine genaue Bestimmung der geographischen Breite und Länge ihrer Positionen erst möglich wurde, **Strömungen gewahren konnten**, wenn sie sich mitten im Ocean ausser Sicht von Land befanden.

Es ist oft bemerkt worden, dass diese **oceanischen** Strömungen zu den verstecktesten Dingen in der Welt gehören und dass wir früher im Stande gewesen sind, die Bewegungen der Sterne und der andern himmlischen Körper mit Sicherheit zu berechnen, als die Richtung und Schnelligkeit einer oceanischen Strömung. Sogar noch im Jahre 1756 klagt ein intelligenter Naturforscher: „dass noch keine zuverlässigen Hülfs-

---

[1]) S. darüber Humboldt. Kritische Untersuchungen. Berlin 1852. Bd. II. p. 60.

mittel zur Beobachtung von Strömungen an die Hand gegeben seien, und dass auch Niemand sich die Mühe gäbe, ihre Richtung und andere Verhältnisse genau zu bestimmen."

Wenn dies **buchstäblich wahr wäre**, so könnten wir uns die Mühe sparen, die Schiffsbahnen der alten Seefahrer des Atlantischen Oceans zu untersuchen, und wir müssten unsere historischen Berichte sogleich mit den Zeiten anfangen, wo jene oben genannten besseren Mittel zur Bestimmung von Strömungen dargeboten wurden. Bevor ich daher mit diesen Untersuchungen weiter gehe, will ich trachten, hier einige Antwort auf die Frage zu finden, ob, in wie weit und durch welche etwaige Mittel die alten Seefahrer doch einigermassen im Stande waren, **fortschreitende Bewegungen des Wassers in der Mitte der Oceane** wahrzunehmen.

Wenn wir uns einen grossen, viele Meilen breiten Abschnitt des Oceans in einer und derselben Richtung, und überall mit derselben Schnelligkeit bis zu einer bedeutenden Tiefe hinab sich bewegend denken, und wenn wir in die Mitte eines solchen Stromes ein Schiff setzen, so giebt es dann allerdings für dieses Schiff kein anderes Mittel die Bewegung der Schnelligkeit und Richtung der Strömung gewahr zu werden, als eine Vergleichung seines aus der Loggerechnung hervorgegangenen Ortes mit der aus genauen astronomischen Beobachtungen und nach Anleitung des Chronometers bestimmten **wirklichen Lage**.

Aber eine solche weit und breit und bis zu grossen Tiefen hinab sich **völlig** gleichmässig fortbewegende Wassermasse ist selten im Ocean zu finden, weil sich die oceanischen Ströme gewöhnlich mehr oder weniger nach Art unserer Landflüsse bewegen, in denen wir mehr eine ganze Anzahl von Strömungsstreifen, als einen einigen compacten und in allen seinen Theilen gleichmässig fliessenden Körper vor uns haben. — Ein Theil der Strömung fliesst etwas schneller als der andere, und weicht wohl auch ein wenig von der Richtung ab. Ein Stromstreifen stürzt sich so zu sagen über und neben dem andern hin. Auch die verschiedenen Schichten von Strömungen, die über und unter einander wegziehen, mögen zuweilen in ihrer Richtung und Schnelligkeit von einander abweichen. Und in sehr grosser Tiefe finden wir meistens entweder eine ganz bewegungslose See oder auch anders gerichtete Unterströmungen, die auch von andern Impulsen oder Ursachen in Bewegung gesetzt werden.

Auf diese Verhältnisse gründet sich die Möglichkeit einer Wahrnehmung der oberflächlichen Strömungen im Ocean auch ohne Chronometer und Quadranten und die Anwendung einiger uralten rohen Methoden zu ihrer Beobachtung.

Mitunter mögen die Bewegungen von Strömungsstreifen schon durch das blosse Auge wahrgenommen werden. Sie bilden zuweilen schäumende „Wirbel" (Whirlpools), unregelmässige „Wellenschläge" (Ripplings) und „Wasserläufe" (Races), namentlich an der Kante starker Strömungen, wo sie sich an einem Gegenstrome oder an den ruhigen Wassermassen zur Seite „reiben". Solche in die Augen fallende Bewegungen im Wasser machen sich namentlich an den Rändern unseres Golfstromes in verschiedenen Abschnitten bemerklich. Hie und da hat man auch sogenannte „Ausgüsse" (Outpourings) oder „Sprossen" (Offsetts, Abzweigungen, gleichsam Splitter) an der Kante des Golfstromes, wo er „gerieben" wird mit blossen Augen wahrgenommen. Ja es ist sogar das freilich kaum Glaubliche berichtet worden, dass die Seefahrer Strömungen nicht nur mit dem Auge, sondern auch durch das Ohr wahrnahmen. Sie haben versichert, zuweilen Strömungsstreifen mitten im Ocean mit einem starken Geräusch dahinbrausen gehört zu haben. Beispiele von dieser Art der Beobachtung der Strömungen kommen in alten Schiffsjournalen nicht selten vor.[1]

Die mannigfaltigen Substanzen oder „Treib-Objecte", welche auf der Oberfläche des Meeres schwimmen, die Seekräuter, grosse Massen verschiedener kleiner Thiere, die Rogen von Fischen, die Excremente der Wallfische etc. werden zuweilen in langen Reihen oder Linien von den Strömungsstreifen geschichtet und im Parallellismus mit der Richtung der Strömungen geordnet, und haben so die Seefahrer zuweilen auf Strömungen aufmerksam gemacht. Bougainville führt ein Beispiel davon an, wie er eine Meeresströmung „durch die Beob-

---

[1] Siehe hierüber auch Humboldt, Kritische Untersuchungen. Deutsche Ausgabe. Berlin 1852. Band II. S. 71. Anmerkung XXX.

achtung eines Streifen Fisch-Rogens" entdeckt habe, der sich lang und weit über seinen Horizont hinauszog. Aehnliche Beobachtungen sind vielleicht schon seit ältesten Zeiten gemacht, und ähnliche Folgerungen daraus gezogen. Die sogenannten „Golfkräuter" in unserem Golfstrome sind insbesondere in langen Linien und Bänken in Parallellismus mit den Strömungen geschichtet, und mögen von Schiffern als Anzeichen der Strömungsrichtung beachtet sein.

Die Strömungen, welche aus entfernten Gegenden des Oceans kommen, bringen zuweilen eine eigenthümliche Färbung mit sich, die von der Farbe der Gewässer, in die sie eintreten, verschieden ist. Dass solche Farben-Verschiedenheiten schon die Aufmerksamkeit der ältesten Seefahrer auf sich zogen und sie zur Entdeckung von Strömungen führten, scheint durch den Umstand erwiesen zu werden, dass der asiatische Golfstrom, wie ich oben sagte, von den japanesischen Schiffern seit unvordenklichen Zeiten „der dunkelblaue Strom" (Karasiwo) genannt wurde.

Dasselbe ist mit den verschiedenen Temperaturen der Fall gewesen, welche die Strömungen gewöhnlich aus entfernten Gegenden mit sich bringen. Die Temperatur unseres Golfstromes namentlich ist so sehr viel höher, als die der Gewässer, denen er eingebettet ist, dass hie und da die allergewöhnlichsten Experimente für ihre Wahrnehmung hinreichten. Es ist in den Schiffsbüchern der alten Seefahrer oft erwähnt, dass sie „beim Händewaschen" jene grosse Verschiedenheit der Temperatur erkannten. Ich werde in der Folge noch Gelegenheit haben, ein Beispiel zu erwähnen, in welchem die hohe Golfstrom-Temperatur in der Breite von 45° N. lange vor der Anwendung des See-Thermometers von einem aufmerksamen Beobachter[1]) aus dem Umstande erkannt wurde, dass „die Getränke im Kielraum des Schiffes ganz warm geworden waren."

Das Senkblei ist ein sehr altes nautisches Instrument, welches schon bei den Phöniziern und Griechen im Gebrauch war. Auch durch dieses Instrument mögen bereits in den ältesten Zeiten Strömungen wahrgenommen sein. Wenn das

---

[1]) Es war der französische Entdecker Marc Lescarbot. Siehe darüber unten.

Schiff oder Boot z. B. in einer Windstille ruhig mit dem nicht wahrgenommenen Oberstrom fortgeführt, und dann das Senkblei in die bewegungslose Tiefe hinabgelassen wird, so wird begreiflicher Weise die Schnur alsbald in eine schiefe Stellung gebracht werden und sie wird dadurch die Richtung des Oberflächen-Stromes andeuten. Columbus selbst, wie ich alsbald des Näheren berichten werde, überzeugte sich auf diese Weise vermittelst des Senkblei's am 19. September 1492 in der Mitte des Oceans von der Existenz einer Strömung. Wie oft mag schon vor Columbus eine Strömung in derselben Weise entdeckt worden sein!

Diese Methode, Strömungen mit dem Senkblei zu entdekken, verbesserten die alten Seeleute noch ein wenig. Sie hingen an die Schnur anstatt des Senkbleis einen schweren und etwas massiven Kessel, und liessen ihn von einem Boote aus ins Meer. Der Kessel wurde nun, wenn er in die ruhige Tiefe hinabkam, gleichsam dort fixirt und äusserte auf das Boot denselben Einfluss, wie ein Anker. Das Boot wandte sich alsbald in der Richtung der Oberflächenströmung und zeigte diese deutlich an.

Ich könnte durch Auszüge aus mehren alten Schiffsberichten nachweisen, dass dies Experiment mit dem Kessel in allen Meeren der Welt seit mehr als 300 Jahren zur Bestimmung von Strömungen im Gebrauch gewesen.[1]) Es ist auch erwiesen, dass es schon vor 200 Jahren in Gewässern, welche mit unserem Golfstrome zusammenhangen, wiederholt versucht wurde. Aber es mag unter den Schiffern auch schon lange vor jener Zeit allgemein bekannt gewesen sein. Schon Sir Humphrey Gilbert (vor 300 Jahren) beschreibt dies Experiment, als etwas zu seiner Zeit Gewöhnliches. „Wenn ihr," sagt er, „an den Zipfel eines in die Tiefe hinabgelassenen Segels zwei Kanonenläufe, oder andere Gewichte befestigt, so werdet ihr an dem Abtreiben des Schiffs deutlich die Richtung des Wassers und der Strömung wahrnehmen."[2])

---

[1]) Siehe hierüber unter andern das Leben des Columbus von seinem Sohne F. Columbus. Cap. XVIII.

[2]) Siehe Sir Humphrey Gilberts Discourse in Hakluyt. London 1600. Vol. IV. p. 14.

Jetzt, nachdem wir mit dem Phänomen der Strömungen besser bekannt geworden sind, besitzen wir noch manche andere äussere Anzeichen und Mittel, um uns von der Existenz einer Strömung auch ohne weitere Instrumente zu überzeugen. So sagt z. B. Horsburgh[1]), dass, wenn leichte Winde einer heftigen Strömung entgegenwehen, gewöhnlich „ein kurzer krauser Wellenschlag" (a short confused swell) eintrete, bei dessen genauer Beobachtung erfahrene Seeleute die Richtung der letzten beurtheilen könnten. Unsere „erfahrenen Schiffer" sind vielleicht nur in Folge unserer jetzigen wissenschaftlichen Bekanntschaft mit Strömungen in Stand gesetzt worden, Beobachtungen der besagten Art zu machen und zu benutzen. Aber es ist ebenso wahrscheinlich, dass unsere Vorväter, welche, da sie ohne Instrumente waren, ein schärferes Auge und feineres Ohr hatten, manche andere practische Beobachtungsmethoden zu üben verstanden, für welche wir jetzt nicht mehr den Sinn besitzen.

In allen Fällen, in welchen die Hin- und Rückreise nach und von einem Lande in dieselbe Oceanische Bahn fielen, und wenn diese Reise von einer und derselben Nation recht häufig gemacht wurde, muss eine Differenz der Fahrzeit für die Hin- und Heimreise sich bald bemerkbar gemacht haben, und und wenn diese Differenz nicht aus den vorherrschenden Winden erklärt werden konnte, so muss man wohl bald auf die Annahme einer Existenz von Strömungen geführt worden sein. Die südwestliche Strömung an der Ostküste von Afrika in der Richtung von Madagascar, von der, wie ich sagte, die arabischen Seefahrer schon vor 500 Jahren dem Venetianer Marco Polo sprachen, und von der sie ihm sagten, dass sie in einer nordöstlichen Richtung so schwer zu überwinden sei, und daher eine Fahrt nach Madagascar hin und zurück fast unmöglich mache, gewährt vermuthlich eins der ältesten Beispiele von der besagten Art der Entdeckung von Strömungen, die wir kennen. Sollten nicht die Phönicier und Karthager auf ihren wiederholten Fahrten zu und von den Zinn-Inseln sich von der Existenz atlantischer Strömungen in derselben Weise überzeugt haben? Und sollten nicht die Normannen bei ihren häufigen

---

[1]) Horsburgh, India Directory. London 1855. Vol. I. p. XII.

Fahrten von Norwegen nach Grossbritannien, Island und Grönland, und von da nach Vinland (Amerika) hin und zurück, auch solche Beobachtungen gemacht haben? Und sollten nicht die Portugiesen auf ihrer schon lange vor Columbus so oft betretenen Strasse von Lissabon nach Afrika die Existenz der dort vorwaltenden Strömungen aus denselben Ursachen und Wahrnehmungen vermuthet haben? —

Die „Breite" eines Schiffes auf See leidlich gut zu bestimmen, lernte man vergleichsweise in einer sehr frühen Zeit, und daher mag man auch alle nach Norden oder Süden gerichtete Strömungen frühzeitig entdeckt, und selbst ihre Schnelligkeit mag man durch einen Vergleich der sogenannten Logge-Rechnung mit der vergewisserten Breite ausgemacht haben. Einige glauben zwar, dass man vor der Erfindung der Logge (um 1600) der Schiffsrechnung nicht viel habe trauen können. Aber es ist wohl bekannt, dass Seeleute sogar jetzt ihr Schiff und dessen Eigenschaften so genau kennen, dass sie den Gang und die Schnelligkeit desselben bloss nach dem Ohr und Auge fast so richtig, wie mit Hülfe der Logge, beurtheilen. Die alten Seefahrer, vor der Erfindung der Logge, besassen diese Geschicklichkeit in noch höherem Grade. Columbus z. B. beurtheilte den Gang und die Schnelligkeit seines Schiffes und die von ihm durchlaufenen Distanzen ohne die Logge mit einem überraschend hohen Grade von Richtigkeit. Wir wissen, dass die alten Seefahrer ihren Augen und Ohren weit mehr trauten, als der Logge und daher anfänglich gegen ihre Einführung sogar sehr eingenommen waren.

Von der Existenz östlicher und westlicher Strömungen sich zu überzeugen war indess in alten Zeiten allerdings weit schwerer, weil eine hinreichend genaue Bestimmung „der Länge" fast nicht möglich war.

Nichts desto weniger wird das, was ich sagte, bewiesen haben, dass die alten Seefahrer nicht ganz unfähig gewesen sind, Strömungen wahrzunehmen, und dass sie von Strömungen in der Mitte des Oceans allerdings sprechen konnten, wie sie es denn auch oft gethan haben, ohne uns jedoch ihre Methoden, die sie bei ihren Beobachtungen anwandten, jedes Mal umständlich zu schildern.

II.

Columbus und seine Zeitgenossen.

Als Columbus vor seiner grossen Fahrt nach Westen für einige Zeit auf Porto Santo in der Nähe von Madeira residirte, hörte er daselbst von den fremdartigen Treib-Objecten, welche der Golfstrom an diese und die benachbarten Inseln auswirft, und unter andern erzählte ihm dort Martin Vicente, ein Steuermann des Königs von Portugal, dass er einmal, als er sich 450 Leguas weit westwärts vom Cap St. Vincent befunden, ein Stück fremdartigen Holzes, welches er mitten auf der See schwimmen sah, an Bord genommen habe.

Diese und ähnliche Berichte und Beobachtungen waren auch unter den Argumenten, welche den Columbus in der Vermuthung bestärkten, dass es in keiner allzugrossen Entfernung im Westen Länder geben müsse, und die er benutzte, um dies seinen Zeitgenossen und Landsleuten glaublich zu machen.

Wir mögen es daher als ein für unsere Sache interessantes Factum hinstellen, dass der Golfstrom **wesentlich dazu beigetragen hat, die Aufmerksamkeit Europa's auf die neue Welt zu lenken.**

Als Columbus im Jahre 1492 wirklich von den Canarischen Inseln nach dem Westen segelte, stiess er zunächst auf die Sargasso-See, und fuhr mitten durch sie und durch die dort zusammengetriebenen Golf-Kräuter hindurch, von denen er zum ersten Male eine etwas eingehendere Beschreibung mitgetheilt hat.

Er entdeckte und durchschnitt ebenfalls auf dieser seiner ersten Reise die ganze nördliche Region der Passatwinde, welche so zu sagen die südliche Grenze des „innern Beckens des Atlantischen Oceans" bilden und mit dem Golfstrom nach dem, was ich oben sagte, in innigem Causal-Nexus stehen.

Am 13. September 1492 in ungefähr 27° N. Br. und 40° W. L. von Greenwhich überzeugte sich Columbus vermittelst des Senkbleis, dass dort die Strömungen nach Südwesten setzten.¹) Es war die erste Strom-Beobachtung, die in dieser Gegend je gemacht worden ist.

Seine ersten Schritte in Westindien führten den Columbus in einen der oberen und östlichen Seiten-Canäle des Golfstromes, in den sogenannten alten Bahama-Canal auf der nordöstlichen Seite von Cuba, den er damals jedoch nur in seiner östlichen Hälfte erkannte.

Bei seinem späteren Vordringen in die Nachbarschaft des Westendes von Cuba (im Jahre 1494) berührte Columbus auch die Nähe der eigentlichen Quelle des Golfstromes, die Ströme und Gegenströme, welche sich in die Strasse von Yucatan oder zu ihr hin bewegen.

Auf seiner zweiten und dritten Reise (1494 und 1498), auf denen er einen mehr südlichen Weg einschlug, trat Columbus ganz in die Region des Aequatorial-Stromes, des Vaters des Golfstromes, ein und durchfuhr sie. Er vergewisserte dort die Bewegung der Gewässer von Osten nach Westen, indem er einige Seekräuterstreifen beobachtete, welche in dieser Richtung aufgeschichtet waren. Vielleicht auch bemerkte er dort gewisse schnell rennende Stromstreifen mit krausem Wellenschlage (rippling currents), die in jenen Gegenden nicht selten sein sollen,²) und schloss daraus auf die allgemeine westliche Tendenz der Gewässer. Columbus nahm auch „die sehr rasch laufenden Gewässer" wahr, mit denen der Aequatorial-Strom in den Passagen zwischen den kleinen Antillen in die Karibische See eindringt.

Auf seiner vierten Reise (1502—1503) erprobte Columbus die Stärke der Strömungen, welche durch die Karibische See und dann im Parallellismus mit der Küste des central-amerikanischen Isthmus zur Nachbarschaft des Golfs von Mexico sich hinbewegen. Er berichtete, dass er auf seiner Küstenfahrt von den Guanajos-Inseln (an der Küste von Honduras) nach Osten,

---

¹) Siehe diese Thatsache in dem Leben des C. Columbus von seinem Sohne F. Columbus. Cap. XVIII.

²) Siehe hierüber Humboldt, Kritische Untersuchungen. Berlin 1852. Vol. II, pag. 70, 71.

die Strömung der Gewässer gegen den Vordertheil seines Schiffes so heftig und wild gefunden habe, „dass er zu keiner Zeit mit dem ausgeworfenen Senkblei den Boden habe finden können, dass vielmehr die ihm heftig entgegenströmenden Gewässer das Senkblei immer vom Grunde wieder aufgehoben hätten." Er versicherte ebenfalls, dass er zuweilen in einem ganzen Tage mit günstigem Winde kaum eine Meile Weges gegen die Strömung habe gewinnen können.[1])

Columbus stellte sowohl über die möglichen Ursachen, als über die Wirkungen dieser von ihm beobachteten Meeres-Bewegungen Betrachtungen an. Er glaubte, dass die Gewässer unter dem Aequator sich „mit den Himmeln" (con los cielos) rund um den Globus herumbewegten, d. h. mit dem allgemeinen rotirenden Weltwirbel, durch welchen nach den Vorstellungen seiner Zeit auch die Sterne und der Aether um die Erdkugel getrieben würden, und an welchem, wie man nun dachte, auch die Atmosphäre (die Passat-Winde) und das Salzwasser Theil nähmen.

Columbus war auch der erste, welcher die nachher oft wiederholte Frage aufwarf, ob nicht die westindischen Inseln und ihre zerrissene Configuration als ein Product der mächtigen Central-Strömungen des Oceans anzusehen sein möchten.[2]) Wie umfassend seine Vorstellung und wie stark seine Ueberzeugung von grossartigen Weltströmungen in den tropischen Weltgegenden waren, wird am besten durch den Umstand bewiesen, dass er die Herbeiführung einiger spanischer Erzeugnisse, die er an den Küsten der westindischen Inseln zu finden glaubte, der Wirkung jener von ihm beobachteten Strömungen zuschrieb.[3])

So wie Columbus selbst, so wurden auch seine Zeitgenossen und Rivalen Pinzon und Lepe (1499—1500) durch die Aequatorial-Strömung zu der Nordost-Küste von Süd-Amerika hingeführt. Beide genannten Seefahrer segelten mit demjenigen Zweige der Aequatorial-Strömung, welcher längs der nördlichen

---

[1]) Siehe hierüber Humboldt, Kritische Untersuchungen Berlin, 1852. Vol. II, pag. 74.

[2]) Siehe hierüber Peter Martyr von Anghiera in der Englischen Ausgabe von Eden: The Decades of the Ocean. London, 1577. Dec. III. Book VI, pag. 127.

[3]) Siehe das Leben des C. Columbus von F. Columbus. Cap. XLVI.

Küste von Brasilien und Guyana fliesst. Und zu derselben Zeit (1500) wurde der Portugiese Cabral bei seiner Umseglung Afrika's durch den mittleren Aequatorial-Strom zu der östlichen Spitze Brasiliens hingetrieben, längs dessen Südost-Küste er eine Strecke weit südwärts mit dem südwestlichen Stromzweige, welcher sich dort von der Aequatorial-Strömung abzweigt, hinabsegelte.

Diesem allen nach mögen wir sagen, dass alle die grossen Ströme des Atlantischen Oceans die Ursachen und Beförderer einiger der frühesten und wichtigsten Entdeckungen gewesen sind — der Golfstrom die Veranlassung zur Entdeckung Westindiens, — der Aequatorial-Strom die zur Entdeckung Süd-Amerika's, Guyana's und Brasilien's.

Fast gleichzeitig mit diesen Entdeckungen waren die ersten der Welt zugekommenen Nachrichten und Mittheilungen über die kalten nach Süden gerichteten Strömungen im Norden Amerika's, welche man wohl „den Labrador-Strom" nennt und zum Theil als Gegen- und Seiten-Ströme unseres Golfstroms betrachten kann. Die beiden berühmten in Englischen Diensten stehenden Venetianer John und Sebastian Cabot erreichten und entdeckten im Jahre 1497 den Continent von Nord-Amerika an den Küsten von Labrador in ungefähr 57° N. B. Sie scheinen von dieser nördlichen Gegend nach Süden und Südwesten mit jener kalten nach Süden gerichteten Strömung bis ungefähr zum 38° N. Br. bis in die Nachbarschaft der Chesapeake Bay und des stürmischen Caps Hatteras herabgekommen zu sein.

Dass die Cabots auf dieser Fahrt die Strömungen beobachteten, wird durch eine Stelle in Peter Martyr bewiesen, die so lautet: „Als Sebastian Cabot längs jenes grossen Landes segelte, welches er „Bacallaos" nannte (die östliche Bastion Nord-Amerika's), fand er, wie er sagt, ebenfalls eine westliche Strömung der Gewässer, welche aber sanfter und langsamer floss, als die schnellen Gewässer, welche die Spanier auf ihren Seefahrten im Süden gefunden haben."

Diese Aeusserung macht es ziemlich gewiss, dass John und Sebastian Cabot als die Entdecker des Labrador-Stromes und der südwestlichen Fortsetzung desselben, der Strömung, welche sich zwischen dem

Golfstrom und der Ostküste der jetzigen Vereinigten Staaten hinbewegt, betrachtet werden können. Dass sie und Peter Martyr diese südwestlichen Strömungen „westliche" nannten, ist ganz in Harmonie mit ihren anderen Vorstellungen. Die Cabots suchten damals nach einer westlichen Durchfahrt. Sie glaubten an den Ostküsten Asiens zu sein und dachten, dass diese sich noch weit westlich nach China hinzögen. Sie beobachteten daher mehr die westliche, als die südliche Tendenz in ihrem südwestlichen Fortschritt. Es ist bemerkenswerth, dass auch die alten Karten jener Zeit die Küsten von Nord-Amerika mehr aus Osten nach Westen, als aus Norden nach Süden laufen lassen. Peter Martyr, welcher beweisen wollte, dass alle Gewässer des Atlantischen Oceans sich von Osten nach Westen „mit den Himmeln" herumschwenken musste ebenfalls geneigt sein, eine südwestliche Strömung eine „westliche" zu nennen. Für jenen Beweis citirte er im Süden die raschen Bewegungen des von Columbus entdeckten Aequatorial-Stromes, und im Norden die „sanften und langsamen Strömungen", auf welche die Cabots ihn aufmerksam gemacht hatten, (den Labrador-Strom und die Gegenströme in Westen des Golfstromes.[1])

Von ihrem südlichen Reiseziele in 38 ° N. Br. segelten die Cabots nordostwärts nach Hause, indem sie dabei vermuthlich in den Hauptstrom des Golfstroms hineinsteuerten und von ihm und seinem „Schweife" nach Europa geführt wurden.

Es war das erste Mal, dass diese Fahrt auf dem ganzen Thalwege des Golfstromes hinab gemacht wurde.

. Sebastian Cabot führte noch mehrere Fahrten sowohl in den nördlichen als in den südlichen Partien des Nordatlantischen Oceans aus, und durchkreuzte die Strömungen dieses Bassins in verschiedenen Richtungen. Er war während seines langen Lebens stets mit oceanischen Entdeckungen, Schiffahrt und Kosmographie beschäftigt und wurde einer der erfahrensten und intelligentesten Seefahrer und Entdecker seiner Zeit. Er hatte sich vermuthlich, wie Columbus, seine eigenen Ansichten von den Ursachen, Richtungen und von dem Zusammenhange dieser oceanischen Strömungen gebildet. Es ist daher sehr zu

---

[1] Siehe über dieses Alles das 6. Buch der III. Dec. des Werks von Peter Martyr in der oben citirten Ausgabe.

bedauern, dass wir alle die Schriften und Seekarten dieses ausgezeichneten Mannes, aus welchen wir uns über jene seine Ansichten unterrichten könnten, durch eine unglückselige Feuersbrunst verloren haben.

Wir sind noch weniger bekannt mit den Einzelheiten der Reisen und nautischen Beobachtungen einiger anderen berühmten Seefahrer aus der Zeit des Columbus, der Portugiesen Caspar und Michael von Cortereal, welche auf wiederholten Fahrten (zwischen 1500 und 1502) mehre Partien unseres Golfstromes und auch des Labrador-Stromes durchkreuzt haben müssen.[1] Sie segelten von Lissabon, indem sie unterwegs vermuthlich die Azoren berührten, nach Neu-Fundland und Labrador. Sie steuerten auf diese Weise gegen einen Theil des Schweifs und der östlichen Zweige des Golfstroms auf einer Bahn, auf welcher dieselben vorher noch nicht befahren waren.

III.
Die Zeit der ersten und ältesten Spanischen Schifffahrts-Weise zwischen Westindien und Europa oder von Columbus bis Antonio de Alaminos 1503 bis 1519.

Bald nach den ersten Reisen des Columbus und insbesondere nach denen der Cabots und Cortereals fingen französiche, biscayische und portugiesische Fischer an, wiederholt (beinahe jedes Jahr) zu den fischreichen Bänken von Neu-Fundland zu segeln. Sehr wahrscheinlich haben schon diese kühnen und unternehmenden Fischer die Bemerkung gemacht, dass die südlichen Partien jener Bänke zuweilen von warmen Gewässern aus dem Süden überfluthet werden. Jedenfalls konnten sie nicht umhin, die grossen Eisberge zu gewahren, welche jeden Frühling von dem Labrador-Strom nach Süden getrieben werden und im Golfstrom zerschmelzen. Doch haben leider diese Leute ihre Erfahrungen und Beobachtungen selten oder nie zu Papiere gebracht. — Etwas besser unterrichtet sind wir über die Fortschritte der Oceanischen Entdeckungen, welche damals von den Spaniern in der südlichen Partie unseres Strömungs-Systems gemacht wurden.

Im Jahre 1508 wurde die Insel Cuba, welche Columbus noch für einen Theil des Continents von Asien gehalten hatte, zum ersten Male von Sebastian de Ocampo umsegelt. Ocampo fuhr dabei zuerst längs der nordöstlichen Seite der Insel durch den sogenannten alten Bahama-Canal, dessen westliche Strömungen Columbus nur theilweise erkannt haben konnte. Dann segelte Ocampo längs des Nord-Ufers von Cuba mit der dortigen westlich gerichteten Gegenströmung des Golfstroms. Dann umfuhr er das West-Ende von Cuba, das Cap St. Antonio und ging durch die Strasse von Yucatan nach Süden und Osten zurück. Er mag etwas von dortigen uns angehenden

Strömungen entdeckt haben. Doch sind die spanischen Berichte über diese so sehr interessante Schifffahrt, die erste, welche den Golf von Florida durchschnitt, äusserst lakonisch.[1]

Die erste Reise in dieselben Gewässer, auf welcher Strömungen beobachtet und beschrieben wurden, ist die von Ponce de Leon, im Jahre 1513.[2] — Dieser spanische Entdecker machte seine Fahrt in Gemeinschaft mit dem später berühmten Seefahrer Antonio de Alaminos, dem wir auch das uns durch Herrera erhaltene Tagebuch der Reise verdanken, zuerst längs der Nordost-Seite des Archipels der Bahama-Inseln, wo seine Schiffe gegen eine Abzweigung des Golfstromes, die sich in dieser Gegend nach Südosten herumschwingt, anfuhren. Er erreichte den Continent von Nord-Amerika (Florida) in ungefähr 29° N. Br., indem er so zum ersten Male den Golfstrom in einer seiner interessantesten Sectionen, nämlich bei seinem „Ausfall" aus dem Golf von Bahama durchschnitt.

Ponce de Leon segelte zunächst längs der Küste des von ihm entdeckten Florida in nördlicher Richtung bis zum 30° N. Br. Dann kehrte er nach Süden herum, indem er sich längs der Ostküste der genannten Halbinsel hin arbeitete, zuweilen vermuthlich mit dem Beistande der südlichen Gegenströmung auf der Westkante des Golfstromes, zuweilen gegen die nach Norden gerichteten Strömungen des Golfstromes selber ankämpfend. Von diesen letzteren häufig aufgehalten, rückte er im Laufe mehrerer Wochen nur langsam nach Süden vor.

Die Stelle des Tagebuches dieser Expedition, in welcher die erste Entdeckung des eigentlichen Golfstromes beschrieben wird, ist für unseren Gegenstand so interessant, dass ich hier eine Uebersetzung derselben mittheilen muss. Wir finden darin die Umstände, unter welchen die Spanier sich von der Existenz dieser wichtigen Strömung überzeugten, und den Einfluss, welchen sie auf ihre Schiffe und ihre Reise hatte, deutlich angegeben: „Indem wir südwärts segelten," so sagt das Tagebuch, „und dabei etwas mehr von der Küste abkamen, gewahrten alle drei Schiffe an dem folgenden Tage (den 22. April) eine Strömung, gegen welche

---

[1] Siehe Herrera Dec. I. L. VII. c. I.
[2] Diese Reise wird gewöhnlich, aber irrthümlich, wie O. Peschel bewiesen hat, in das Jahr 1512 gesetzt.

sie nicht an konnten, obwohl sie den Wind mit sich hatten. Es hatte zwar den Anschein, als ob sie gut vorwärts kämen. Aber sie erkannten bald, dass sie zurückgetrieben würden, und dass der Strom mehr Gewalt habe, als der Wind. Zwei von den Schiffen, welche etwas näher bei der Küste waren, konnten vor Anker gehen, aber die Strömungen waren so gewaltig, dass sie **das Kabeltau mit vibrirender Bewegung erzittern und schwingen liessen.** Das dritte Schiff (eine Brig), welches ein wenig mehr seitwärts in die See hinausgesegelt war, konnte keinen Ankergrund finden. Es wurde vom Strome überwältigt, fortgerissen und wir verloren es aus dem Angesichte, obwohl es ein ruhiger und heller Tag war."

In der Nachbarschaft eines der Vorgebirge von Florida fanden Ponce und seine Leute die Strömungen und Gegenströmungen so heftig, dass der Punkt davon den Namen „das Cap der Strömungen" (Cabo de Corrientes) erhielt. Es ist unser jetziges „Cap Cañaveral". Bei der Umseglung des südlichen Endes hatten sie vermuthlich längs der sogenannten Floridakeys die westlichen Gegenströmnngen, die hier gewöhnlich den Golfstrom begleiten, mit sich, und fuhren dann um die Marquesas-Keys herum in den Golf von Mexico ein. Auf der Westküste von Florida erreichten sie ungefähr den Breitengrad von 25° N. und fielen von da südlich zurück auf die Nordküste von Cuba herab, indem sie so den Golfstrom auch bei seiner eigentlichen Wurzel und seinem Austritt aus dem Golf von Mexico durchkreuzten. Von Cuba gingen sie, den Golfstrom zum vierten Male kreuzend, wieder zu den Florida-Keys hinüber, und von da segelten sie ostwärts in den Archipel der Bahama-Inseln und Bänke hinein, indem sie den Golfstrom recht mitten in seinen „Engen" zum fünften Male kreuzten. In den Canälen jenes gefährlichen Archipels wurden sie von Winden und Strömungen in verschiedenen Richtungen und ein Mal sogar wieder in den Golfstrom hinausgetrieben.[1]) Endlich kehrte Ponce selbst nach Portorico zurück, nachdem er zuvor seinen Ober-Piloten Alaminos noch ein Mal ausgesandt hatte, die Erforschung des Bahama-Archipels fortzusetzen.

Dem Allen nach mögen wir annehmen, dass bei dieser

---

[1]) Herrera Dec. I. l. IX. c. XI. p. 249. 1.

Gelegenheit durch die Anstrengungen des Spaniers Ponce und seines Steuermanns Alaminos die langen „Engen" des Golfstromes in ihrer ganzen Ausdehnung und ihren Hauptproportionen entdeckt wurden. Die Umrisse ihrer „Ufer" wurden gezeichnet, — ihre Breite gemessen, — und es wurde durch wiederholte Erfahrung bewiesen, dass sich ein mächtiger Salz-Wasserstrom durch die Meerenge im Norden von Cuba, die bald nachher „der neue Bahama-Canal", später der „Golf von Florida" genannt wurde, hindurchwälze.

Gleich nach diesen Seefahrten, — schon im folgenden Jahre 1514 — kamen auch die spanischen Landtruppen am südlichen Ufer des Golfs von Florida nnd des Golfstromes an. Und zwar unter dem Gouverneur Diego Velasquez, der im Jahre 1511 auf Befehl des Diego Colon, des General-Gouverneurs von Westindien die Eroberung Cubas angefangen hatte und sie nun im genannten Jahre 1514 vollendete. Er gründete daselbst bei einer Bai, welche Ocampo im Jahre 1508 entdeckt und „el puerto de las Carenas" (der Schiffsausbesserungs-Hafen) genannt hatte, die Stadt, welche bald nachher den Namen Havana erhielt.

In dem Hafen von Havana entwickelte sich allmählig eine kleine Marine von Fischer- und Küsten-Fahrzeugen, die auch alsbald anfingen Excursionen innerhalb der Engen des Golfstromes und zu den gegenüberliegenden Florida-Keys zu machen.

Vielleicht war der Seefahrer Diego Miruelo, von welchem der Historiker Barcia erzählt, dass er im Jahre 1516 eine Fahrt von Cuba nach Florida hinüber gemacht habe, schon ein Pilot dieses neuen Hafens, in welchem sich auf diese Weise viele locale Kenntniss und Erfahrung von der Natur der benachbarten Meere und Strömungen angesammelt haben mag. Havana, das so zu sagen an der eigentlichen Quelle oder Wurzel des Golfstromes lag, wurde bald in diesen Gegenden der wichtigste Ausrüstungshafen, von dem nun auch insbesondere alle Expeditionen, welche die Erforschung des Golfs von Mexico zum Ziel hatten, ausgingen.

Derjenige breite Canal, welcher aus Südosten den Golfstrom und den Golf von Mexico speist, der Canal von Yucatan, wurde zum ersten Male von Osten nach Westen durchschnitten im Jahre 1517 von der kleinen Flotte des Fernando de Cordova, deren Haupt-Steuermann der oben genannte Antonio de

Alaminos war. Diese Flotte wurde auf ihrer Fahrt längs der unbekannten Nordwestküste von Yucatan sowohl von den wilden Eingebornen des Landes, als von nordöstlichen Stürmen misshandelt, und hernach, da Schiffe und Mannschaft sich in einem traurigen Zustande befanden, von Alaminos auf einem neuen Wege nach Cuba zurückgeführt. Alaminos erinnerte sich der ruhigen Gewässer und Schifffahrt, welche er mit Ponce im Jahre 1513 an der Westseite von Florida gefunden hatte, wo es Schutz gegen die Ostwinde giebt, und wo die Meeresströmungen sich gemach nach Süden auf Cuba hinabbewegen. Um die conträren östlichen Winde, die frei durch den Golf von Florida hereinblasen, zu vermeiden, brachte er die Schiffe seines Admirals Cordova daher jetzt etwas weiter nach Norden hinauf, drang etwas tiefer in den Golf von Mexico hinein und erreichte mit den kreisenden Strömungen desselben das Schutzufer von Florida.

Mit langsamen südlichen Strömungen fiel er südwärts in den Golfstrom und auf die Nordküste von Cuba (auf Havana) hinab, und führte auf diese Weise zum ersten Male eine Kreisfahrt in dem Becken des Golfs von Mexico aus, welche nachher bei der Feststellung der regelmässigen spanischen -Golf-Schifffahrt zum Muster diente.

Alaminos kam im Jahre 1518 mit den Expeditionen des Juan de Grijalva noch ein Mal in den Golf von Mexico und entdeckte mit diesem seinem militärischen Chef die Küsten besagten Golfs so weit nördlich, wie der Fluss Panuco. Auch war derselbe Alaminos wiederum der Ober-Steuermann des Cortes im Jahre 1519 und als solcher machte er alsdann seine bedeutendste und folgenreichste Entdeckung.

Bevor ich indess dieses Ereigniss erzähle, will ich für einen Augenblick pausiren und die Vorstellungen, die damals in Bezug auf Meeresströmungen im Schwange waren, und eben so auch die Wirkungen, welche die bis dahin entdeckten Strömungen auf die spanische Schifffahrt nach Amerika ausübten, mit ein paar Worten darstellen.

Der vornehmste Mann, der zu jener Zeit solchen Dingen nachforschte, die von den Seefahrern gemachten Beobachtungen sammelte, und seine Ansichten auch durch den Druck bekannt machte, war der schon oben von mir genannte Peter Martyr von Anghiera, ein italienischer Gelehrter im Dienste des Königs Ferdinand. In einem seiner merkwürdigen Briefe, welcher im Jahre 1515 geschrieben wurde,[1]) und bei dessen Entwerfung der Verfasser mit den Resultaten der Reise des Ponce de Leon im Golfstrome (1513) noch nicht bekannt war, spricht er über die Strömungen des Atlantischen Oceans wie folgt:

„Dieweil alle spanischen Seefahrer einmüthiglich versichern, dass die See im Süden von Osten nach Westen läuft, und zwar so schnell läuft, wie ein Fluss, der von hohen Bergen herabfällt, und dieweil auch Cabot sagt, dass er in den nördlichen Gegenden eben einen solchen Lauf der Gewässer nach Westen, aber von geringerer Schnelligkeit gefunden habe, — so halte ich es für gut, eine so merkwürdige Sache hier nicht ohne Erwähnung vorübergehen zu lassen. Doch fühle ich mich, indem ich dies überdenke, in nicht geringe Zweifel und Schwierigkeiten verwickelt, und weiss nicht zu sagen, wo jene Gewässer, die so beständig .von Osten nach Westen fliessen, bleiben. Sie gehen dahin, um nicht zurückzukehren und dennoch scheint es dass der Westen von ihnen nicht gefüllt und der Osten nicht geleert werde. Manche glauben, dass in dem Winkel des grossen Landes, von dem ich sagte, dass es acht Mal grösser als Italien sei (Nord-Amerika), gewisse breite Strassen und Durchfahrten sein müssen, und dass diese breiten Canäle im Westen der Insel Cuba liegen müssen, so wie auch dass sie vermuthlich alle jene Gewässer verschlingen, und sie dann weiter westwärts gehen lassen, und von da wiederum in den östlichen Ocean und in die Nord-See (den Atlantischen Ocean) zurückführen. Andere glauben, dass der Golf in jenem grossen Lande (Anghiera meint den jetzigen Golf von Mexico) geschlossen sei, und dass das Land im Rücken von Cuba weit nach Norden hinaufrage, so dass es auch die nördlichen Lande begreife, welche die gefrorne See unter dem Nordpol umgiebt, und dass alles Land jener Gegend wie ein und derselbe Continent unter sich verbunden sei. Diese vermuthen dann dabei zugleich auch, dass die besagten Meeresströmungen durch den

---

[1]) Siehe Pater Martyr l. c. Dec. III. lib. VI. Dass dieser Brief im Jahre 1515 geschrieben wurde, geht aus dem Umstande hervor, dass der Verfasser im Verlaufe desselben von dem „nächstfolgenden Jahre, welches das Jahr Christi 1516 sein wird," spricht.

Widerstand des Continents gebrochen und nach Norden hin herumgebogen würden, in derselben Weise, in welcher wir die Flüsse in ihren Krümmungen sich biegen und winden sehen. Allein diese letzte Vermuthung ist nicht in allen Punkten in Harmonie mit den gemachten Beobachtungen; denn auch die, welche zur gefrornen See hinaufgesegelt und von da westwärts gefahren sind, z. B. Sebastian Cabot, versichern, dass auch dort die Nordsee beständig nach Westen fliesse, obwohl zwar nicht so schnell. Ich bin daher der Meinung, dass dort gewisse offene Stellen sein müssen, durch welche die Gewässer beständig von Osten nach Westen durchpassiren können, und ich vermuthe, dass diese Gewässer so immerfort rund um den Globus der Erde durch die beständigen Impulse der Himmel herumgetrieben werden."

Diese sehr interessante Stelle des Peter Martyr unterrichtet uns ziemlich klar über die Ansichten, welche man damals in Spanien über Strömungen hegte, bevor die Continuität des ganzen Dammes von Nordamerika festgestellt und bevor der rückkehrende Golfstrom, der die Gewässer ostwärts heimführt, wirklich besegelt und erkannt war. Einige zwar vermutheten schon einen solchen Zusammenhang. Aber Peter Martyr selbst, der, wie die meisten seiner Zeitgenossen, sich vorstellte, dass Amerika durch Canäle in eine Menge Inseln aufgelöst sei, glaubt, dass ein grosser breiter Strom von Meeresgewässern überall auf Erden und beständig von Osten nach Westen fliesse und um den ganzen Globus circulire. Damals (im Jahre 1515) war dies die natürlichste Vorstellung. Es ist aber wahrscheinlicher, dass Peter Martyr später, nachdem er von den Entdeckungen des Ponce und Alaminos, Cordova, Grijalva und Cortes erfahren hatte, seine Ansichten änderte und sich von der „Umbiegung der Gewässer" überzeugte.

In Bezug auf die Frage, wie die frühesten spanischen Schifffahrts- und Handels-Wege nach West-Indien vor der sogleich zu erwähnenden Entdeckung der Golfstrom-Fahrt durch Alaminos von den Strömungen beeinflusst wurden, sagt derselbe Peter Martyr: dass man die ganze Karibische See mit ihren Strömungen fahrend von Osten nach Westen in 4 oder 5 Tagen durchsegeln könne.¹) Aber die Rückkehr von da, sagt er, sei in Folge des conträren Laufs der Gewässer so mühselig und schwierig, dass es scheine, „als ob die Schiffe einen hohen Berg hinaufsegeln und gegen die Gewalt des Neptunus selber ankämpfen müssten."

Ueber die Oceanische Heimreise nach Spanien sagt derselbe Schriftsteller, dass auch die, welche nach Spanien heimkehren, „mit dem Falle des Oceans" zu kämpfen hätten, obgleich der offene Ocean im Osten nicht so heftig gegen sie sei, wie die Karibische See und wie die Meerengen zwischen den Inseln, weil da die Fluthen einen weiteren Spielraum hätten. „Nichts desto weniger sähen sie sich gezwungen, zuerst zwischen den Inseln Cuba und Hispaniola herum und so in die hohe See nordwärts hinauszusegeln, damit die Nordwest- und Westwinde ihre Reise fördern möchten."²)

In diesen Aeusserungen Peter Martyr's sehen wir deutlich die älteste bei den Spanischen Schiffen gewöhnliche Heimroute von West-Indien nach Europa angezeigt. Sie lag in den Thoren zwischen Cuba und Haiti und dann längs des östlichen Randes der Bahama-Gruppe nordwärts.

Mit dieser Wendung schlichen sich die Schiffe so zu sagen am Rande der Passat-Winde vorbei und fuhren dann durch das „Atlantische Mittel-Becken" im Striche der veränderlichen Winde, östlich und südlich von unserem Golfstrome nach Spanien, indem sie auf diese Weise ziemlich genau den Fusstapfen des Columbus auf seiner ersten Heimreise (1493) folgten.

---

¹) Peter Martyr l. c. p. 125.
²) Peter Martyr l. c. p. 1251—47.

IV.
Antonio de Alaminos entdeckt im Jahre 1519 „den Ausfall" des Golfstromes.

Die näheren Umstände und Begebenheiten, welche den Seefahrer Aleminos im Jahre 1519 zu seiner wichtigen von mir oben schon angedeuteten Entdeckung führten, waren folgende:

In dem genannten Jahre hatte Cortes in den von ihm gestifteten Colonien Vera Cruz festen Fuss gefasst und aus dem Innern sehr lockende Kunde erhalten. Er wünschte die guten Neuigkeiten von seinen Erfolgen „auf dem kürzesten Wege" direct an den König von Spanien gelangen zu lassen.

Bis dahin waren, wie ich eben zeigte, die von Westindien heimsegelnden spanischen Schiffe stets durch eine der Meerengen zwischen den Antillen nach Spanien expedirt. Die Fahrt von Mexico zu diesen östlichen Ausgängen führte mitten durch den Archipel der Antillen, deren Gouverneure lauter Rivale und Feinde des Cortes waren. Er wünschte daher, dass sein Depeschen-Schiff die bedrohliche Nachbarschaft derselben auf einem möglichst nördlichen Striche umgehen möchte.

Dass die See im Westen von Cuba und Florida ein von Land umschlossener Golf sei, war damals noch nicht durch die Erfahrung bewiesen worden, und Einige meinten noch, dass Florida wohl eine Insel sein möchte. Auf jeden Fall aber war doch die Möglichkeit einer Durchfahrt von Vera Cruz aus im Norden von Florida herum wenigstens schon sehr zweifelhaft, und dahin also konnten Cortes und Alaminos nicht mit völliger Sicherheit durchzudringen hoffen. Dass eine freie Fahrt zwischen Cuba und Florida existire, war zwar von Ponce entdeckt; doch hatte er diese Durchfahrt (die „Engen" unseres Golfstromes) nur bis zum Ende der Bahama-Inseln nachgewiesen. Jenseits der-

selben nach Norden und Nord-Osten, wohin noch kein Spanier
gesegelt war, mochten noch viele Schifffahrts - Hindernisse
existiren, grosse Länder oder Archipele von Korallen-Inseln
und Bänken, gleich denen der Bahamas. — Der Haupt-Pilot
des Cortes, Alaminos, schloss jedoch aus der Natur des rasch-
rinnenden Stromes in „den Engen" (den er mit Ponce beobachtet hatte), dass vor demselben überall offenes Meer sein
müsse. „Er glaubte," sagt Herrera, „dass diese mächtigen Strömungen doch irgendwo in einen freien,
grossen Seeraum hinauslaufen würden."¹)

Cortes gab daher dem Alaminos das schnellste Schiff seiner
Flotte, und derselbe segelte mit ihm und mit den Depeschen
und Botschaften seines Chefs an Bord am 26. Juli 1519 von
Vera Cruz ab, durchfuhr die Strasse von Florida, und indem er
dann in den Engen sich nordwärts wandte, fand er das weite
und endlose Meer („metiendo se al Norte hallo et espacioso
Mar"). Fortgeführt von dem Golfstrom, kehrte er allmählig in
die mittlere Partie des Atlantischen Oceans ein, passirte wahrscheinlich die Nähe der damals noch nicht entdeckten Bermudas,
„berührte die Terceira-Inseln" (Azoren) und kam nach einer
schnellen und glücklichen Reise von etwas mehr als zwei
Monaten in Spanien an.

Diese Fahrt des Alaminos war in mehrfacher Beziehung
eine Entdeckungs-Reise. Er durchschnitt Regionen des Oceans,
die Niemand vor ihm befahren hatte, und bewies ihre Segel-
barkeit. Sein Heimweg lag wahrscheinlich gerade in der Mitte
zwischen dem des Columbus (1492) und dem der Cabots (1497).

Er zeigte einen völlig neuen Oceanischen Weg an, den
bequemsten und kürzesten, welchen die Spanier fortan für
ihre Rückkehr aus Westindien nach Europa benutzen konnten.
Indem Alaminos die Lage eines der Hauptstücke des Golfstromes
und seine Verbindung mit dem Ocean nachwies, reformirte
er das ganze spanische Schifffahrts-System.

Der östliche Mund des Golfs von Mexico, den er öffnete,
wurde bald der vornehmste Thorweg und Auslass nicht blos
für diesen Golf, sondern für alle Mittelländischen Gewässer
Amerika's und des ganzen West-Indiens. —

---

¹) Siehe Herrera Dec. II. Lib. V. c. XIV und LIII. und LVI.

In demselben Jahre (1519), in welchem Alaminos diese für die Geschichte des Atlantischen Oceans so denkwürdige Reise ausführte, wurde auch der ganze Rest der Küste des Golfs von Mexico von Alonso Alvarez Pinedo, einem Capitain, den der unternehmende Gouverneur von Jamaica, Francisco de Garay ausgesandt hatte, entdeckt. Dieser Capitain bewies, dass jenes Gewässer überall von Festland umgeben sei, „dass die Küste wie ein Bogen gekrümmt," und dass Florida keine Insel sei.

Auch die spanischen Seefahrer, welche im Jahre 1520 der Gouverneur Lucas Vasquez Ayllon nach Nord-Westen aussandte, bestätigten, indem sie längs der Küste der jetzigen Staaten von Georgia und Carolina fuhren, wiederum, dass Florida mit einem grossen Continente in Verbindung stehe, und das wenigstens bis zum 35° N. B. hinauf keine Durchfahrt mehr vorhanden sei.

Die unmittelbare Folge dieser Entdeckungen war die Organisirung von dem, was die Spanier „la derrota de la buelta de las Indias" (den Rückweg von Indien) nannten. Der lange Hals des Golfstromes scheint von der Natur planmässig ausgebildet zu sein, damit man, mit ihm segelnd, die östlichen Winde und Strömungen in den südlichen Partien des Nord-Atlantischen Oceans vermeiden und ihnen aus dem Wege fahren könne. Die Schiffe wurden durch denselben in wenigen Tagen in die Mitte der Region der veränderlichen westlichen Winde hineingeführt. Die Durchfahrten durch die Meerengen zwischen den Inseln wurden daher selten mehr gebraucht und das ganze System der primitiven Atlantischen Schifffahrt wurde geändert. Dasselbe wurde nun so zu sagen nach dem Modell des Systems der Atlantischen Meeresströmungen und im Parallelismus mit ihnen geordnet, indem es den Impulsen und der Richtung dieser Strömungen folgte:

Mit den südlichen Strömungen im Westen von Spanien und Marocco segelten nun die spanischen Schiffe bis zu den Canarischen Inseln — mit den Passatwinden und dem Aequatorialstrome passirten sie den Ocean — mit westlichen Zweigen und Fortsetzungen dieser Strömung in den Canälen zwischen den Inseln Dominica, Guadalupe etc. fuhren sie in die Karibische See hinein — durch dieses Becken segelten sie mit seinen gewöhnlich westlichen Strömungen nach Venezuela, zu den Isthmus-Ländern und weiter zum Golf von Mexico, in welchen sie mit den nordwestlichen Strömungen der Strasse von Yucatan einfuhren, — von Mexico (Vera Cruz) folgten ihre Flotten der kreisenden Bewegung der Gewässer dieses Binnen-Meeres nach Norden und dann nach Osten zurück, — kamen mit ihnen, wie Alaminos im Jahre 1519, zur Westseite von Florida und fielen, wie er, mit ihnen südlich auf Havana herab. — Havana wurde so der Sammelplatz für alle Flotten der westindischen Schifffahrt und der Ausrüstungs-Hafen für ihre Rückfahrt. Dieser bald sehr blühende Ort empfing also, wie gesagt seine ganze Bedeutung von seiner Position an der Quelle des Golfstromes. Die Flotten kehrten von da ostwärts zurück mit den rückkehrenden Gewässern, welche Alaminos entdeckt hatte.

Es gab demnach zu dieser Zeit **eine kreisende Nord-Atlantische Schifffahrt, welche eine natürliche Folge der Entdeckung der kreisenden Bewegung der Strömungen und Winde des Oceans war.**[1])

Von dem „Ausfall des Golfstroms" segelten die Spanier indess nicht lange mit dieser Strömung, obgleich dies der kürzeste Weg nach Spanien gewesen sein würde. Im Sommer gingen sie mit dem Golfstrom etwas weiter nördlich und wandten sich erst im Norden der Bermudas östlich herum. Aber im Winter kamen sie früher aus dem Golfstrom hervor und strichen schon im Süden der Bermudas ostwärts weg.

Man kann sagen, dass dies Alles in der Hauptsache durch Alaminos so festgestellt worden sei.

Eine ganz ähnliche Schifffahrt „mit den herrschenden Winden und Strömungen", — dies mag ich hier vergleichsweise bemerken — organisirten die Spanier um die Mitte des 16ten Jahrhunderts auch in der nördlichen Abtheilung des Stillen Oceans. Auch dort waren sie anfänglich (bald nach Cortes) mit dem Aequatorial-Strom westwärts nach Asien gelangt, vermochten aber auch dort für lange Zeit nicht den richtigen Rückweg zu finden. Auf jener Seite der Welt that für sie im Jahre 1565 der berühmte Seefahrer Andres de Urdanete, was

---

[1]) Siehe eine Beschreibung dieser Schifffahrt in Herrera, Descripcion de las Indias. Madrid 1730 p. 3. 4. und in den spanischen „Routiers" (Schiffsrouten-Beschreibungen), welche Hakluyt übersetzt und publicirt hat in seinen „Travels of the English Nation." London 1810. Vol. IV. p. 39, 40, 108, 109.

im Atlantischen Ocean Antonio de Alaminos schon im Jahre 1519 gethan hatte. Dieser Urdanete entdeckte und benutzte die unter höheren Breiten rückkehrenden Winde und Strömungen aus Südwesten und namentlich den Pacifischen Golfstrom, den wir gewöhnlich „die Japanesiche Strömung" nennen. Er segelte von den Philippinen nordwärts bis zur Küste Japan's, fuhr längs derselben mit der genannten Strömung bis zum 43. Breitengrade und gewann dann allmählig mit den hier ebenso wie im Atlantischen Ocean nach Osten gerichteten Winden und Strömungen die Küsten und Häfen Amerika's. Diesem von Urdanete angebahnten Wege folgten dann später die mit den Schätzen Asiens beladenen Schiffe der Spanier. Und bei beiden so nach den Strömungen regulirten Fahrlinien sind die Spanier zwei Jahrhunderte lang geblieben, und lange Zeit ist ihnen darin die Schifffahrt der übrigen Völker gefolgt.

V.
Von Antonio de Alaminos oder von der Entdeckung des Ausfalls des Golfstromes im Jahre 1519 bis zum Jahre 1620.

Die nächste Folge der Entdeckung des Antonio de Alaminos und der Organisirung der von mir beschriebenen mit dem Golfstrom kreisenden Schifffahrt war ein Vorschreiten der Spanischen Unternehmungen nach Norden. Natürlich wünschten die Spanier sich die Fahrt durch die Enge von Florida und durch den Golfstrom zu sichern und sie machten daher manche Versuche, Florida und die Ostküsten von Nord-Amerika, „die Uferlandschaften des Golfstromes", zu erobern.

Die erste dieser Unternehmungen, die man alle als Golfstrom-Expeditionen betrachten kann, wurde im Jahre 1526 von Lucas Vasquez Ayllon von San Domingo aus hinübergeführt. — Ayllon segelte mit einer kleinen Flotte zu den Küsten unserer jetzigen Staaten von Georgien und Carolina (von ihm „Chicora" genannt) und recognoscirte die Küsten nordwärts bis zu unserer jetzigen Chesapeake-Bay, die er die „St. Marien-Bay" nannte. — Einige seiner Fahrzeuge litten Schiffbruch, und die übrigen Schiffe, indem sie den Golfstrom kreuzten, (im August und September) wurden von Stürmen (Golfstrom-Orkanen?) gemisshandelt.

In demselben Jahre, in welchem Ayllon's Flotte jene Schicksale erlit, wurden auch die Bermudas-Inseln durch den spanischen Capitäin Juan Bermudas auf seiner Heimreise mit dem Golfstrom von West-Indien entdeckt. Bald nach dieser Entdeckung wurde in Spanien der Vorschlag zur Ansiedlung und zum Anbau besagter Inseln gemacht. Der König von Spanien wünschte, wie er in einem darauf bezüglichen Dekrete sagte, daselbst seinen Schiffen auf ihrer Heimreise durch den Ocean eine gastfreundliche Station zu bereiten. „Er hoffte auch zu

„gleicher Zeit, dass der Anbau der Bermudas die grossen „Sümpfe auf diesen Inseln verschwinden machen würde, welche „als die Ursachen vieler Stürme in ihrer Nachbarschaft be- „trachtet würden."[1]) Die letztere Bemerkung enthält eine sehr sonderbare Erklärung jener Stürme, welche vermuthlich mit den „Sümpfen der Bermudas" viel weniger zu thun haben, als mit dem mächtigen Meeresstrom, der sich um das submarine Plateau der besagten Inseln in einem weiten Halbkreise herumschwingt.

Auch die beiden grossen und berühmten Expeditionen, welche die Spanier bald nachher von Havana aus nach dem Norden abgehen liessen, um Florida zu erobern, brachten wieder eine Menge spanischer Entdecker in die warmen Gewässer des Golfstromes, und mögen dazu beigetragen haben, die Kenntniss desselben zu erweitern.

Doch ist die Unternehmung des Narvaez (1528—1529) in dieser, wie in anderer Hinsicht viel weniger interessant, als die, welche de Soto commandirte (1539—1543), denn aus der unheilvollen Expedition dieses Soto, der im Mississippi-Lande umkam, wuchsen einige sehr weitgehende See-Reisen und Such-Fahrten hervor, die für unsern Zweck vom höchsten Interesse sein würden, wenn wir umständliche Nachrichten über ihre Resultate besässen. Diese Such-Expeditionen wurden von de Soto's Capitainen Diego Maldonado und Gomez Arias angeführt. Während dreier Jahre segelten dieselben, um ihren verlornen Chef aufzufinden, wiederholt längs der Ränder des Golfs von Mexico und längs der nordamerikanischen Ostküste, indem sie ihre Fahrten „bis zum Lande Bacallaos" (Neu-Fundland) ausdehnten. Sie mögen dabei oft genug den Golfstrom berührt und durchkreuzt haben.

Wie wenig Aufmerksamkeit die Amerika behandelnden Geographen und Historiker dem Phänomen der Strömungen trotz wiederholter Reisen und Erfahrungen widmeten, geht unter andern daraus hervor, dass der Geschichtsschreiber Oviedo (etwas vor 1559) eine ziemlich detaillirte Schilderung der Küsten des neuen Continents entwarf, ohne jedoch von den Strömungen längs derselben die geringste Notiz zu nehmen.[2])

---
[1]) Herrera Dec. IV. L II. c. VI.
[2]) S.: Oviedo, Historia general. Parte II, in der Ausgabe der Madrider Akademie.

Pedro de Medina.

Pedro de Medina, einer der angesehensten spanischen Hydrographen der Zeit, dessen Werke in's Englische, Italienische und Französische übersetzt wurden, erwähnt des Golfstromes gleichfalls mit keinem Worte. Derselbe Autor, indem er sich an eine Erklärung der Ursachen der Nordatlantischen Strömungen macht, citirt — dem Geiste seiner Zeit gemäss — oft „die Ansicht von Aristoteles und Albertus Magnus", nie aber die in diesem Punkte viel höhere Autorität der damaligen spanischen Seefahrer und Matrosen, seiner Zeitgenossen. Er sagt, dass „nach Aristoteles und Albertus Magnus die Meeresgewässer beständig vom Pole dem Aequator zueilen". Und als die Ursache dieser Tendenz, meint er, gäben die genannten Weisen die an, „dass der Norden erhabner oder höher sei, als der Süden, und dass der Norden auch, wegen seiner Kälte mehr Wasser erzeuge und aufhäufe, als der Süden, der durch die Grösse der Sonne viel Wasser verderbe und verzehre".[1]

Wie die Spanier, so folgten auch die andern seefahrenden Nationen in ihren Unternehmungen nach und von Westindien den Wegen, die Alaminos vorgezeichnet und eingeführt hatte. Alle die kriegerischen Expeditionen, welche die englischen Freibeuter nach der Mitte des 16. Jahrhunderts, um auf spanische Schiffe und Schätze Jagd zu machen, ausführten, — die Hawkins, Drakes, Oxam, Parker, King, May, Dudley, Preston, Sherley etc., sie segelten alle mit den Aequatorial-Strömungen und den Passat-Winden nach dem Westen und traten gewöhnlich durch die Meerespforten bei Dominica und Guadelupe in das westindische Reich ein, — schweiften mit der kreisenden Bewegung der Strömungen durch die Karibische See, indem sie an den Küsten dieses Meeres hie und da landeten, um spanische Colonien zu plündern und zu brandschatzen, — traten mit den Strömungen der Strasse von Yucatan in den Golf von Mexico ein, aus welchem sie dann mit Beute beladen durch die Strasse von Florida entschlüpften, indem sie mit dem Golfstrom aus den mittelländischen Gewässern Amerikas in den freien Ocean und in die Gegenden der veränderlichen West-Winde hinausfuhren.

---

[1] P. de Medina. Arte de Navigar. Valladolid, 1545. Fol. XI, XIII.

Diese althergebrachte Bahn durch die südliche Hälfte des Nordatlantischen Oceans war, wie ich unten zeigen werde, noch lange Zeit nachher für gewöhnlich im Gebrauch, und man folgte ihr sogar, wenn es galt, sehr hohe nördliche Breiten auf der Ostküste von Nord-Amerika zu erreichen.

Mehre Male wurde inzwischen **ein kurzer Weg durch den Ocean** versucht, freilich aber nicht gleich für immer in die Schifffahrt eingeführt. Der erste Seefahrer, welcher sich rühmte, einen solchen oceanischen Richtweg und eine solche Abweichung von dem althergebrachten Strich eingeschlagen zu haben, war der französische Capitain Jean Ribault, der im Jahre 1562 vom Admiral Coligny ausgesandt wurde, um die Ostküste von Nord-Amerika zu untersuchen, und daselbst die Begründung einer Hugenotten-Colonie vorzubereiten.

Dieser Ribault hatte, wie er selbst sagte, die Absicht, „etwas Neues auszuführen für den Ruhm seiner Nation" und, von Havre de Grace (Januar 1562) aussegelnd, setzte er daher gleich mitten in die breiten Gewässer des Oceans hinein, und segelte in einer direct westlichen Richtung über ihn hinweg. Wir haben leider keine genaueren Nachrichten über die Windrichtungen, denen Ribault auf dieser Fahrt folgte. Wahrscheinlich aber passirte er die Azoren, liess die Bermudas etwas im Süden, schnitt den Golfstrom in 30° N. Br. und erreichte die Küste der Neuen Welt nahe beim jetzigen Hafen von St. Augustin im Norden von Florida. „Dies sei," so sagte Ribault, „der kurze und wahre Weg über den Ocean, dem man in Zukunft zu Ehren der französischen Nation folgen müsse, mit Verwerfung der althergebrachten Ansicht, welche bisher für richtig angenommen worden sei".[1]

Nachdem Ribault seine Recognoscirung der Küste von Nord-Amerika oder wie er und seine Landsleute es nannten, von „Neu-Frankreich" zu Stande gebracht hatte, verliess er dieselbe bei Cap St. Roman, von wo er mit dem Golfstrom heimsegelte.

Die Franzosen waren schon früher unter Giovanni Verrazano, den König Franz I. im Jahre 1524 nach Amerika gesandt hatte, im Golfstrom gewesen. Auch im Jahre 1538 waren

---

[1] Siehe Ribault in Hakluyt, Divers voyages. London 1850. p. 95.

wieder mehre ihrer Schiffe in den „Engen" des Golfstromes selber in der Nachbarschaft von Havana erschienen, welcher Hafen zu der Zeit, als de Soto die Vorbereitungen zu seiner grossen Expedition machte, von ihren Freibeutern angegriffen und verbrannt wurde. Die französischen Seefahrer müssen daher im Golfstrome wohl ziemlich erfahren und bekannt gewesen und es in Folge der wiederholten Fahrten zu den Küsten von Florida unter Ribault und seinen Nachfolgern Laudonnière, Gourgues etc. (1562—1567) noch mehr geworden sein. Die genannten französiscen Capitäne brachten einige sehr umständliche und sehr werthvolle Berichte über ihre Unternehmungen zu Papier, in denen wir viele interessante Beobachtungen finden, obwohl wir in ihnen — auffallend genug — **nicht der geringsten Anspielung auf den Golfstrom oder auf andere Meeresströmungen begegnen.**

Die genannten Franzosen (Ribault, Laudonnière etc.) hatten die ersten etwas dauernden Ansiedelungen längs der Ufer des Hauptstammes des Golfstromes zu Stande gebracht. Aber die Spanier, die mit einer grossen Flotte unter dem Commando ihres Admirals Don Pedro Menendez herüberkamen, vernichteten das französische Werk wieder, und dieser berühmte spanische Seemann **baute dann eine ganze Reihe von Forts längs des westlichen Ufers** des Golfstroms, nordwärts bis zur Chesapeake-Bai hinauf. Er segelte zu wiederholten Malen sowohl längs der westlichen als der östlichen Küsten von Florida. Es wird von ihm berichtet, dass er einen neuen Canal durch die Bahama-Bänke zum Golfstrom hin gefunden habe.[1]) Es war dies vielleicht unser jetziger New-Providence-Channel. Er untersuchte die Meerestiefen längs der Florida-Keys. **Er war auch der erste, der (im Jahre 1565) gegen den Golfstrom in seiner „Enge" südwärts hinaufsegelte.** Er fuhr von St. Augustine nach Havana gegen den Strom aufwärts, welches die spanischen Schriftsteller damals als ein sehr merkwürdiges See-Ereigniss betrachteten. Sie sagen, dass bis zu dieser Zeit eine solche Fahrt von verschiedenen spanischen Seeleuten vergebens versucht worden sei, dass aber Menendez der erste gewesen, der es zu Stande ge-

---

[1]) Ternaux Compans, Pièces sur la Florida p. 165.

bracht habe.¹) Menendez und seine Capitäne wiederholten dies Experiment nachher noch mehre Male und segelten den Golfstrom bei Florida auf und ab, um ihre Küsten-Festungen mit Cuba und Havana in Verbindung zu setzen.

Auf Befehl desselben Admirals Menendez, der vom Könige von Spanien zum General-Gouverneur von Florida und Cuba gemacht war, wurde auch im Jahre 1573 eine vollständige Recognoscirung der gesammten Küsten Florida's bis zur Chesapeake-Bai ausgeführt. In den Berichten über diese merkwürdige Recognoscirung, die von einem Neffen des genannten General-Gouverneurs, dem Don Menendez Marques, ausgeführt wurde, finden wir viele nautische Beobachtungen. Mehre Positionen an den Ufern des Golfstromes sind darin gut bestimmt, Häfen und Meeresküsten bei den Vorgebirgen längs des Stromes beschrieben. Aber der Golfstrom selbst ist in dem Auszuge aus diesen Berichten, den der spanische Historiker Barcia uns erhalten hat ²), gar nicht erwähnt, obwohl dies allerdings der Fall gewesen sein mag in den „vollständigen Tagebüchern und nautischen Schriften des Menendez", von denen Barcia als zu seiner Zeit im Manuscript vorhanden spricht, die für uns aber ein versiegeltes Buch geblieben sind.

Einige Zeit nach den erwähnten französischen und spanischen Expeditionen zur Eroberung und Besiedlung der Uferländer des Golfstromes wandte sich die Aufmerksamkeit der Engländer auf dieselben Gegenden, und unter der Oberleitung und dem Patronate Sir Walter Raleigh's begann dann diejenige Reihe von Seefahrten, welche auf der Ostküste von Nord-Amerika die Provinz oder doch den Namen „Virginia" in's Leben riefen.

Zu der Zeit, da die öffentliche Meinung in England anfing, sich diesen Unternehmungen zuzuwenden und dazu vorzubereiten, waren mehre Englische Autoren damit beschäftigt, den Ocean, seine Verhältnisse und Dimensionen, seine Winde und Strömungen zu studiren und die von ihnen gebotenen Vortheile und Gelegenheiten zu erwägen.

---

¹) Barcia Ensayo Chronol. de la Florida p. 92.
²) Barcia l. c. p. 147.

Dies that unter Anderen Sir Humphrey Gilbert, Raleigh's berühmter Halbbruder, in seiner wohlbekannten Abhandlung: „Ueber die Ausführbarkeit einer Nord-West-Fahrt nach Kathay und Ostindien", die er vermuthlich in den Jahren zwischen 1567 und 1576 schrieb[1]); Gilbert mag bei Hawkins, Drake, Oxam und den andern von mir oben genannten Englischen Seefahrern, seinen Zeitgenossen, die damals schon zur Verfolgung der Spanier mit zahlreichen Flotten alle westindischen und nordatlantischen Gewässer durchstreift hatten, in die Schule gegangen sein.

In jener Schrift spricht er es als seine Ansicht aus, dass „alle die Wasser des Oceans von Natur kreisförmig von Osten nach Westen eilen, indem sie der täglichen Bewegung des „Primum Mobile" folgen, welches alle unteren Körper in derselben Richtung mit sich fortführt." Er verfolgt diese Bewegung von der Südspitze Afrika's, von der sogenannten Agulhas-Strömung, und sagt, „dass von da die Bewegung nach Amerika übersetze und dass sie dann, dort keine freie Passage findend, längs der Ostküste dieses Continents nordwärts „bis zum Cap Freddo" gehe, welches der äusserste Punkt jener Küste im Norden sei. Und dieser ganze Strich betrüge ungefähr 4600 Leguas [2]).

Gilbert sagt, dass, „wenn diese Strömung nicht längs der ganzen Ausdehnung der amerikanischen Küste nachgewiesen werden könne, und wenn sie nicht mit den Sinnen wahrgenommen worden sei („if it has not been sensibely perceived"), sie nichtsdestoweniger entweder in den oberen oder in den unteren Partien des Oceans existiren müsse."

„Weil dieser Strom jedenfalls irgendwo frei durchpassiren muss", fügt Gilbert hinzu, „so muss er entweder im Norden von Amerika in die Südsee herumgehen, oder er muss zu den Küsten von Irland, Norwegen oder Finnmarken hinüberstreichen." Und er, der darauf aus war, die Möglichkeit einer Nordwest-Fahrt um Amerika herum zu beweisen, adoptirt die erste und verwirft die zweite Proposition dieser Alternative, obwohl diese letzte der Wahrheit näher kam.

---

[1]) Siehe über diesen Punkt Humboldt l. c. Vol. I. p. 468.
[2]) Siehe „The discourse of Sir H. Gilbert" in Hakluyt. London 1600. Vol. III. p. 14.

Gilbert verräth auch einige Bekanntschaft mit dem Labrador-Strom. „Da kommt eine andere Strömung", sagt er, „von Nordosten her aus der Scythischen See, welche nach Labrador läuft, wie dies der andere, der von Süden kommt (unser Golfstrom) auch thut, so dass diese beiden Strömungen entweder durch diese unsere Strasse (die von ihm vermuthete Nordwestfahrt um Amerika herum) hindurch passiren oder sonst sich begegnen und in conträren Linien gegen einander stossen müssen." — „Aber," setzt Gilbert hinzu, „dergleichen conträre und einander entgegengesetzte Stromrichtungen sind nirgends bei Labrador oder Terra Nova (Neufundland) beobachtet worden."

Es ist merkwürdig, wie auch wiederum bei dieser Alternative Gilbert's die Wahrheit, nämlich die Begegnung einer süd- und nordwärts gerichteten Strömung (des Labrador- und Golfstromes) hypothetisch ausspricht, sie aber verwirft, „weil", wie er sagt, „die jährlich zu den Neufundlands-Bänken kommenden Fischer und Matrosen eine solche Beobachtung garnicht gemacht hätten." Dies ist nun zwar, wie ich schon oben andeutete, kaum glaublich. Aber Gilbert glaubte es, weil er, wie gesagt, eine breite Oeffnung im Norden Amerika's, die Möglichkeit einer Durchfahrt, beweisen wollte, und daher die falsche Hypothese annehmbarer fand.

Sir Humphrey Gilbert selbst war der erste Engländer, der Versuche machte, eine Colonie zu der Ostküste unserer heutigen Vereinigten Staaten hinüberzuführen, zuerst im Jahre 1579 und wiederum im Jahre 1583. Beide Versuche liefen unglücklich aus.

Als die Expedition von 1583 segelfertig war, wurde vor allen Dingen die Frage aufgeworfen, „welchen Weg man nach Amerika einschlagen, ob man durch den Süden nach Norden oder durch den Norden nach Süden dahin segeln solle?" Um diese Frage zu entscheiden, zog man zwei Punkte in Erwägung: nämlich erstlich die Vortheile, die der Golfstrom bei einer Fahrt aus dem Süden nach Norden darböte, und zweitens die Gunst und Gelegenheit, welche die fischreichen Neufundlandbänke auf einer Fahrt aus dem Norden nach Süden für die Verproviantirung der Schiffe darböten. Doch ich will hier Gilbert's eigene Worte anführen, weil sie für die damaligen Ideen und Kenntnisse von Meeresströmungen sehr merkwürdig sind:

„Der erste Weg," sagt er, (d. h. die Fahrt durch den Süden) „schien uns entschieden der leichteste, **weil wir da immer den Beistand des Stromes haben würden, der von Cap Florida nach Norden geht** und der unsere Reise längs aller jener Küsten **von dem genannten Cap bis zum Cap Breton sehr gefördert haben würde,** da alle diese Länder nach Norden hingestreckt sind. Nichtsdestoweniger aber machte uns die lockende Aussicht, im Fall der Noth eine neue Verproviantirung der Schiffe auf den Neufundlandbänken leicht zu Stande bringen zu können, dem nördlichen Wege geneigt, den wir denn auch wirklich einschlugen, obgleich wir gewärtig sein mussten, dass die conträren, vom Cap Florida nach Cap Breton herabkommenden Strömungen sich bei unserm Vorrücken aus Norden als ein grosses und beinahe unwiderstehliches Hinderniss zeigen und uns vielleicht zwingen würden, in jenen nördlichen Regionen zu überwintern."[1]

Wir haben keinen zweiten englischen Autor aus dem 16. Jahrhundert, von dem wir so viel über Strömungen vernehmen, als aus diesen eben angeführten Stellen in Gilberts Schrift. Es mag die, welche aus dem Stillschweigen vieler Schriftsteller bei unsern Vorfahren auf eine allgemeine Unwissenheit in Bezug auf Meeresströmungen schliessen zu können glauben, wohl in Verwunderung setzen, dass schon dieser Gilbert die ganze Kette von Meeresbewegungen von dem Agulhas-Strom beim Cap der guten Hoffnung bis nach Neufundland nachwies und dass er auch eine ziemlich deutliche Vorstellung von der Existenz unseres Golfstromes **von Florida bis nach Neufundland hatte.** Es beweist dies Alles, dass Gilbert vermuthlich eine Menge wirklicher Entdeckungen und Beobachtungen alter Seefahrer über Strömungen vor Augen haben mochte, **obgleich dieselben für uns nie niedergeschrieben und gedruckt worden sind.**

---

[1] Siehe Haiés Bericht über Gilberts Reise in Hakluyt. London 1600. Vol. III. p. 143.

„Meeresströmungen", sagt Gilbert an einer anderen Stelle,[1] „können nur bewirkt und unterhalten werden durch gegenseitigen Austausch der Gewässer, durch weit verzweigte circulirende Bewegungen." Aus dieser Bemerkung geht hervor, wie richtig die Ansichten von den Ursachen und dem Zusammenhange von Meeresströmungen waren, welche schon Gilbert und vermuthlich auch andere seiner Zeitgenossen sich gebildet hatten. Freilich waren Gilberts Ansichten über die Labrador-Strömung — wenigstens zu der Zeit, in welcher er jene Abhandlung schrieb — ziemlich irrig. Doch mag er auch diese später zu berichtigen Gelegenheit gehabt haben. In dem Tagebuche seiner Reise im Jahre 1583 finden wir erwähnt, „dass er in 50° N. Br. das Eis südwärts geführt sah, woraus er schloss, dass eine Strömung in dieser Richtung aus Norden herabkommen müsse."[2] Es ist, so viel ich weiss, die erste und älteste Stelle eines gedruckten Buchs, in der diese südlich treibenden Eisberge erwähnt sind.

Ein anderer Englischer Seefahrer dieser Zeit, dessen Reisen und Tagebücher in Hinsicht auf atlantische Strömungen ein gleich grosses Interesse wie die Schriften Gilbert's haben, ist Martin Frobisher, der auf seinen berühmten Expeditionen zur Entdeckung einer nordwestlichen Durchfahrt die nördlichen Partien unsers Oceans in den Jahren 1576—1578 sechs Mal durchkreuzte.

Die meisten Beobachtungen machte Frobisher über den Labradorstrom. Er bestimmte seine Richtung aus Nordosten nach Südwesten, schätzte das Maass seiner Geschwindigkeit und stellte eine sehr zutreffende Hypothese über den Ursprung der Eismassen auf, die derselbe mit sich herabbringt. Er meinte, dass in der westlichen Partie der Davis-Strasse in 62° N. Br. „ein Schiff mit dem Strome wohl anderthalb „Leagues" in einer Stunde forttreiben könne". Von den Eisbergen dachte er, „dass sie in den Sunden der nördlichen Länder erzeugt und dann mit den Winden und Fluthen längs der Küste hinabgetrieben würden.[3]

---

[1] Gilbert's „Discourse" in Haklayt l. c. p. 15.
[2] Haies' Reisebericht in Hackluyt. l. c. p. 149.
[3] Siehe Frobisher in Hakluyt. Ed. London 1600. Vol. III. p. 30. 62.

Er giebt uns zu verstehen, dass er und seine Leute ihre Beobachtungen über Strömungen dadurch zu Stande brachten, dass sie ihre Notizen und Berechnungen („accounts") über den Lauf des Schiffs, mit ihren astronomischen Beobachtungen verglichen.[1])

„Ihre Schätzungen der Stärke und Schnelligkeit des Stromes", setzt er etwas naiv hinzu, „würden noch genauer gewesen sein, wenn sie dabei irgendwo mitten in der Strömung hätten vor Anker gehen können."[2])

Die für uns interessantesten Beobachtungen über Strömungen machte Frobisher auf seiner dritten Reise im Jahre 1578, als er sich im Osten von Island befand. Da hat er oder doch der Schreiber seines Reiseberichts, Herr Best, folgende merkwürdige Stelle: „Indem wir Island zusegelten, (sie kamen von England und befanden sich demnach im Südosten von dieser Insel), stiessen wir auf einen ziemlich starken Strom aus Südwesten, welcher uns nach unserer Rechnung ein wenig nordostwärts von unserem Curse abtrieb. Diese Strömung **schien sich auf Norwegen fortzusetzen, und wir sahen uns veranlasst, zu glauben, dass es dieselbe Strömung sei, der die Portugiesen beim Cap der guten Hoffnung begegnen**; von wo sie zur Strasse des Magellan hinüberstreicht. Da sie aber hier wegen der Enge dieser Strasse nicht durchpassiren kann, so geht sie der Küste entlang und kehrt in die grosse Bai von Mexico ein, woselbst sie, da ihr wiederum das Land entgegentritt, gezwungen wird, sich nordostwärts herum zu bewegen, wie wir dies denn in diesem Jahre nicht nur hier, sondern auch **noch weiter nordwärts**, durch gute Erfahrungen festgestellt haben."[3])

Der gute alte Hakluyt, der bekannte Herausgeber der Frobisher'schen Berichte, setzt bei dieser Stelle auf den Rand seines Buchs den Ausruf: „Mark this current!" („Bemerkt diesen Strom!") Und wir unsererseits mögen wohl noch mehr als Hakluyt darüber staunen, in einer so frühen Zeit den entlegenen nordöstlichen Zweig unseres Golfstromes so deutlich „bis nach Norwegen hin" bezeichnet und nachgewiesen zu sehen.

---
[1]) Frobisher l. c. p. 76—77.
[2]) Frobisher l. c. p. 30.
[3]) Siehe Best in Hakluyt l. c. p. 70.

Auch auf seiner zweiten Reise machte Frobisher einige Beobachtungen in Bezug auf diese Strom-Verzweigung: „Indem er von den Orkadischen Inseln westwärts segelte, begegnete er grossen Fichtenbäumen, die mitten in der See schwammen. Es schien, dass diese Bäume von den Küsten Neu-Fundland's mit dem Strome, der aus Westen nach Osten geht, herbeigetrieben waren." Es ist klar, dass auch hier von Frobisher auf den nordöstlichen Zweig unseres Golfstromes hingedeutet wird.

Frobisher's Beobachtungen über den Labrador-Strom wurden von denen, die ihm in der Laufbahn der Nordwestfahrten nachfolgten, namentlich von John Davis (im Jahre 1586) fortgesetzt. Auch in den Reiseberichten dieses Seefahrers finden sich manche gelegentliche Bemerkungen über den Labrador-Strom. Und aus diesem Allen erhellt denn, dass von den Engländern zu jener Zeit der Labrador-Strom schon durch wiederholte Beobachtungen nördlich bis zur Baffins-Bai und südlich bis Neu-Fundland verfolgt und nachgewiesen war, und dass sie auch diese Beobachtungen **bereits durch den Druck bekannt gemacht hatten**. Auch das besonders kalte Klima dieses letzteren Landes wurde bereits im Jahre 1578 (von dem Engländer Packhurst) aus der rechten Ursache abgeleitet, nämlich „von dem Eise, das von den nördlichen Partien der Welt mit diesem Strom herabgetrieben kommt."[1]

Es ist sehr möglich, dass wir aus Spanien mehr über die Kenntnisse und Ansichten, die man dort zu jener Zeit von Strömungen hegte, erfahren würden, wenn wir etwas mehr von jenem grossen spanischen Werke wüssten, welches Navarrete beschreibt, und das von Juan Escalante de Mendoza im Jahre 1575 verfasst wurde. Navarrete sagt von diesem Werke, welches den Titel hatte: „Itinerario de navegacion a los mares y tierras occidentales" („Wegweiser der Schifffahrt zu den Meeren und Landen des Westens"): dass es das Resultat von 28 Jahren beständigen Reisens und Schiffens gewesen sei, und dass es die Summe aller zu jener Zeit über den Ocean erlangten Kenntnisse enthalten habe, da es sowohl die Winde und Stürme, **als auch die Fluthen und Strömungen des Meeres** beschrieben habe. Des genannten Mendoza Werk wurde aber

---

[1] Siehe den Brief von Mr. Packhurst in Hakluyt. London 1600. Vol. III. p. 133.

leider nie publicirt. Das spanische Gouvernement unterdrückte es aus Furcht, dass fremde Nationen davon Vortheil ziehen möchten. Einige schriftliche Copieen des Originals wurden aber doch insgeheim unter die Leute gebracht.[1]

Dass zu dieser Zeit der Golfstrom und die anderen mit ihm in Verbindung stehenden Bewegungen des Meeres nicht nur von Seefahrern beobachtet, sondern auch verschiedentliche neue Theorieen über die Ursachen dieses Phänomens von Naturforschern aufgestellt wurden, lässt sich aus dem wohlbekannten Werke des Franzosen A. Thevet ersehen, welches im Jahre 1575 in Paris unter dem Titel: „La Cosmographie Universelle", publicirt wurde. Wir finden in diesem Werke den Golfstrom („les côurantes de la Florida") den grossen Flüssen, welche sich in den Golf von Mexico ausmünden, zugeschrieben. Thevet sagt, „die Piloten hätten ihm dies versichert."[2] Es ist bekannt, dass diese Theorie von der Entstehung des Golfstromes aus durch den Mississippi empfangenen Impulsen, welche man hier bei Thevet zum ersten Male vorgelegt sieht, noch zu einer viel späteren Zeit von anderen Autoren vertheidigt worden ist. Auch andere Meeresströmungen, z. B. die Guinea-Strömung an der Küste von Afrika erklärte man damals und auch noch lange nachher aus den grossen in die See mündenden Landflüssen.[3]

Die Capitaine Amadas und Barlow, welche die nächstfolgende Expedition zur Besiedlung der mittleeren Partien der nordamerikanischen Ostküste, die damals „Virginien" genannt wurde, commandirten (ein Jahr später als die des Gilbert, im Jahre 1583) schlugen wieder die gewöhnliche südliche Route über die westindischen Inseln ein. Sie folgten nicht der von Gilbert eingeschlagenen nördlichen Bahn, weil sie fürchteten, „dass der Strom der Bai von Mexico, der zwischen dem Cap von Florida und Havana herauskommt, von so grosser Gewalt befunden werden könnte, dass es schwer sein möchte, gegen ihn aufwärts zu segeln und so zu südlicheren Breiten zu gelangen."[4]

---

[1] Navarrete, Historia de la Nautica p. 240.
[2] Siehe Thevet's Werke. Vol. II. p. 1008.
[3] Herrera Dec. III. LX. c. I.
[4] Hakluyt. Vol. III. p. 30.

Und so wurde denn „Alt-Virginien" (unser Nord-Carolina) von Süden her mit dem Beistande des Golfstroms erreicht. Amadas und Barlow müssen auf ihrer Reise einige Beobachtungen über die Gewalt der Strömung gemacht haben; denn sie versicherten nachher, dass sie den Strom von der Bai von Mexico nicht so heftig gefunden hätten, wie sie es erwartet gehabt, und dass sie es jetzt gar nicht für nöthig hielten, zu einer Reise nach Virginien einen so weiten Umweg nach Süden einzuschlagen.

Nichtsdestoweniger gingen doch alle folgenden durch Raleigh veranlassten Expeditionen nach Virginien über West-Indien und längs des nordöstlichen Randes der Bahamas. Ja einige von ihnen gingen sogar noch um das Westende von Cuba herum, indem sie auf diese Weise mit dem Golfstrom seiner ganzen Länge nach segelten. Dies that z. B. Master John White im Jahre 1590. Dieser intelligente Mann, der schon früher einmal als Gouverneur von Roanoke in Virginien gewesen war, hat in seinem Tagebuche über diese Reise eine sehr interessante Bemerkung: „Auf der Fahrt längs der Ostküste von Florida hinab verloren wir", so sagt er, „dies Land aus dem Gesichte, und gingen weiter in See hinaus, um uns den Beistand des Stromes zu verschaffen, der weiter seewärts viel schneller ist, als im Angesichte der Küste." „Denn", fügt er hinzu, „von Cap Florida nach Virginien giebt es längs der Küste nichts als Seiten- und Gegenströmungen, welche nach Süden und Südosten gerichtet sind."[1])

Dies ist das erste Mal, dass wir die nach Südwesten gerichteten Gegenströme längs der Küste von Florida und Virginien deutlich bezeichnet sehen. Cabot, wie ich früher sagte, hatte schon ähnliche Strömungen in den mehr nördlichen Abschnitten der amerikanischen Küste erwähnt.

Wenn, wie wohl kein Zweifel, die gefährlichen Orkane des stürmischen Cap Hatteras mit den benachbarten warmen Gewässern des Golfstromes etwas zu thun haben und mit ihm in Verbindung stehen, so mag es auch der Mühe werth sein, hier zu erwähnen, dass im Jahre 1586

---

[1]) Siehe White in Hakluyt. Ed. London 1600. Vol. III. p. 291.

Sir Francis Drake bei jenem Vorgebirge einen furchtbaren Sturm erlitt, durch den beinahe seine ganze zahlreiche Flotte, die aus zwanzig Schiffen bestand, zerstreut und geschädigt wurde. Es ist der **erste verderbliche Cap Hatteras-Sturm**, der in den See-Annalen von England erwähnt wird[1]), und durch spätere ähnliche Unglücksfälle wurde jene Gegend des Golfstromes bald berüchtigt und gefürchtet auf dem Ocean.

Verschiedene englische Freibeuter dieser Zeit segelten auf ihren grossen westindischen Expeditionen von Cap Florida über den ganzen Hauptkörper des Golfstromes hin bis Neufundland und von da nach England. Wie Hawkins im Jahre 1565, so that dies auch z. B. Sir Anton Sherley im Jahre 1596[2]). Sie hatten dabei mithin den Beistand dieser Strömungen auf ihrem ganzen Heimwege.

In dem Tagebuche eines dieser englischen Seefahrer damaliger Zeit finde ich die **erste Spur einer Erwähnung östlicher Strömungen in der südlichen Section des „Schweifes" des Golfstromes**. Und zwar in den Tagebüchern der Fahrt der Schiffe des Earls von Cumberland nach Portorico im Jahre 1596, die von dem gelehrten Dr. Layfield „Sr. Lordschaft Caplan und Reisebegleiter auf jenen Expeditionen" geschrieben wurden. Auf der Heimreise kreuzten diese Schiffe in der Nachbarschaft der Bermudas vorüber und ging von da ost-nord-östlich nach den Azoren. „In dieser Gegend," sagt das Tagebuch, „hatte man oft von einer Strömung gesprochen, die wir daselbst finden müssten, und Einige glaubten, dass sie dieselbe auch wirklich gefunden hätten." — In $33^2/_3^0$ N. Br. beobachteten sie, dass sie, vermuthlich durch eine nordöstlich gerichtete Strömung, etwas mehr nördlich getrieben waren, als sie nach ihrer Rechnung sich befinden **sollten**. Einige Tage später (näher bei den Azoren) bemerkten sie, dass die Strömung noch etwas östlich war, jedoch sich ein wenig nach Süden gewandt hatte. „Dies," sagt das Tagebuch, „nahmen wir an verschiedenen kleinen Gegenständen wahr, die wir auswarfen, und die alle, wie das Schiff auch gehen mochte, südostwärts fortgeführt wurden, obwohl der Wind aus derselben

---

[1]) Siehe über ihn Hakluyt. Ed. London 1810. Vol. IV. p. 16.
[2]) Siehe Hakluyt. Edit. 1600. Vol. III. p. 602.

Gegend kam, so dass dieselben also gegen den Wind trieben[1])." — "Bald nachher erblickten sie die Insel Flores," woraus hervorgeht, dass diese — allerdings etwas sonderbaren — Experimente und Beobachtungen über eine südöstliche Strömung etwas westlich von den Azoren, d. h. in der südöstlichen Partie unseres Golfstromes, angestellt worden waren.

Aus Allem, was ich bisher gesagt und nachgewiesen habe, geht hervor, dass am Ende des 16. Jahrhunderts die verschiedenen Abschnitte des Golfstromes schon so oft durchkreuzt und Strömungen daselbst so häufig beobachtet waren, dass ein Kundiger, der sich die Mühe geben wollte,. alle damals existirenden und schon gedruckten Schiffs-Berichte zu studiren und zu vergleichen, und alle Kenntnisse und Erfahrungen, die unter den damaligen Seeleuten über den Gegenstand verbreitet waren, zu sammeln und zu verarbeiten, schon damals seinen Zeitgenossen eine ziemlich gute Beschreibung der allgemeinen Charakterzüge des Golfstromes in rohen Umrissen hätte geben können.

Herrera's oft und von vielen Autoren citirte Beschreibung des Golfstromes ist im Vergleich mit dem, was er seiner Zeit hätte geben können, ziemlich · dürftig. Er sagt im Grunde nichts anderes, als was schon oft vor ihm gesagt worden war, dass die Wasser des Atlantischen Oceans, von dem „Primum Mobile in Bewegung gesetzt", von Afrika beständig nach Süd-Amerika fliessen, wo ihnen keine Durchfahrt gewährt ist, und wo sie daher mit Heftigkeit zwischen Yucatan und Cuba, Florida und den Bahamas durchpassiren, bis sie nach ihrer Zusammendrängung im Bahama-Canal sich in den Ocean ausbreiten. —

Herrera verfolgt den Golfstrom nicht weiter, als bis zu seinem „Ausfalle[2])".

Gleichzeitig mit jenen genauen, aber verzeinzelten Beobachtungen über atlantische Strömungen, und mit diesen treuen aber unvollständigen Beschreibungen derselben begegnen wir in den hydrographischen und geographischen Werken einer

---

[1]) Siehe Layfield's Tagebuch in Purchas. IV. Theil. Lib. VI. c. III. p. 1174.

[2]) Herrera's Beschreibung der Atlantischen Strömungen findet sich in seinem Dec. I. lib. XI. cap. XII. und in seiner Descripcion de las Indias. Madrid 1601. pag. 3.

Strömungs-Theorie, welche, obwohl sie sehr phantastisch und mit den Facten und Erscheinungen gänzlich im Widerspruch war, doch eine Lieblings-Theorie der Zeit gewesen zu sein scheint. „Einige", so sagt ein Geograph am Schlusse des 16. Jahrhunderts[1]), glauben, dass es unter dem Nordpol eine Stelle gäbe, zu welcher die Meere hinfliessen und aus allen Theilen der Welt sich vereinigen und woselbst sie in einen grossen Abgrund und Wirbel hinabstürzen, um nie wieder zu erscheinen."
„Daselbst (am Nordpol) sollen sich vier grosse Inseln befinden", bemerkt ein anderer Kosmograph jener Zeit[2]), „die rund um den Pol herumstehen, und zwischen ihnen braust der Ocean in vier tiefen und breiten Canälen hindurch. Der Zusammenstoss der Gewässer findet neben dem Pole statt und auf dem Pole selbst steht ein hoher schwarzer Fels, ungefähr 33 Leguas im Umfang. Schiffe, die einmal in jene Canäle hineingefahren sind, sehen sich nicht im Stande, wieder zurückzukehren, selbst nicht mit den günstigsten Winden, und neben dem schwarzen Felsen verschwinden alle Gewässer in den geheimen Eingeweiden des Globus, um nachher in den Quellen und Ursprüngen der Flüsse wieder aus dem Innern ans Tageslicht hervorzutreten."

Diese phantastische Theorie über die nordatlantischen Strömungen soll zuerst von einem gelehrten Minoriten-Mönch aus Oxford in England Namens „James Knox of Bolduc" aufs Tapet gebracht sein. Er leitete dieselbe von gewissen Vermuthungen über einen Oceanischen Abgrund und Wirbel im Norden, welche Plato in seinem Phädon aufgestellt haben soll, ab.[3]) Spuren jenes alten Glaubens an diese unnatürlichen Meeresbewegungen finden sich indess schon in Werken, welche älter sind, als das jenes Oxforder Mönches, z. B. in denen von Adam von Bremen.[4])

Ausser im Plato und Adam von Bremen mag der genannte Mönch von Oxford eine Bestätigung seiner Theorie in der theilweise nordöstlichen Bewegung der oceanischen Gewässer,

---

[1]) Epitome Theatri Ortelianí. Antverpiae 1595.
[2]) Paullus Merula, Cosmographiae generalis libri tres. Amstelodami 1605. p. 170.
[3]) Merula l. c. p. 171.
[4]) Siehe Adamus Bremensis. De situ Daniae. Lugd. Batav. 1590. c. 247—249.

welche auf sein Heimathsland (Grossbritannien) und auf Norwegen gerichtet sind, und welche, wie ich sagte, schon 1578 von Frobisher beobachtet waren, gefunden haben. Im Ganzen aber und insbesondere in Hinsicht auf die Nachbarschaft des Pols war die Theorie vollkommen falsch und musste dem Kundigen schon damals so erscheinen. Viele holländische, deutsche und englische Kosmographen jener Zeit verwarfen daher die in Oxford aufgestellte Ansicht und machten sie lächerlich, indem sie anführten, dass ihre arktischen Seefahrer (wie Frobisher, Davis, Hudson u. a. m.) nichts von dergleichen unwiderstehlichen Strömungen und Wirbeln zum Nordpol hin gefunden hätten.[1]) Nichtsdestoweniger aber wiederholen dieselben Kosmographen nicht nur die alte Sage, sondern geben sich auch die Mühe, sie auf ihren Karten in genauen Zeichnungen und grellen Farben bildlich darzustellen. Das Bild dieser eingebildeten Wirbel der arctischen Gewässer ist, glaube ich, die allererste Strömungs-Karte, welche der Welt dargeboten wurde. Sie sieht sehr sonderbar aus und wurde vermuthlich auch eben desswegen so oft copirt und beinahe in jedes kartographische Werk aus dem Ende des 16. Jahrhunderts und aus der ersten Hälfte des 17. Jahrhunderts eingefügt, sogar von denen, welche, wie ich sagte, gegen ihre Richtigkeit protestirten.[2]) So bemerken wir auch hier, wie in der politischen Völkergeschichte, dass phantastische Mythen und Sagen der Feststellung der Thatsachen und hochtönende, die Phantasie anregende Theorien der mehr mühsamen Erfahrungs-Wissenschaft vorausgehen. Selbst noch am Ende des 17. Jahrhunderts begegnen wir bei einigen Kosmographen jenen „Platonischen" Ideen, und bei ihnen sieht man denn wohl, um das Equilibrium wieder herzustellen, dieselben Gewässer, „welche in dem nördlichen Abgrund verschlungen wurden", aus einem andern Loche beim Südpol wieder hervorkommen. Auch diese „Ausströmungen des Südpols" finden sich auf einigen Karten bildlich dargestellt.

Während die Kosmographen in ihren Studirstuben die Träume des Plato und des Oxforder Mönchs reproducirten,

---

[1]) Siehe z. B. Merula. l. c. p. 173.

[2]) Siehe diese Karte unter andern in mehren Ausgaben der Werke von Ortelius, Mercator, Hondius, Quaden etc.

gingen die Seefahrer auf ihren stürmischen Wegen weiter, um hie und da ein neues Licht anzuzünden und einige neue Beobachtungen über diese Oceanischen Strömungen einzuernten. Wir wollen indess sogleich erklären, dass die Spanier von nun an für die fernere Erforschung des nordatlantischen Oceans und seiner Strömungen nicht viel Grosses mehr thaten. Sie liessen schon am Ende des 16. Jahrhunderts (nach der Zeit des oben erwähnten Pedro Menendez) in ihrem Fortschritt zum Norden nach. Sie begnügten sich mit dem Süden, und jene nördlichen Regionen fielen mehr und mehr ausschliesslich in die Hände der englischen, französischen und holländischen Seefahrer. **Die Bekanntschaft der Spanier mit dem Golfstrom mag als bei jener Beschreibung desselben durch Herrera stehen bleibend angesehen werden**, und sie kamen damit nicht über den „Ausfall" hinaus, bei welchem die spanischen Seefahrer seit alten Zeiten den Golfstrom zu verlassen und durch die „Sargasso-See" heimzureisen gewohnt waren.

Die englischen und französischen Expeditionen nach dem „Lande von Arambec" (bald nachher „Neu-England genannt) seit 1602, und die englischen Unternehmungen zur Ansiedlung der südlichen Theile Virginien's (Chesapeake-Bay) seit 1606 boten häufige Gelegenheiten zur Berührung der Golfstrom-Gewässer dar, und in den Tagebüchern und Berichten über diese Fahrten müssen wir nach neuen Thatsachen und nach einer ferneren Entwickelung der Erkenntniss dieses merkwürdigen Phänomens suchen.

Die erste dieser Reihe von Expeditionen, angeführt von Capitain Bartholomäus Gosnold, war in dieser Beziehung auch eine der wichtigsten. Der genannte Capitän segelte am 26. März 1602 von England aus. Der Hafen seiner Bestimmung, dem er zusteuerte, lag in der Nähe unseres jetzigen New-York in ungefähr 40° N. Br. und er beabsichtigte, „diese Gegend auf einem kürzeren und mehr nördlichen Wege zu erreichen." Er fuhr wahrscheinlich dicht nördlich von den Azoren vorbei. Aber jenseits dieser Inseln brachten ihn „ungünstige Westwinde" (und Strömungen?) ein Mal südlich bis zum 37° N. Br. herab. „Von da segelte er in nordwestlicher Richtung" und erreichte dann Land in 43° N. Br. an der Küste von Neu-England, „indem er auf diese Weise seinen eigentlichen Bestimmungs-Hafen in 40° N. Br. verfehlte."

Gosnold fuhr demnach auf der ganzen beschriebenen Fahrt innerhalb des „Schweifes" des Golfstromes und gegen denselben an. Er war der erste, der dies auf einer so ausgedehnten Strecke that. Es scheint, dass er die Strömung wahrnahm. Er deutet in seinem Tagebuche sogar ihre Richtung an und spricht von ihr, als „von einer „höchst merkwürdigen und bewunderungwürdigen, aber unerklärbaren Sache." Er äussert sich darüber, wie folgt: „Ein hundert „Leguas" westlich von den Azoren, und von da an bis wir mit dem Senkblei Grund fanden (d. h. bis zur Ankunft an der Küste von Neu-England) sahen wir beständig Seekräuter bei uns vorüberschwimmen, welche ihren Lauf nach Nordosten zu haben schienen. Es ist eine Erscheinung, deren wahre Ursache zu ergründen man wohl viel feine Erfindung in's Werk setzen müsste.[1]"

Auf seiner Heimreise kehrte Gosnold von den südlichen Partien Neu-Englands wieder in den Golfstrom in ungefähr 40° N. Br. zurück und segelte nun mit demselben ostwärts. Er und seine Leute beobachteten „die schwimmenden Seekräuter auf der ganzen Reise, bis sie in 200 „Leagues" Entfernung von Europa kamen.[2]" Es ist dies das erste Mal, dass wir den Golfstrom und seine Kräuter so weit nach Osten hin verfolgt sehen. Es ist auch das erste Mal, dass der Kurs der Hinreise sowohl als der Herreise desselben Seefahrers innerhalb des Golfstromes ungefähr in dieselbe Gegend auf dieselbe Linie fiel. Wenn wir Gosnold's Schiffsbücher vollständig hätten und Alles wüssten, was er über seinen scheinbaren und seinen wirklichen Kurs beobachtet hatte, so würden wir uns besser über seine eigenen Ansichten von den „schwimmenden Kräutern" und von jener sonderbaren „Erscheinung für feine Erfindung" unterrichten können.

Gosnold war bei dieser Gelegenheit von einem anderen intelligenten Seemanne, dem Capitän Bartholomäus Gilbert, begleitet,

---

[1] Siehe Gosnold's Tagebuch in Purchas IV. Theil. p. 1647.
[2] Purchas l. c. p. 1651.

der im folgenden Jahre (1603) eine Reise nach der Chesapeake-Bay ausführte. Derselbe segelte dahin „auf dem südlichen Kurse" durch die Passat-Winde längs des Nord-Ost-Randes der Bahama-Gruppe. Gilbert erreichte den Golfstrom nicht weit vom „Ausfall", und er scheint sich davon sogleich überzeugt zu haben. Denn er sagt: „Da setzt der Strom aus dem Golf von Mexico und vom Continental-Ufer („from the Mainshore") hinaus." Indem er mit dem Golfstrom weiter segelte, wurde er von ihm weit nordwärts fortgeführt und ging so weit über sein Ziel (in 37° N. Br.) hinaus, dass, als er Land in Sicht bekam, er sich in 40° N. Br. befand, d. h. in der Nachbarschaft unseres jetzigen New-York. Er war sich auch bewusst, dass die Strömung aus dem Golf von Mexico die Ursache dieses Ergebnisses war. Denn am 21. Juli sagt er: „Wir vermutheten nun stark, dass die Strömung uns sehr weit leewärts von unserm Bestimmungsorte, welcher die Chesapeake-Bay war, hinausgetrieben hatte."

„Doch das konnten wir," setzt er hinzu, „mit Bestimmtheit nicht eher in Erfahrung bringen, als bis es Gott gefallen haben würde, uns an's Land zu bringen." Als er am 23. Juli wirklich an's Land kam und nun beobachtete, dass er in 40° und einigen Minuten N. Br. sei, muss er es denn wohl „mit Bestimmtheit" erkannt haben, dass die Strömungen ihn in der That so weit hinausgetrieben hatten, obwohl er dies dann in seinem Berichte nicht ausdrücklich erwähnt.[1]

Gosnold's neuer oceanischer Weg von England nach „Arambec" (Neu-England) scheint alsbald von den britischen Seefahrern, wenn sie zu jener Gegend segeln wollten, angenommen worden zu sein. Alle folgenden Erforscher und Kolonisten Neu-England's, Pring (1603), Weimouth (1605) etc. schlugen denselben Weg ein. Und eben dies scheinen auch ihre französichen Zeitgenossen und Rivale De Monts (1604), Poutrincourt (1606) etc. gethan zu haben. Sie alle segelten im Norden der „Essores" (Azoren) vorbei und hielten sich innerhalb des Golfstromes, ihm in ungefähr 40° N. Br. entgegenstrebend.

In den Tagebüchern dieser Seefahrer finden wir gewöhnlich keine Anspielung auf den Golfstrom. Doch macht der

---

[1] Siehe Gilbert's Reise in Purchas IV. Theil. p. 1658.

merkwürdige Bericht über die Reise von Poutrincourt eine Ausnahme. Dieser französische Commandeur war von einem sehr einsichtsvollen Beobachter, dem bekannten Marc Lescarbot, welcher nachher der Geschichtschreiber aller französischen Expeditionen zum Norden wurde, begleitet. Diesem Manne entging die hohe Temperatur des Golfstromes in der Mitte des Oceans nicht. Wir finden in seinem Berichte eine Bemerkung, welche uns beweist, dass schon im Anfange des 17. Jahrhunderts der auffallende Contrast der warmen und kalten Gewässer längs der inneren und nördlichen Kante des Golfstromes, dem später unsere modernen Erforscher den Namen der „kalten Wasser-Mauer" (the cold Wall) gegeben haben, beobachtet und bewundert wurde.

„Gelegentlich" sagt Lescarbot, „muss ich aber auf einen Umstand aufmerksam machen, den ich ganz bewunderungswürdig gefunden habe, und der einem Naturforscher genug zu denken geben kann. Denn am 18. Juni (1606) in 45° N. Br. und in einem Abstande von ungefähr 6 Mal 20 Lieues ostwärts von den Neufundland-Bänken fanden wir mitten im Ocean drei Tage hindurch das Wasser sehr warm, während die Luft doch so kalt war, wie zuvor. Aber am 21. Juni ganz plötzlich („tout a rebours") waren wir von so kalten Nebeln umgeben, dass wir glaubten, uns im Monat Januar zu befinden, und auch die See selbst war äusserst kalt."

Lescarbot nennt dies eine „wunderbare Antiperistase" und schreibt dieselbe den Eismassen des Nordens zu, welche auf die Küste und See bei Neufundland und Labrador herabgetrieben werden, und „welche die See durch ihre natürliche Bewegung dahin bringt."

Auch auf seiner Heimreise, sagt er, habe er dasselbe Phänomen in derselben Gegend wieder beobachtet, da ihm dort plötzlich seine Getränke, namentlich sein Bier im Kielraum ganz warm geworden seien.[1]) Und ich will noch hinzufügen, dass auch die Bemerkungen, welche Lescarbot bei dieser Gelegenheit über die Bänke von Neufundland, über ihre Bildung, ihre Fische, ihre Tiefen-Verhältnisse, etc., welches alles zum Theil auch

---

[1]) Lescarbot. Histoire de la Nouvelle France. Paris 1612. Vol. II. pag. 531 und Purchas IV. Theil, pag. 1627.

unseren Golfstrom angeht, macht, eben so belehrend als neu sind, da sie nie zuvor gemacht oder in einem früheren Buche besprochen worden waren.

In Folge dieser zuerst von den Engländern neu eingeführten Fahrstrasse nach Amerika in einer nördlicheren Breite wurde im Jahre 1606 alles das Land, welches die Engländer schon damals als das ihnen gehörige britische Amerika betrachteten, in zwei Hälften getheilt, in die sogenannte „Nordhälfte von Virginien" („the North parts of Virginia" — Neu-England und Nachbarschaft) und in die „Südhälfte von Virginien" („the South parts of Virginia — unser jetziges Virginien und Carolina). Für die Erforschung und Colonisirung jeder dieser beiden Abschnitte der Küste Amerika's wurde eine besondere Compagnie: die sogenannte „erste oder südliche Colonie" und die sogenannte „zweite oder nördliche Colonie" gestiftet und von dem Könige von England privilegirt.

Für jede der beiden Abtheilungen arbeitete eine besondere Classe von Entdeckern und Expeditionen, die zu jedem der beiden Länder-Abschnitte auf einem besonderen Wege heranzusegeln pflegten. Die nördliche Provinz wurde auf Gosnold's „nördlicher Fahrstrasse" durch den langsam fliessenden östlichen „Schweif" oder das Oceanische Mittelstück des Golfstromes, das den Schiffern unbekannt und von ihnen daher nicht in Anschlag gebracht, als für sie gar nicht existirend betrachtet werden kann, erreicht. — Die südliche Provinz dagegen wurde auf dem alten südlichen Kurse durch die Passat-Winde und mit dem schnell fliessenden „Hauptstamm" des Golfstromes erreicht. Die „Engen" und der „Hauptstamm" des Golfstromes wurden von den damaligen Schiffern noch immer als unwiderstehlich und als unbefahrbar von Norden nach Süden betrachtet, wenigstens bis zu der Höhe von 40° N. Br. hinauf. Für alle so weit nördlich liegenden Küstenpunkte musste daher nach ihrer Meinung ein specieller südlicher Kurs mit dem Strome eingehalten werden. Für die weiter nördlichen Küstenstriche wäre aber dieser Kurs ein zu grosser Umweg gewesen, und zu gleicher Zeit war es auch nicht so nöthig, für so nördliche Zielpunkte so weit südwärts hinabzugehen. Der östliche „Schweif" des Golfstroms, den man nicht erkannte, wurde, wie ich sagte, dabei nicht in Rechnung gebracht, und man legte daher die Hinfahrt gerade durch ihn hindurch.

Aus diesem Allen geht hervor, dass jene grosse und politische Eintheilung des britischen Nord-Amerika, welche König Jacob I. im Jahre 1605 anordnete, in der Hauptsache eine Wirkung unseres Golfstromes war, obgleich dies nirgends ausdrücklich anerkannt worden ist.

Aus denselben Umständen, aus der Natur des Golfstromes und aus dem Zustande der damals von ihm erlangten Kunde mag auch die Erscheinung erklärt werden, dass die mittleren Theile der amerikanischen Ostküste, die zwischen „Nord-" und „Süd-Virginien" mitten inne liegende Gegend, die in gleichen Abständen von den beiden Enden der beiden oben beschriebenen Kurse lag, anfänglich vernachlässigt wurde und erst zu einer späteren Zeit an's Licht trat. Der Golfstrom oder doch seine hemmende Kraft hatte nach den Vorstellungen der Zeit ihr Ende in 40° N. Br. in der Nachbarschaft von New-York. Dieselbe Breite lag auch bei dem Ende des nördlichen Weges. Sie war daher gleich schwierig mit dem Beistande des „Hauptstammes" des Golfstromes wie durch ein Hinaufsegeln im „Schweife" zu erreichen.

Wir können dem Allen nach behaupten, dass die gesammte Art und Weise der Erforschung und Besiedlung der Ostküste der Ver. Staaten in hohem Grade unter dem Einflusse des Golfstromes gestanden hat. Cuba, Florida, Carolina, Virginien (die Uferlandschaften des Hauptstammes) wurden der Reihe nach eine nach der andern in sehr früher Zeit erforscht und besiedelt, weil der Golfstrom auf ganz natürliche Weise die Schiffe zu ihren Ufern führte. — Dann kam Neu-England und seine Nachbarschaft daran, als Gosnold durch Entdeckung seines „kurzen oceanischen Weges" (seines „short cut") gezeigt hatte, dass keine wesentlichen Hindernisse im Wege waren. New-York und seine Nachbarschaft in der Mitte tauchten, wie gesagt, zuletzt auf. Man erkennt hieraus zugleich, wie bedeutsam der Golfstrom, der auch die Negersclaverei aus Westindien mitbrachte, für den noch jetzt so wichtigen Contrast zwischen dem „Norden" und „Süden" der heutigen Vereinigten Staaten gewesen ist.

Obgleich der Golfstrom, wie ich so eben zeigte, sich in dieser Zeit so einflussreich erwies, dass er sogar eine Abtheilung des ganzen Nordamerika in zwei Abschnitte, und der Schifffahrt dahin in zwei Kurse veranlasste, so finden wir doch diesen mächtigen Factor in den Schiffs-Journalen nur höchst selten beachtet. Beim Studium dieser Journale vermögen wir nichts anderes zu entdecken, als dann und wann die Erwähnung eines Ereignisses oder einer isolirten Beobachtung, durch welche die Kenntniss der Natur dieses Phänomens wieder ein wenig gefördert sein mag. Ich will hier einige dieser oceanischen Begegnisse und Beobachtungen nachweisen.

Als im Frühling 1607 Capitain Newport die erste englische Colonie nach der Chesapeake-Bai führte, kam er aus Westindien heraus („he disembogued from the West-Indies") am 10. April, und wurde am 21. dieses Monats von einem heftigen Sturme überfallen. Dies war vermuthlich in der Mitte des Hauptstamms des Golfstromes, und der Sturm war wohl ein westindischer Orkan. Nach diesem Sturme glaubte sich Newport nahe bei der Küste und fing an zu peilen. Während drei Tage lang fortgesetzter Peilungen fand er keinen Grund, kam aber einen oder zwei Tage später plötzlich in Sicht von Land bei Cap Henry.[1]) Diese Peilungen scheinen, nach den Umständen zu schliessen, in der Mitte des Golfstroms in der Nähe des Cap Hatteras ausgeführt zu sein, und es sind die ersten Golfstrom-Peilungen, welche ich in einem gedruckten Buche erwähnt gefunden habe. Sie mögen dazu beigetragen haben, die Vorstellungen von der „unergründlichen Tiefe des Golfstromes" zu verbreiten.

Als Capitain Newport wiederum (im August 1607) in Gesellschaft des Capitain Nelson zur Chesapeake-Bai heransegelte, wurden diese beiden Seefahrer von einem heftigen Orkan in der Mitte des Golfstroms nahe bei Cap Henry überfallen. Newport war glücklich genug, die Bai zu gewinnen. Aber sein Begleiter Nelson im Schiffe Phönix litt so viel Schaden, und wurde zugleich soweit in die See hinausgeworfen, dass ihm Westindien das „nächste Land war, das er erreichen konnte". Dies war im Januar 1608, und es hat sich später häufig wiederholt, dass Schiffe, die von der Küste Amerika's „abgeblasen" wurden, sich nach einem Hafen Westindien's retteten.

---

[1]) Siehe Percy's Bericht in Purchas IV. Theil. pag. 1686.

Ein noch heftigerer und verderblicherer Golfstrom-Sturm überfiel und zerstreute die 9 Schiffe des Sir George Somer und Sir Thomas Gates, die im folgenden Jahre (1609) nach der Chesapeake-Bai segelten. „Am 23. Juli fuhren sie in den Golf von Bahama (den Hauptstamm des Golfstroms) ein, und da sie ungefähr 150 „Leagues" von Westindien entfernt waren, wurden sie von einem äusserst schrecklichen Sturme überfallen, der der Schwanz eines westindischen Orkans zu sein schien, und die neun Schiffe zerstreute."[1]) Dies muss nach dem Gesagten ungefähr in der Breite von Cap Fear gewesen sein. Es ist das erste Mal, dass wir in einem englischen Schiffsbuche einen „westindischen Orkan" in der besagten Breite deutlich erwähnt finden. Und der Ausdruck „Schwanz eines Orkans" scheint anzuzeigen, dass die Seeleute damals schon eine Vorstellung von der kreisenden Bewegung dieser Winde gehabt haben, die ihre mittlere Rückbiegung, wie der Golfstrom, in Westindien haben, und von da, ebenso wie er, sich nord- und ostwärts herumdrehen, indem sie sich mit dem Golfstrom ausbreiten und allgemach verlieren.

Zwei Schiffe dieser Flotte mit den beiden Commandeuren selbst wurden zu den Bermudas verschlagen und erlitten dort Schiffbruch. Die Engländer entdeckten bei dieser Gelegenheit diese auf der Ostseite des Golfstromes gelegenen Inseln, obwohl auch schon früher manches spanische und französische Schiff „von dem Schwanze eines westindischen Orkans" auf die Korallenriffe der Bermudas geworfen war. Somer und Gates nahmen diese Inseln für den König von England in Besitz, erbauten während des Winters 1609—1610 zwei kleine Fahrzeuge und segelten dann nach Chesapeake-Bai hinüber, indem sie so den Golfstrom in einer Weise und in einer Linie durchschnitten, in welcher er zuvor noch von Niemandem durchschnitten worden war. „Sie machten unterwegs verschiedene nautische Beobachtungen."[2])

In demselben Jahre 1609 entdeckte Capitain Samuel Argall „eine directe Fahrt durch den Ocean nach Virginien, ohne über Westindien dahin zu gehen, wie sie es bisher thaten."[3]) Er ging

---

[1]) Siehe den Bericht darüber in Purchas IV. Theil, p. 1733.
[2]) Strachey in Purchas IV. Theil, p. 1748.
[3]) Stow's Chronicle, London 1631, p. 1018.

„den geraden Weg („the ready Way to Virginia") ohne die tropische Zone zu berühren." ¹)

Foldendes sind die kurzen Andeutungen, welche wir über die denkwürdige Fahrt des Capitain S. Argall, eines sehr unternehmenden und erfahrenen Seemannes, in den alten Chroniken Englands finden. Derselbe segelte mit einem kleinen nach Chesapeake-Bai bestimmten Handels-Fahrzeuge aus. Er hatte eine Ladung frischer Lebensmittel und Zufuhr für die junge Colonie an Bord, wünschte daher schnell hinüberzukommen und wagte es, ohne den Beistand der Passatwinde und der westlichen Strömungen aufzusuchen, auf einer möglichst geraden Linie von England aus über den Ocean zu gehen.²) Wir sind leider mit den nautischen Details seiner Reise und mit den bei dieser Gelegenheit gemachten Beobachtungen nicht bekannt. Aber aus dem Umstande, dass derselbe Argall im folgenden Jahre (1610), da er als Hauptsteuermann die Flotte des Lord Delaware über den Ocean führte, die Azoren in Sicht bekam,³) wird es wahrscheinlich, dass dies auch im Jahre 1609 sein Kurs gewesen und dass er von den Azoren aus im Süden des „Schweifs" oder Mittelstücks des Golfstromes fortgegangen war. Mit Ausnahme Ribault's, der indess ein wenig weiter südwärts hinübergefahren war, wissen wir von keinem andern Seefahrer, der bis dahin diese Region von Osten nach Westen durchkreuzt hätte, obwohl es natürlich schon längst der gewöhnliche Heimweg von Westen nach Osten gewesen war. Argall hatte dabei vielleicht die Gegenströmungen längs der südlichen Kante des Golfstromes mit sich.

Dieser Versuch Argall's war indess keine plötzliche, ihm allein eigene und isolirt dastehende Idee. Viele Leute scheinen damals an eine directe Fahrt nach Virginien gedacht zu haben. In demselben Frühling, in welchem Argall segelte, hatten auch die oben erwähnten Flotten von Somer und Gates den Befehl erhalten, „die Kanarischen Inseln hundert Leguas im Osten zu lassen, mittewegs zwischen den Azoren und Ka-

---

¹) Purchas IV. Theil, p. 1754.
²) Von Frankreich aus war es schon, wie ich zeigte von Ribault versucht worden.
³) Lord Delaware's Brief in Strachey's History of Travel etc. London 1849. Edited by R. H. Major, p. XXI. sq.

narien durchzusegeln und direct auf Virginien loszusteuern, ohne die westindischen Inseln zu berühren."¹) Auf den neuen Wegen von Somer und Gates, von Argall und Lord Delaware segelten bald nachher mehre andere Schiffe, und die Strömungen und Verhältnisse jener centralen oceanischen Region zwischen dem „Schweife" des Golfstromes und den Passatwinden, welche nun von östlichen wie von westlichen Fahrten durchkreuzt war, mögen daher etwas besser bekannt geworden sein, obwohl der alte Süd-Kurs über die Antillen noch lange Zeit für die grössere Anzahl von Expeditionen der gewönhliche blieb.

Nachdem Capitain Argall den Lord Delaware durch den Ocean nach Virginien geführt hatte, ging er von da (am 19. Juni 1610) abermals unter Segel, um mit Sir George Somer die Bermudas wieder aufzusuchen. Sie kreuzten mehr als vier Wochen im Golfstrom und in der stürmischen Region im Westen und Nordwesten der Bermudas umher, indem sie „mit allen Richtungen der Windrose" segelten, ohne im Stande zu sein, diese flachen und niedrigen Inseln wieder zu finden. Erschöpft und von Stürmen misshandelt, entschlüpften sie endlich nach Cape Cod und nach den „nördlichen Theilen von Virginien" (Neu-England) hin, und bei dieser Gelegenheit wurde der Golfstrom wieder in einer Region beobachtet, in welcher man ihn zuvor noch nicht gespürt hatte.

Argall sagt in seinem Tagebuche über diese Reise, dass er, dem Kurse seines Admirals Somer folgend, nicht sehr weit südlich vom 40° N. Br. und vom Cape Cod entdeckt habe, dass sein Schiff innerhalb 24 Stunden (am 20. und 21. Juli) 24 „Leagues" nach Norden getrieben sei, obgleich er während dieser Zeit theils Windstille, theils nur leichte, wechselnde Winde gehabt hatte. „Dies brachte ihn auf die Vermuthung, dass dort irgend eine Fluth oder Strömung sein müsse, die ihn nordwärts getrieben habe." — „Und diejenigen", setzt er hinzu, „welche die zweite Wache hatten, sagten, dass sie während ihrer Wache einen rauschenden Wasserlauf („a race") sahen, und dass sie bemerkten, wie das Schiff heftig

---

¹) Purchas IV. Theil, p. 1733.

nordwärts getrieben wurde, während nicht der geringste Luftzug vorhanden gewesen."¹)

Argall scheint nicht geglaubt zu haben, dass er hier die Fortsetzung der Strömungen des Golfs von Florida vor sich hatte. Nichtsdestoweniger aber kann es allen Umständen nach nicht bezweifelt werden, dass er sich damals in dem nordwestlichen Winkel der grossen „Golfstrom-Beuge", wo vor ihm Niemand nördliche oder nordöstliche Strömungen nachgewiesen hatte, befunden habe. Von Neu-England kehrte Argall nach der Trennung von seinem „Admiral" längs der Ostküste von Nord-Amerika nach Virginien zurück, während Somer gerade südwärts segelte, den Golfstrom in seiner Beuge noch einmal durchschnitt und endlich die Bermudas fand. Wir haben leider keine nautischen Details über diese Fahrt. Somer starb (1611) auf den Bermudas, auf denen nun endlich (seit 1612) eine bleibende englische Colonie gegründet wurde. Diese Colonie fing an zu blühen, und es wurden dann viele Expeditionen von jenen Inseln aus in jeder Richtung unternommen. In Folge dieser aufblühenden Bermudas-Schifffahrt muss die ganze benachbarte Gegend des Oceans den Seefahrern bekannter und geläufiger geworden sein, und die Colonisten dort müssen auch ein besseres Verständniss der umliegenden Theile des Golfstromes gewonnen haben.

Capitän Argall machte später (in den Jahren 1613 und 1614) noch verschiedene andere weitgehende Fahrten längs der Ostküste Nord-Amerikas von Virginien aus bis nach Neu-Schottland, und berührte auf diesen Fahrten das Wasser unseres Golfstromes häufig. Er ist der erste, der uns in seinen Tagebüchern einige interessante Peilungen auf jenen Bänken, welche die Ufer der nordwestlichen Golfstrom-Beuge bilden (auf den St. George-Bänken), mittheilt. Er mag auch viele Beobachtungen über den Golfstrom selbst gesammelt haben, und es ist daher sehr zu bedauern, dass er nicht alle seine Schiffsbücher, Vermuthungen und Resultate publicirt hat. Wir können ihn als einen der merkwürdigsten der frühesten Piloten und Erforscher der Ostküste der jetzigen Vereinigten Staaten bezeichnen, eben so, wie wir den

---

¹) S. Argall in Purchas IV. Theil, Lib. IX. c. 7. p. 1758—59.

Antonio de Alaminos als den ersten aller Piloten und Pioniere der Golfe von Florida und Mexico bezeichnet haben.

Ein Zeitgenosse Argall's war Henry Hudson, einer der kundigsten Seefahrer und Erforscher des nordatlantischen Oceans. Er hatte in den Jahren 1607 und 1608 im Dienste einer englischen Compagnie zur Entdeckung einer Nord-Fahrt nach China mehre Reisen unternommen, hatte bei dieser Gelegenheit die arktischen Regionen besucht und war dabei auch „den Geheimnissen des Poles" näher gekommen, als irgend einer seiner Vorgänger.

Im Jahre 1609 ging Hudson, nun im Dienste einer holländischen Compagnie und mit einer theilweise holländischen Mannschaft wieder zu demselben Zwecke nach dem Norden. Nachdem er eine Durchfahrt nach China im Nordosten Europas vergebens gesucht hatte, durchkreuzte er den nordatlantischen Ocean und segelte nach der Ostküste von Nord-Amerika Er bekam (am 13. Juli) die Küste von Maine in Sicht, umfuhr (am 4. August) Cap Cod und gerieth dann südwärts in eine, wie er sie nannte, „völlig unbekannte See" Es war der bis dahin in der That noch selten berührte Abschnitt des Oceans und unseres Golfstromes, welcher zwischen dem „nördlichen Kurse" (nach Neu-England) und dem „südlichen Kurse" (nach Virginien) mitten inne liegt. Er durchkreuzte die grosse nordwestliche Beuge des Golfstromes, erreichte (am 18. August) die Chesapeake-Bai und fuhr von da längs der Küste, westwärts von der westlichen oder inneren Kante des Golfstromes nach Norden zum Hafen von New-York und zum Hudson-Flusse, die nun von ihm entdeckt wurden. Auf seiner Rückkehr aus dem Innern des Landes, das er erforschte, verliess er den Hafen von Newyork (im Anfange October) mit einem günstigen Nordwestwinde und kam in südöstlicher Richtung südwärts bis 39° 39′ N. Br. herab. Dies brachte ihn wieder in den Golfstrom, mit dem er nun nach Europa heimkehrte. Es ist das erste Mal, dass wir Kreuzungen des Golfstromes im Angesichte des Golfs von New-York nachweisen können. Und es war auch das erste Mal, dass die Holländer mit diesem Meeresstrom Bekanntschaft machten.

Uns ist leider nur Weniges von Hudson's eigenen nautischen Bemerkungen geblieben. Wir haben über seine Reise nur den Bericht eines seiner Begleiter. Wenn wir die vollständigen Schiffsbücher des Hudson, von dem wir voraussetzen müssen, dass er den oceanischen Phänomenen nicht weniger Aufmerksamkeit schenkte, als „die zweite Wache des Capitän Argall", besässen, so würden wir vermuthlich wohl viel darin über „Races" und über „des Schiffes heftiges Abtreiben mit dem Strome" etc. finden.

Bald nach Hudson unternahmen die Holländer Fahrten zum Hudson-Flusse, an dessen Mündung sie eine Colonie (Neu-Amsterdam — das spätere New-York) stifteten. Sie segelten zu diesem nördlichen Hafen gewöhnlich auf der südlichen Route über Westindien und mit dem Beistande der Passatwinde und des Golfstromes nach alter Weise. Ein amerikanischer Historiker [1]) beschreibt den holländischen Seeweg nach New-York so: „Wenn sie den englischen Kanal verlassen hatten, richteten sie ihren Lauf auf die Kanarischen Inseln, von denen sie quer über den Ocean nach Guyana zu den Karibischen Inseln hinüberfuhren. Von da steuerten sie schief nordwestwärts zwischen den Bahamas und Bermudas durch, bis sie die Küste von Virginien und endlich Newyork in Sicht bekamen." Von New-York kehrten sie natürlich mit dem Golfstrome nach Europa zurück und führten so, wie die alten spanischen Seefahrer des 16. Jahrhunderts, wieder **eine völlige Kreisfahrt durch den Atlantischen Ocean mit Hülfe seiner Strömungen aus.**

Sogar noch nach der Mitte des 17. Jahrhunderts sehen wir die vornehmsten holländischen Expeditionen, mit deren Kurs wir bekannt sind, diesen weiten Umweg einschlagen. Die Holländer scheinen demnach nicht von den oceanischen Entdekkungen der Franzosen und Engländer, weder von Ribaults „wahrem Cours" nach Florida, noch von Gosnold's „kurzem Schnitt" nach Neu-England, noch von Argall's „geradem Wege" nach Virginien Notiz genommen und sie benutzt zu haben. — Und wir werden daher durch die sonderbare Erscheinung in Erstaunen gesetzt, dass zu derselben Zeit ganz benachbarte Partien der Amerikanischen Ostküste auf sehr weit auseinanderliegenden Wegen angesegelt

---

[1]) Mr. Broadhead in seiner vortrefflichen Geschichte von New-York.

wurden. Die Engländer pflegten nach Neu-England und nach
allen anderen Theilen der Küste nördlich von Nantucket über
die Neufundland-Bänke zu fahren, indem sie gegen das
Oceanische Mittelstück des Golfstromes angingen,
während die Holländer nach New-York und jeden anderen Theil
der Küste südlich von Nantucket über Guyana und die Karibischen
Inseln zu segeln pflegten, indem sie mit dem Beistande
der heftigen Strömungen der „Engen" und
des „Hauptstammes" herabkamen. Die Orte ihrer Bestimmung
differirten in der Breite nicht mehr als einen Grad,
während die gebräuchlichen Fahr-Linien um mehr als 30 Breitengrade
von einander abwichen. Es ist einleuchtend, dass diese
auffallende Erscheinung nur aus den wirklichen oder eingebildeten
Gelegenheiten und Vortheilen, welche Golfstrom und
Passatwinde in einer Richtung gewährten, sowie aus den wirklichen
oder eingebildeten Nachtheilen und Hindernissen, welche
der Golfstrom in der andern Richtung darbot, erklärt werden kann.

Im Jahre 1620 gingen die „Pilgrim-Väter", die Begründer
der Cultur in Neu-England, von England nach America hinüber.
Obgleich sie in ihrer kleinen „May Flower" wie Gosnold auf
dem ganzen Wege gegen den Golfstrom angingen, so finden wir
doch in ihren Tagebüchern über ihre Reise keine solche Bemerkungen,
wie Gosnold sie machte über „nordwestwärts treibende
Seekräuter etc."

Mit dieser Reise und mit diesem Jahre endigt die Zeit
der frühesten Erforschung der Ostküste Nord-Amerika's und
ihrer Strömungen. Nach dem Jahre 1620 blühten an allen
Ufern des Golfstromes Städte und Hafenplätze in Menge auf.
Man segelte häufig zu ihnen hin und der Golfstrom wurde von
einer grossen Anzahl von Schiffen durchkreuzt; wir beginnen
daher mit diesem Jahre eine andere Periode unserer Geschichte.

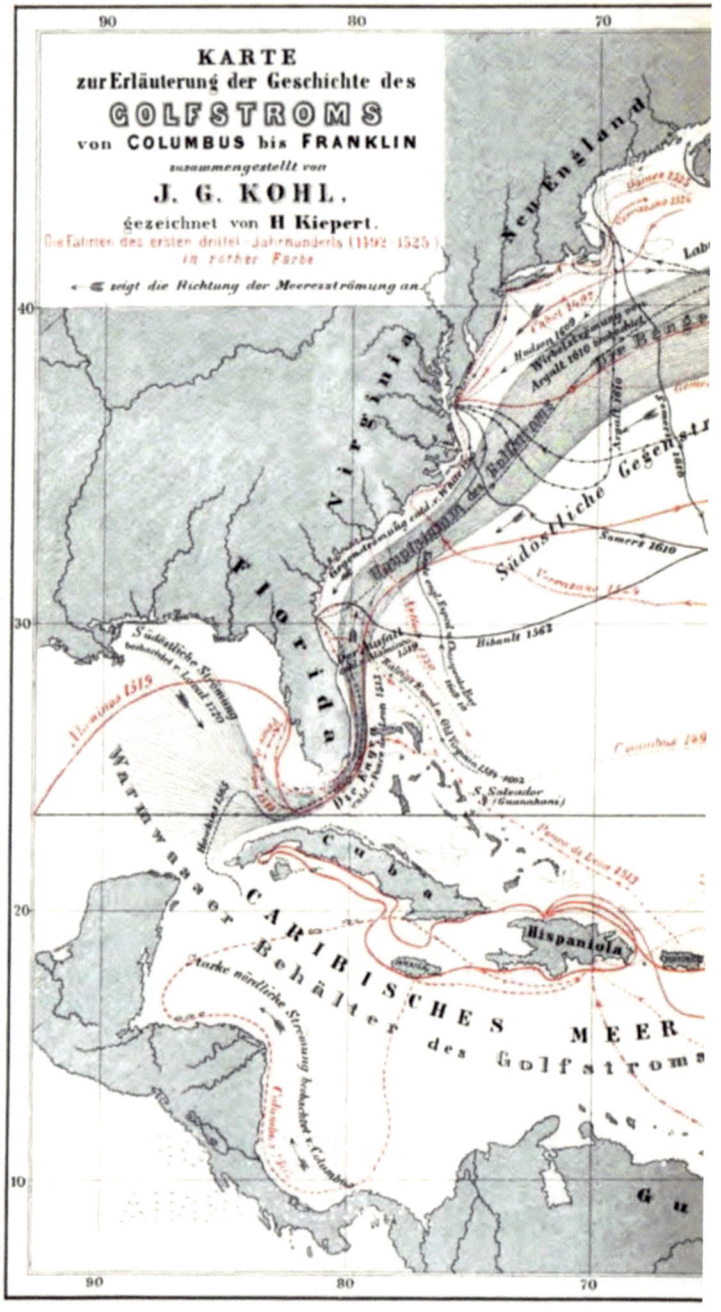

VII.
Geschichte des Golfstroms von 1620 bis 1770.

Die Quellen für die so eben dargestellte Geschichte der Beschiffung des Nord-Atlantischen Oceans während des 16. Jahrhunderts, die uns aus jener Zeit erhaltenen See-Tagebücher waren verhältnissmässig reich und ergiebig zu nennen. — Ramusio und Eden, welche beide vielen sehr interessanten Stoff über alte See-Reisen, — Hakluyt, der fast alle Reiseberichte und Schiffs-Journale der englischen, französischen und anderer Seefahrer in einem grossen und äusserst werthvollen Codex maritimer Geschichte vereinigte, — De Bry, der dasselbe in Hinsicht auf viele andere Seeberichte, welche in Hakluyt, nicht gefunden werden, that — Herrera, der alle die Original-Dokumente über Seereisen, transoceanische Eroberungen und Entdeckungen der Spanier, welche in den Archiven seines Vaterlandes aufbewahrt wurden, zu seiner Geschichte der spanischen Schifffahrt benutzte, — Champlain und Lescarbot, welche die Geschichte der ersten französischen Unternehmungen in den Gewässern des Atlantischen Oceans schrieben, — de Laët, der dasselbe für die Geschichte der Atlantischen Schifffahrt der Holländer that, — endlich Purchas, der die Arbeiten des Hakluyt fortsetzte, — alle diese Männer lebten, schrieben und veröffentlichten ihre Schriften nicht gar lange vor oder ein wenig nach dem Jahre 1600.

Nach Purchas und de Laët, d. h. nach 1630, begegnen wir gleich ausgezeichneten und fleissigen Sammlern, die es der Mühe werth gefunden hätten, der Nachwelt ferner die späteren Tagebücher der Seefahrer zu conserviren, nicht mehr. Die heroische Zeit Atlantischer Entdeckungen, während welcher jedes neue Unternehmen die Kenntniss des Oceans bedeutend erweiterte und daher ein Gegenstand lebhaften Interesses wurde, war vorbei. Als nach 1620 alle östlichen Küsten von Nord-Amerika mit kleinen Colonien und aufblühenden Handels-Emporien geschmückt waren, wurde der Ocean so oft befahren, und Schiffs-Tagebücher, die auf diesen vielbetretenen Pfaden geschrieben wurden, häuften sich dermassen, dass man es wahrscheinlich eben so unnöthig wie unmöglich hielt, sie zu sammeln und zum Druck zu bringen.

Und als dann gegen das Ende des 17. und am Anfange des 18. Jahrhunderts einige allgemeine Sammlungen von Reisen, z. B. die von Thevenot, Churchill, Harris, Stevens, Astley etc. etc., erschienen, wurden dabei fast nur die mehr entfernten, neuerdings entdeckten, und daher „interessanteren" Regionen. nämlich die Südsee, der östliche Archipel oder die bis dahin noch wenig bekannten inneren Partien der neuen Lande (die Gegenden am Mississippi, Amazonas etc.) berücksichtigt. Der Nord-Atlantische Ocean, obwohl erst in seinen rohesten Umrissen bekannt, wurde als sehr bekannt und als nur noch wenig anziehend angesehen. Und in Bezug auf ihn wiederholten alle jene Sammler von Reisebeschreibungen bloss das, was schon die genannten (Ramusio, Hakluyt oder Purchas und ihre Vorgänger) darüber gesagt hatten.

Es ist daher ein äusserst seltener Fall, dass wir in ihren bändereichen Werken ein Mal dem authentischen Tagebuche einer Seereise zwischen Europa und Amerika begegnen. Die Zeit einer sorgfältigen in's Detail gehenden Beobachtung der Natur war noch nicht gekommen. Die Zeit, in welcher der nützliche Plan, sämmtliche Schiffs-Journale aus allen Theilen des Oceans zu sammeln und zu verarbeiten, um über die Winde, Wellen, Strömungen jeder Quadrat-Meile des Weltmeeres eine genaue Kenntniss und Erfahrung zu erlangen, vorgelegt werden konnte, war nothwendiger Weise noch sehr fern. An solch ein Werk, dessen Ausführung in England und Amerika jetzt angefangen ist, konnte man nur nach der Einführung der Chronometer, der Seethermometer und vieler anderer Mittel für zuverlässige Beobachtung, sowie nach der Reformirung und nach einer gewissen Uniformirung der Schiffs-Journale denken.

Es ist daher nicht leicht, den Fortschritt der Kenntniss und Erforschung des Golfstroms während dieser Periode zu zeichnen und ihren Einfluss auf Handel, Schifffahrt und auf die Haupt-Seewege dieses Jahrhunderts nachzuweisen.

Allein obwohl die besagten Schiffsjournale und Reisen für uns jetzt verloren sind, so waren sie doch gewiss nicht ohne Nutzen für die denkenden Männer und Naturforscher von damals. Es ist sehr wahrscheinlich, dass die Hydrographen, welche im 17. und 18. Jahrhundert über Oceanische Gegenstände in einer mehr allgemeinen Weise schrieben, jene Documente mehr oder weniger zu Rath gezogen, um ihre Ideen über die Bewegungen und Strömungen des Meeres zu berichtigen.

Solche Autoren waren während der besagten Periode sowohl in Spanien, als in Frankreich, England und besonders in den Niederlanden zahlreich, und wir müssen uns an diese Classe von Schriftstellern wenden, um in ihnen die still fortschreitende Entwicklung der Golfstrom-Theorie verfolgen zu können.

Die spanischen Hydrographen jener Zeit sind uns wenig bekannt. Einige ihrer Werke wurden aus oben berührten Ursachen und Verhältnissen schon in ihrer Wiege zerstört. Andere haben mit Hülfe der Druckerpresse zwar das Tageslicht erblickt. Aber auch diese Drucke sind kaum in den Bibliotheken des nichtspanischen Europa's zu finden. Navarrete giebt in seiner Geschichte der spanischen Nautik[1]) eine „vollständige" Uebersicht über alle spanischen Autoren dieser Gattung und eine Analyse ihrer Werke. Von ihm erfahren wir, dass einige derselben in ihren „Tratados" oder „Regimentos de navegacion" (nautischen Leitfaden für die Schifffahrt) in ihren „Theatros hidrograficos" (hydrographischen Schauplätzen) etc. zuweilen auch umständlich und mitunter sogar „nach eigenen Beobachtungen" über oceanische Strömungen gesprochen haben. So soll z. B. Don Pedro Porter y Casanate (im Jahre 1634) „weitläufige Rathschläge, um die bei der Schifffahrt durch Strömungen bewirkte Abtreibung zu bestimmen," gegeben und „insbesondere die gefährlichen Wirkungen der Strömungen im Kanal von Bahama" geschildert haben.

So soll auch D. Francisco de Seyas, ein anderer „berühmter spanischer Hydropraph" umständlich und „nach eigener

---

[1]) Navarrete, Historia de la Nautica. Madrid. 1841.

Erfahrung von 27 Jahren beständiger Schifffahrt" über oceanische Strömungen und insbesondere über die des Kanals von Bahama gesprochen haben.

Die Engländer übersetzten damals einige dieser nautischen Werke der Spanier in ihre Sprache, aber sie selbst producirten nicht viele solcher allgemeinen und theoretischen Schriften über Hydrographie.

Doch verdient in einer Geschichte der Strömungen der berühmte englische Seefahrer und Hydrograph Robert Dudley, Herzog von Northumberland, einer Erwähnung. Derselbe verfasste im Anfange des 17. Jahrhunderts ein grosses hydrographisches Kartenwerk über alle Meere und Meeres-Küsten des Globus. Dasselbe wurde zum ersten Male im Jahre 1630 in Florenz unter dem Titel „El Arcano del Mare" gedruckt und später im Laufe des 17. Jahrhunderts noch oft wieder gedruckt. Auf den sein Werk begleitenden Karten hat Dudley viele höchst interessante Bemerkungen über die Meeresströmungen niedergelegt, und namentlich hat er auch in diesen Bemerkungen die Richtungen der Strömungen des Golfs von Mexico und des Kanals von Bahama sehr gut beschrieben. Er hat sogar in der Breite des Sunds von Pamlico den Golfstrom angedeutet. Es findet sich dort $1/2$ Grad ostwärts von den Küsten die Bemerkung: „Corrente verso Greco" (Strömung nach Nordosten). — Ich glaube, dass wir vor Dudley keine Karten haben auf denen Meeresströmungen durch solche Bemerkungen bezeichnet worden wären.

Die umfassendsten und zugleich am meisten bekannt gewordenen theoretischen Arbeiten über den Ocean und seine Bewegungen wurden aber von holländischen, französischen und deutschen Autoren ausgeführt.

Einer der trefflichsten Geographen jener Zeit, „der D'Anville des 17. Jahrhunderts", war B. Varenius oder Varen, ein Deutscher, der im dreissigjährigen Kriege nach Holland auswanderte, und in diesem Lande, wo damals See-Unternehmungen und geographische Studien blühten, eine „Allgemeine Geographie" schrieb. Dieses ausgezeichnete Buch wurde bald berühmt, erlebte mehre Auflagen und wurde sogar noch vom grossen J. Newton, der es hochschätzte, erläutert und herausgegeben.

In diesem Werke, dessen erste Ausgabe vom Jahre 1650 ist,[1]) finden wir zum ersten Male eine sehr richtige Definition und Classificirung von Meeres-Strömungen. Varenius theilt sie in „beständige" und „periodische", in „allgemeine" und „specielle oder locale" Strömungen, unter welchen letzteren er dasselbe versteht, was andere Autoren mit dem sehr angemessenen Namen „See-Flüsse" oder „Meer-Ströme" („Stream-Currents") bezeichnen. Er beschreibt und nennt alle die „speciellen Seeströme" des Globus, von denen er Kenntniss erlangt hatte, und zeigt sich unter andern auch sehr gut unterrichtet über den Guinea-Strom, und eben so, was noch bemerkenswerther ist, über die südnördliche Richtung des Peruoder Humboldt-Stromes.

Als eine „fünfte perpetuirliche und specielle Bewegung der See" („quintus specialis perpetuus motus") nimmt Varenius die Kette von Strömungen an, von welcher unser Golfstrom das bedeutendste Glied ist, und welche er als einen einzigen gigantischen Strom beschreibt, der bei den brasilianischen Caps beginne und von Süden nach Norden fliessend an der Küste von Nord-Ameriks vorbeistreife. „Ein ähnlicher von Süden nach Norden fliessender Strom", fügt Varenius hinzu, „existirt längs der Philippinischen Inseln und Japans." Diese Bemerkung ist, so viel ich weiss, das erste Beispiel einer Vergleichung unseres Golfstromes mit dem Karasiwo (dem blauen Strom) der Japanesen, und eine solche Parallelisirung war in der That ein grosser Schritt vorwärts zu einer besseren Erkenntniss der schönen Harmonie, welche sich in den Bewegungen der beiden grossen Oceane darbietet.

Von den Kräutern in der Sargasso-See sagt Varenius: „dass sie weder vom Grunde des Meeres, welches dort ausserordentlich tief sei, noch von den Küsten des Landes (Afrika?), das sehr entlegen sei, herkommen könnten."[2]) Eine ähnliche Phrase über unsere Golfstrom-Kräuter finde ich in verschiedenen Hydrographien der Zeit; z. B. in dem grossen Werke, das

---

[1]) Nicht von 1664, wie es in der „Biographie Universelle" heisst.
[2]) Siehe über dies Alles B. Varenius, Geographie Generalis, ab Isaaco Newton illustrata. Cantabrigiae 1681. p. 139—140.

der französische Jesuit George Fournier im Jahre 1667 herausgab, und in welchem er sagt, „dass die Leute zu seiner Zeit sich den Kopf zerbrächen über die Frage, woher das Sargasso-Kraut kommen möchte. [1]) Dies Alles beweist, dass die Geographen zu jener Zeit sehr geneigt gewesen sein müssen, die Ansicht anzunehmen, dass die Sargasso-Kräuter, die nach ihnen weder aus dem Grunde des Meeres, noch aus Afrika kommen konnten, von Amerika kommen mussten, obgleich man damals noch nicht gewagt zu haben scheint, sie entschieden mit dem Florida-Strom in ursächlichen Zusammenhang zu setzen.

Eine noch vollständigere Beschreibung der Nord-Atlantischen und anderer Meeresströmungen, als die des Varenius, wurde einige Zeit später von dem berühmten holländischen Gelehrten Isaac Vossius gegeben. Er war der Erste, welcher ein eigenes Werk über die Bewegungen der Meergewässer und der Winde schrieb.[2]) In demselben stellte er Alles zusammen, was er über diesen Gegenstand wusste, und entwickelte darin das erste zusammenhangende System der Luft- und Wasser-Strömungen des ganzen Globus, eines Gegenstandes, den bisher die Naturforscher nur gelegentlich zu berühren gewohnt gewesen waren und der in ihren hydrographischen Werken meist nur in einem Appendix zu dem gewöhnlich sehr langen Capitel „über Ebbe und Fluth" erschienen war.

Vossius, der ausser dem genannten Werke noch mehre andere Arbeiten über Geographie geschrieben hat, zeigt sich mit den Richtungen und Tendenzen der Ströme und Winde im Nord-Pacifischen Ocean sehr gut bekannt. Er sagt, dass dieselben sich dort unter der Linie von Osten nach Westen in der Richtung auf Asien bewegen, und dass sie sich dann längs der Küsten von Japan und China nordwärts hinauf wenden, endlich aber nordöstlich und östlich nach Amerika zurückkehren. Er beschreibt genau die beiden entgegengesetzten Strömungen längs der Küste von Californien von Norden nach Süden und ängs der Küste Peru's von Süden nach Norden, welche beide sich in dem grossen centralen Aequatorial-Strom des stillen Oceans vereinigen.[3])

---

[1]) Fournier, Hydrographie. 2. Edit. Paris 1667. pag. 378.
[2]) Isaac Vossius. De motu marium et ventorum liber. Hagae Comitis 1663.
[3]) Siehe über dies Alles J. Vossius l. c. c. III., V. und XXII.

Er vergleicht mit den allgemeinen Strömungen des Stillen Meeres die des Atlantischen und weist auch in diesen **eine doppelte kreisende Bewegung der Gewässer** nach. „Im Süd-Atlantischen Meere", sagt er, „setzen südliche Strömungen vom Cap der Guten Hoffnung gegen Angola und dann wenden sie sich mit dem allgemeinen Aequatorial-Strom nach Westen und werden von der Küste Brasilien's südostwärts zurückgebogen."

Eine ähnliche kreisende Bewegung zeigt er in unserm Nord-Atlantischen Bassin und beschreibt sie noch bestimmter so: „Mit dem allgemeinen Aequatorial-Strom laufen die Gewässer längs der Küste von Brasilien nach Guyana zu und treten dort in den Golf von Mexico ein. Von da setzen sie durch eine Seitenschwingung schief hinüber nach der Strasse von Florida und Virginia und laufen von dort direct nach Osten, bis sie die gegenüberliegenden Küsten von Europa und Afrika erreicht haben, von welchen aus sie wieder südwärts gehen und am Ende in die anfängliche Bewegung nach Westen umlenken, indem sie so beständig sich in einem Cirkel herumbewegen."[1]

Dies ist ohne Zweifel **die vollständigste und zutreffendste allgemeine Uebersicht unserer Nord-Atlantischen Strömungen**, der wir bis dahin bei irgend einem der älteren Autoren über Hydrographie begegnet sind. Der treffliche Vossius war seiner Ansicht so gewiss, dass er ausspricht: „Ein Schiff ohne Segel und Matrosen könne bloss durch die Kraft der Strömungen von den Canarischen Inseln nach Brasilien und Mexico fahren und von da nach Europa zurückkehren auf einer Bahn von 4000 deutschen Meilen in Länge." Dasselbe Bild und Beispiel, welches Vossius also schon vor 200 Jahren aufstellt, ist noch von vielen späteren Autoren als etwas ganz Neues und als Etwas von ihrer eigenen Erfindung vorgebracht worden. Einige dieser Späteren haben auch die Idee geäussert, dass die „veränderlichen Winde nur so genannt worden seien von unsern unwissenden Grossältern, welche mit den Gesetzen und der schönen Regelmässigkeit dieser Winde unbekannt gewesen." Aber auch in diesen Winden wies ebenfalls bereis der alte Vossius eine so grosse Harmonie und Gesetzmässigkeit nach, dass ein gleichzeitiger

---

[1] J. Vossius. l. c. VI.

Autor ihm verdientermassen das folgende Lob gibt: „die Alten bezeichneten den Ocean und die Winde als das wahre Sinnbild der Unbeständigkeit. Aber Vossius hat bewiesen, dass sie die regelmässigsten Dinge von der Welt sind."[1]) Ein anderer etwas späterer Gelehrter, Professor Laval (in seinem Werke „Voyage de la Lousiane") kritisirt und schilt ihn dagegen in einer — zum Theil wenigstens — sehr ungerechten Weise, indem er versucht, sogar seine sehr passende Idee, ein Schiff ohne Segel und Matrosen im Atlantischen Ocean circuliren zu lassen, lächerlich zu machen.

In einigen Punkten können allerdings auch wir mit Vossius nicht übereinstimmen. Seine Darstellung der Thatsachen, sein Gemälde der existirenden Strömungen war sehr richtig. Aber seine Ansicht über die Ursachen derselben war mehr oder weniger sonderbar. Er meint, dass die Hitze der tropischen Sonne, indem sie die Oceanischen Gewässer anziehe, und zugleich ihre Masse und ihren Umfang vermehre, sie aufhäufe und so zu sagen ein langes Wasser-Gebirge schaffe, „zu welchem die zum Aequator segelnden Schiffe nur mit Schwierigkeit aufsteigen könnten." Er stellt sich vor, dass die Sonne diesen „Wellenberg" mit sich führe zu den Küsten von Amerika, „wo derselbe sich so zu sagen breche, auseinandergehe, und wo dann die Ströme von jener zerfliessenden Wasserhöhe längs der Küste hinabrännen."

Dieses „Gebirge von Salzwasser," das Vossius in die Nähe des Aequators setzte und das Professor Laval in seiner erwähnten Kritik nicht ganz mit Unrecht lächerlich machte, wurde dann von dem französischen Hydrographen George Fournier, der einige Jahre nach Vossius eine sehr voluminöse Hydrographie schrieb, wieder in das gerade Gegentheil, in ein tiefes centrales Thal verwandelt. Fournier sagt:[2]) „dass die heisse Sonne der Tropen durch Verdampfung unter der Linie eine grosse Menge von Seewasser verzehre und dort so zu sagen eine Höhlung oder ein tiefes Thal bewirke, und dass die Wasser daher gezwungen würden, von den Polen, sowohl vom Nord-Pol als vom Süd-Pol, längs der Küsten von Afrika

---

[1]) Siehe die Vorrede zu der Uebersetzung des Werks von Vossius von Le Chastelain de Crecy, genannt Le Guidon de la navigation, Paris 16??. —

[2]) Siehe das Werk: „Hydrographie par le Père G. Fournier de la compagnie de Jesus. Seconde Edition." Paris 1667, p. 355—56.

zum Aequator hinabzulaufen, um die verloren gegangene Wassermenge zu ersetzen." „Die hohl und tiefe Depression," so sagt er, „läuft beständig mit der Sonne oder vor ihr her, und die nachkommenden Polar-Gewässer laufen beständig hinter der Sonne her, um zu ersetzen, was durch Verdampfung verzehrt worden ist." „Und auf diese Weise," setzt er hinzu, „wird ein kreisendes Strömungs-System in's Leben gerufen."

Aber schon vor Fournier und Vossius (im Jahr 1650) hatte der oben genannte treffliche Varenius eine ganz andere Ursache der Erzeugung der Strömungen bezeichnet, nämlich **die tägliche Umdrehung unseres Globus.** „Die Anhänger des Aristoteles" sagt Varenius, „glauben, dass die grosse centrale Strömung der Gewässer von Osten nach Westen durch die allgemeinen Bewegungen des Himmels, der Gestirne, der Luft und der See verursacht werde. Aber einige Copernikaner, wie z. B. Kepler, behaupten, dass auch die **Umdrehung unserer Erde** nicht wenig dazu beitrage, weil das Wasser welches nicht an den festen und niedrigen Theilen des Globus anklebt, sondern sich nur in losem Contacte mit denselben befindet, der Umdrehungsbewegung nach Osten nicht so schnell folgen kann, vielmehr westwärts zurückbleibt. Demnach bewegt sich die See nicht eigentlich von einem Orte zum andern vorwärts, vielmehr bewegt sich die Erde vorwärts und lässt einen Theil nach dem andern fahren und zurückbleiben."

Dies ist, so viel ich weiss, das erste Mal, dass wir in einem gedruckten Buche die Umdrehung der Erde mit dem Phänomen der Strömungen in Verbindung gebracht sehen. Diese neue Idee war eine nothwendige Folge des Systems und der Ansicht des Copernicus, der selbst schon im Anfange des 16ten Jahrhunderts diese Folgerung hätte machen können. Sie wurde, wie wir aus der obigen Aeusserung des Varenius ersehen, zum ersten Male von Kepler, der im Jahre 1630 starb, vorgebracht.[1]) Aber Varenius, wie ich sagte, war der Erste, der dergleichen in einem geographischen Werke druckte und veröffentlichte.

---

[1]) Diese Stelle findet sich in Kepler Opera omnia ed. Frisch. Francofurt a/M. 1866. Vol. VI. Epitome astronomiane Copernicae Lit. L 5. p. 180. (mir nachgewiesen durch die Güte des Herrn Dr. Mühry in Göttingen.

Bald nachdem Varenius und Vossius ihre für die Zeit ganz vortrefflichen Beschreibungen des Systems der Winde und Strömungen vorgelegt hatten, versúchte es ein anderer Kosmograph und Mathematiker, der bekannte Jesuit Athanasius Kircher, zum ersten Male, dieses System auf einem kartographischen Gemälde bildlich darzustellen. Er zeichnete eine hydrographische Karte auf welcher er die Bewegungen des Oceans, „alle Strömungen, Wirbel und Schlünde" des Meeres mit Strichen andeutete.[1]) Es ist die erste allgemeine Strömungs-Karte des Globus, die ich kenne. Auf ihr erscheint der ganze Ocean mit Wellen-Linien bedeckt, welche in der Richtung der Strömungen laufen. Die grossen kreisenden Bewegungen der Gewässer sind auf diesem Bilde deutlich zu erkennen, auch die des Nord-Atlantischen Beckens, wo längs der Ostküste von Nord-Amerika und gegen Europa hin die undulirenden Strömungslinien von Südwesten nach Nordosten laufen, obwohl allerdings unser Golfstrom dabei nicht als ein individualisirter „Seefluss" hervortritt. Der alte Kircher ging aber sehr weit in seinem Glauben an die Existenz gewisser gewaltiger „submariner Schlünde," welche seiner Meinung nach die Wirbel und speciellen Strömungen in der See veranlassten. Er glaubte sogar auch noch an ein grosses Loch beim Nord-Pol, welches nach seiner Ansicht, sowie nach denen anderer Kartographen, wie ich oben sagte, die Gewässer des Oceans verschlänge. Und eben so glaubte er auch an ein anderes correspondirendes Loch beim Süd-Pol, „welches die beim Nord-Pol verschlungenen Gewässer wieder von sich giebt, so dass daher alle Seefahrer es sehr schwierig gefunden haben, gegen die allgemeinen Strömungen, die aus dem Süd-Pol hervorkommen, anzusegeln. Und alle diese wie auch noch mehre andere phantastische Schlünde und durch sie veranlasste Wirbel hat der von einem seiner Zeitgenossen „sehr leichtgläubig" gescholtene Kircher gleichfalls auf seiner Strömungs-Karte dargestellt.

Kircher's Strömungs-Karte muss für seine Zeit als eine bemerkenswerthe Erfindung und als ein Fortschritt in der Kartographie bezeichnet werden. Denn vor ihm sehen wir auf den

---

[1]) Siehe diese Karte in „Athanasii Kircheri Mundus Subterraneus." Amstelodami 1678. p. 134.

Seekarten keine andere Strömung **bildlich** dargestellt als den berühmten Maal-Strom an der Küste von Norwegen. Dieser Wirbel war so allgemein bekannt geworden, dass er fast auf **jeder** Karte abconterfeit wurde. Wir finden ihn sogar schon auf den allerältesten Karten mit einer Spirallinie angezeigt, sorgfältig und grossartig ausgemalt, aber ausser ihm sonst gar keine andere Strömung. Es ist ein merkwürdiges Beispiel des langsamen und zugleich capriciösen Fortschritts der wissenschaftlichen Erfindungen, dass dieselben Künstler nicht dasselbe Verfahren, dessen sie sich in einem Falle bedienten, auch in anderen Fällen, bei denen sie es eben so gut hätten gebrauchen können, anwandten.

Die Zeit vor Vossius und Kircher (das Ende des 17. Jahrhunderts) kann im Allgemeinen als die Periode bezeichnet werden, in welcher die ersten Versuche zu bildlichen Wind- und Strom-Karten gemacht wurden. Wir haben aus dieser Zeit auch eine grosse aber rohe Karte der Strömungen in der Strasse von Gibraltar, die (im Jahre 1675) von Capitain Richard Bollard gezeichnet und in dem IV. Bande von Churchill's Sammlung von Reisen publicirt wurde.[1]

Nicht viel später (1686) zeichnete und veröffentlichte auch E. Halley, der berühmte Astronom, in seinem „historischen Berichte über die Passat-Winde und Monsuns" **die erste allgemeine Wind-Karte des Globus**[2], und einige Jahre später (1695) zeichnete er gleichfalls die erste „magnetische Karte", welche die Abweichungen des Compasses **in allen Theilen des Oceans** im Bilde darbot. Auch wurde zu derselben Zeit Kircher's Karte in anderen Werken reproducirt, z. B. in E. G. Happelii Relationes Curiosae. Tom. II. Hamburg. 1685.

Bald nach der Zeit, in welcher so treffliche Männer, wie Varenius, Vossius, Fournier und andere ihre Ansichten und Werke über die Bewegungen des Oceans — Schriften, die bald in verschiedene Sprachen des westlichen Europa's übersetzt wurden — veröffentlicht hatten, finden wir, dass man in jenen westlichen Ländern auch vielfach auf die fremdartigen Producte

---

[1] Siehe in Churchill, Collection of Voyages. Vol. IV. p. 846.
[2] Siehe in „Philosophical Transactions" Jahrgang 1686. p. 153.

aufmerksam wurde. welche, wie wir nun wissen, vom Golfstrom aus West-Indien zu den Küsten des Nordwestens unseres Continents getrieben werden, und wir sehen damals zum ersten Male unter den Gelehrten des Nordens die Frage deutlich aufgeworfen: **ob es wohl wahrscheinlich sei, dass diese Producte von Westindien kämen, und ob sie wohl von einer Fortsetzung des „Florida-Stroms" nordostwärts geführt werden könnten.**

Seit unvordenklichen Zeiten hatten die Urbewohner Schottlands dann und wann fremdartige Früchte, grosse Bohnen und Nüsse, wie sie nicht in ihrem Lande wuchsen, an ihren Küsten gefunden. Was sie in früheren Jahrhunderten darüber gedacht haben, wissen wir nicht. Nach dem Zeitalter der grossen Seefahrten und geographischen Entdeckungen pflegten sie dieselben „Molukko-Bohnen" (Molucco-beans) zu nennen, wahrscheinlich, weil sie nach den damals herrschenden Vorstellungen glaubten, dass durch den Norden (entweder durch den Nordwesten oder den Nordosten) die freieste Passage und Communication von Nord-Europa zu den Molukkischen Inseln und zu den östlichen Theilen Asiens existire, und dass diese Bohnen und fremdartigen Früchte auf die leichteste Weise auf jenem Wege kommen möchten.

Im Jahre 1674 leitete Sir George Mackenzie die Aufmerksamkeit der englischen Gelehrten auf diese „Bohnen, Kohlbäume (Palmen) und andere ausländische Produkte, welche an die Ufer von Schottland getrieben werden." Mackenzie, der wahrscheinlich die Idee der Möglichkeit einer freien Fahrt nach Indien durch den Norden unterstützen wollte, hielt sich überzeugt, dass sie von dort kämen. „Es scheint mir wahrscheinlicher", sagt er, „dass sie auf der nördlichen Route von den östlichen Ländern gekommen sind, als auf dem andern Wege" (von West-Indien). — „Ihre Frische im Kern", fügt er hinzu, **„beweist, dass sie in dem Conservatorium der kalten Gewässer des Nordens und nicht in dem warmen Bade des Südens geschwommen haben müssen."**[1]

Aber zu derselben Zeit (1673) hatten auch schon die Dänen und Norweger auf die Erscheinung ähnlicher Früchte an den

---

[1] S. Sir George Mackenzie's Brief in „Philosophical Transactions. Jahrgang 1674. p. 398.

Küsten Skandinaviens und der Faroer-Inseln aufmerksam gemacht, die sie ebenfalls zuweilen Molucco-Bohnen jedoch auch Westindische Bohnen nannten. Die frühesten Nachrichten von ihnen stehen in Peter Claussen's „Beskrivelse over Norge" und darnach in „Lucas Debe's Faeroa reserrata 1673".[1]) Einige zwanzig Jahre später (1696) machte der wohlbekannte britische Naturforscher Hans Sloane, der Stifter des britischen Museums, in einem umständlicheren Berichte über diese Bohnen und Früchte, in welchem er auch die verschiedenen Arten derselben genauer beschrieb, ihren westindischen Ursprung wahrscheinlich. Er wies nach, dass dieselben Pflanzen, die man in Schottland und Irland gefunden habe, in Jamaica wüchsen und liess sich dann weiter in folgender Weise aus:

„Wie diese verschiedenen Bohnen", sagt Sloane,[2]) nach den Schottischen Inseln und nach Irland kommen können, scheint schwer begreiflich. Es liegt zwar sehr nahe, zu denken, dass sie, in Jamaica wachsend und von den Flüssen dieser Insel in die See hinausgetrieben, von den Winden und Meeresströmungen, die durch den Golf von Florida hindurchgehen, in die nordamerikanischen Gewässer fortgeführt werden. In welcher Weise sie aber dann den Rest ihrer Reise zurücklegen mögen, kann ich nicht sagen, man müsste denn die Annahme wohlbegründet finden, dass sie, nachdem sie durch den Strom aus dem Golf von Florida nördlich gebracht sind, in den Weg der westlichen Winde geschleudert werden und auf diese Weise endlich nach Schottland gelangen."

Hieraus scheint zu erhellen, dass Sloane den Golfstrom als das vornehmste Mittel zur Herüberführung der westindischen Früchte nach Schottland betrachtete, wenigstens für eine lange Strecke Weges, obgleich er es noch nicht entschieden wagt, die Wirkung dieses Stromes ganz so weit nordöstlich bis Schottland hinauszuführen. Dass übrigens die in den centralen Partien des Nord-Atlantischen Oceans schwimmenden Kräuter und Pflanzen-Produkte am Ende des 17. Jahrhunderts schon ziemlich

---

[1]) S. hierüber A. Vibe. Küsten und Meere Norwegen's, in Petermann's Mittheilungen. Ergänzungsheft von 1860. S. 18—19. Siehe auch J. G. Gumprecht. Die Treibproducte der Strömungen im Nordatlantischen Ocean in Zeitschrift für allgemeine Erdkunde. Band III. Berlin 1854. S. 409.
[2]) Philos. Transactions Vol. XIX. für die Jahre 1696 und 1697 N. 222 p. 298.

allgemein und gewöhnlich mit dem Golfstrom in Verbindung gesetzt und von ihm hergeleitet wurden, lernen wir unter andern aus einer Stelle in dem Werke über Monsieur de Gennes' westindische Reise (in den Jahren 1695—97), die so lautet: „Von unserer Ausfahrt aus den westindischen Gewässern bis zu den Azorischen Inseln begegneten uns immer Kräuter, von denen diejenigen, welche an den Küsten von Neu-Spanien gesegelt haben, sagen, dass sie durch den Canal von Bahama geflösst, mit der Rapidität der Strömungen auf die breite See hinausgetrieben und dann von den westlichen Winden über den Ocean verstreut werden[1]."

Das ganze 17. Jahrhundert hindurch segelten die spanischen Flotten von Mitttel-Amerika und Mexico jährlich auf ihrem gewohnten, oben beschriebenen Striche durch die Gewässer der Golfe von Mexico und Florida. Aber keine neuen wissenschaftlichen Beobachtungen wurden auf diesen commerciellen Reisen gemacht, oder wenigstens, wenn gemacht, nicht veröffentlicht. Die ganze Fahrt wurde von den Spaniern als ihnen selbst hinreichend bekannt angesehen. Dies wurde etwas anders, als seit dem Jahre 1686 die Franzosen unter La Salle in besagten Gewässern angekommen waren, das „mare clausum" der Spanier auch anderen Nationen geöffnet hatten und in Folge dessen verschiedene ausgezeichnete Forscher, Ingenieure und Gelehrte zum Golf von Mexico geführt wurden.

Die Spanier, die sich anfänglich dem französischen Einbruche widersetzt hatten, sandten nun unter anderen Leuten auch ihren grossen Astronomen und Mathematiker Professor Siguenza und ihren berühmten Flotten-Commandeur Andres de Pez zu jenem Golfe aus. Dieser letztere durchkreuzte den Golf so häufig und kannte ihn so gut, dass er in einer Inschrift auf seinem Grabsteine das Epithet: „Sinus Mexicani Scrutator" („der Erforscher des Golfs von Mexico") erhielt. Es ist sehr wahrscheinlich, dass solche Männer durch ihre Beobachtungen auch die Kenntniss der Golfströmungen vermehrten. Wir können aber wenig Befriedigendes davon melden, weil die Resultate ihrer Untersuchungen nie veröffentlicht wurden.

---

[1] Relation d'un Voyage fait 1695—1697 sur la flotte commandée par Monsieur de Gennes. Paris 1609. p. 210.

Etwas besser sind wir über die französischen Reisen jener Zeit unterrichtet, weil viele von ihnen beschrieben und der Welt vollständig bekannt gemacht sind, und wir finden in ihnen manche uns interessante und damals neue Bemerkung.

So z. B. wurde im Jahre 1702 das „neue und bewundernswürdige" Factum zuerst beobachtet oder wenigstens in einem gedruckten Buche zur Kenntniss des Publikums gebracht: „**dass der Strom des Golfs von Florida mit einem nördlichen Winde stärker nordwärts ströme, als mit anderen Winden.**" Es war auf der Reise der französischen Flotte unter dem Maréchal de Château Rénard, der im Monate September des bezeichneten Jahres von Mexico her in den Golf von Florida einsegelte und gegen einen sehr heftigen Nordwind in den „Engen" des Golfstromes von Osten nach Westen hin und her lavirte. „Nachdem sie dies mehrere Tage gethan hatten, glaubten sie sich von dem nördlichen Sturm wenigstens bis zur Breite von Havana südwärts zurückgetrieben. Nach einer zuverlässigen Beobachtung ihrer Breite fanden sie sich dagegen zu ihrem Erstaunen bis 28° 30' N. B. nördlich vorgeschoben und jenseits des „Ausfalls" des Canals von Bahama."

Professor Laval, der dies berichtet,[1]) sagt, dass es, obwohl es unglaublich erscheine, doch wahr und zu seiner Zeit (1720) schon allen Seeleuten sehr bekannt gewesen sei, dass die Strömungen im Golf von Florida um so schneller aus dem Süden flössen, je stärker der nördliche Wind blase. Laval sagt: er könne sich diese Erscheinung nur durch die Voraussetzung erklären, dass die Nordwinde des Canals zur selben Zeit auch im Golf von Mexico bliesen, dass sie dort aber mehr nordwestlich seien, und auf diese Weise alle Gewässer des Golfs in den Canal trieben, und sie durch denselben in rascher Bewegung hinausjagten."

In den Jahren 1720—22 reiste der berühmte französische Historiker und Geograph Charlevoix im Mississippi-Lande. Auf der Heimreise vor der Mündung dieses Flusses litt er Schiffbruch bei den Florida-Keys, und in seinem Berichte hierüber beschreibt er die **Gegenströmungen auf der Nord-**

---

[1]) In seinem Werke: Voyage de la Louisiane. Paris 1728. p. 208—209.

seite des Golfs von Florida und die des sogenannten Hawke-Channels so gut, dass es klar genug daraus wird, dass die Franzosen damals mit den Hauptzügen dieser Seiten-Strömungen sehr bekannt waren.[1])

Aber die für uns interessanteste Reise aus jener Zeit ist jedenfalls die, welche der obengenannte Professor Laval im Jahre 1720 zum Zwecke einiger im Golfe von Mexico anzustellender astronomischen Beobachtungen machte. Laval, der das Werks von Vossius über die Bewegungen der See erwähnt, schenkte den Strömungen eine besondere Aufmerksamkeit und sammelte auf seiner Heimreise verschiedene interessante Beobachtungen, die mit unserem Gegengenstande zusammenhangen.

Auf seiner Fahrt von Isle Dauphine durch den Golf von Mexico nach Cuba fand er die Strömungen fast überall nach Osten, Südosten und Südsüdosten gerichtet. Zuweilen vergewisserte er dies, wie er versichert, durch die Wahrnehmung, „dass das Schiff beim Laviren sich leichter zu den genannten Strichen des Compasses, als nach anderen Weltgegenden wandte," zuweilen, indem er sein Rechnung mit den astronomischen Beobachtungen verglich. Im Canal von Bahama machte er 80 Lieuex in zwei Tagen mit einem sehr matten Winde, und er schätzte die Schnelligkeit der Strömung zu einer „Lieue" nordwärts per Stunde. Es ist die erste bestimmte Schätzung der Schnelligkeit des Golfstromes, welche ich in einem gedruckten Buche finde.[2])

Vom „Ausfalle" aus dem Golfstrom an durchschnitt Laval den Ocean durch die ruhigen Gewässer im Süden der Bermudas. „Aber die französischen Seefahrer jener Zeit verfolgten gewöhnlich auf ihrer Rückkehr vom Golf von Mexico einen viel nördlicheren Strich." Sie pflegten mit dem ganzen Golfstrom längs der Ostküste Nord-Amerika's in der Richtung auf die Bänke von Neufundland zu segeln und dann die Azoren im Süden zu lassen. Sie kannten wohl die stürmischen Seen auf diesem Wege, aber sie wussten auch, dass die Winde und Strömungen aus Westen in diesem Strich zu ihren Gunsten seien, und dass die Fahrt mit ihnen etwa um 14 Tage kürzer

---

[1]) S. Charlevoix, Journal d'un Voyage fait en 1720—1728. Paris 1744 p. 458 fg.
[2]) Siehe Laval Voyage de la Louisiane. Paris 1728. p. 131—144.

sei. Dieser nördliche Heimweg, der von der alten gewohnten Heimroute der Spanier so sehr abwich, scheint zu jener Zeit so zu sagen der nationale Lieblingsweg der Franzosen gewesen zu sein. Wenigstens sagt Laval, „dieser Kurs sei weit mehr nach dem Geschmacke der französischen Nation, die vonNatur ungeduldig und muthvoll sei."[1])

Die französischen Schiffe jener Zeit segelten nicht nur auf ihren Heimreisen nach Frankreich mit dem ganzen Golfstrom, sondern sie liessen sich auch auf ihren häufigen Fahrten vom Golf von Mexico (von New-Orleans) nach ihren Colonien in West-Indien (nach Hayti u. s. w.), weil sie nicht im Stande waren, gegen die westlichen Strömungen der Karibischen Insel-Passagen anzugehen, — nicht selten vom Golfstrom nordöstlich „bis zur Breite der Bänke von Neufundland" fortführen, um auf diese Weise eine möglichst östliche Position zu gewinnen. Von da pflegten sie dann wieder südwärts zu fahren und endlich mit den östlichen Passatwinden westwärts, Hayti, Guadaloupe oder andere Westindische Inseln zu erreichen.[2]) Dies war in der That ein ganz ungewöhnlicher Einfluss des Golfstroms auf die Handels- und Schiffahrts-Richtungen, wohl werth, in einer Geschichte dieses Stroms angedeutet zu werden.

Wie in den südwestlichen und seit alten Zeiten besser bekannten Partien unseres Stromes, so machten die Franzosen auch in seiner breiten, weniger bekannten östlichen Abtheilung zu dieser Zeit schon einige sehr genaue Beobachtungen und veröffentlichen sie. Die für diese Gegenden interessanteste wissenschaftliche französische Reise ist die, welche im Jahre 1753 von Mr. de Chabert gemacht wurde. Dieser Seefahrer war vom Könige von Frankreich ausgesandt, „um an der Küste und in dem Meere des französischen Nord-Amerikas Beobachtungen anzustellen und dadurch die Schifffahrt in jenen Strichen zu erleichtern."

Chabert segelte von Frankreich nach Canada in ungefähr 49º N. Br. und machte schon hierbei verschiedene Bemerkungen über Strömungen, die für uns indess nicht von grossem Interesse sind. Aber auf seiner Heimreise segelte er

---
[1]) Ibidem p. 144.
[2]) Siehe darüber Charlevoix l. c. p. 489.

von Canada über die Azoren, indem er einen grossen Theil der mitttleren Partieen unseres Golfstromes durchschnitt.

Durch eine Reihe von Beobachtungen vergewisserte er, dass auf diesem Striche, besonders in der Nachbarschaft der Azoren (westlich von ihnen) die Strömungen nach Osten und Süden gerichtet seien.[1]) Er stellte die Vermuthung auf, dass diese südöstliche Richtung der Strömungen nach den Azoren eine Folge des Zusammenstosses der Strömungen aus dem Norden (des Labrador-Stroms) und „der Fortsetzung der Strömung, die aus dem Canal von Bahama komme" (des Golfstromes), sein möchten. „Dieser letztere", sagt er, „stösst längs der Küste von Nord-Amerika fliessend auf die erstere, welche stärker ist, und ihn daher nach Süden herumzudrängen strebt, indem sie dabei jedoch zu gleicher Zeit selber ein wenig von der nordöstlichen Richtung des Golfstromes annimmt. Und aus dieser Combinirung entgegengesetzter und kämpfender Kräfte entsteht dann eine Strömung, welche eine östliche und bei den Azoren theilweise eine südliche Wendung nimmt. Chabert wies diesen Strom bis zu dem 35° S. Br. nach, also ziemlich weit südwärts von den Azoren.[2])

In wie geringem Grade jedoch trotz aller dieser gelegentlichen und zerstreuten Beobachtungen Chaberts und anderer Männer der Verlauf der Strömungen in der Mitte des breiten Atlantischen Oceans den Seefahrern und Hydrographen bekannt und geläufig war, und wie sehr es damit beim Alten blieb, mögen wir unter andern aus den verschiedenen nautischen Publicationen der Engländer schliessen, welche unter dem Titel von „English Pilots" vor der Mitte des 18. Jahrhunderts erschienen. Sie haben beinahe alle ein Capitel: „Ueber den starken Strom, der aus der Bay von Florida kommt." Aber in ihren Beschreibungen dieses Stromes lassen sie denselben bei seinem „Ausfalle" in der Nähe der Nordspitze der Bahama-Bank enden und vermögen ihn über diese Bänke hinaus nicht weiter nachzuweisen und zu beschreiben.[3])

---

[1]) Siehe Chabert, Voyage dans l'Amerique Septentrionale. Paris 1753. p. 23
[2]) Ibidem p. 169.
[3]) Siehe z. B. The English Pilot by divers Navigators. London 1737, ein grosses Folio-Buch mit vielen Karten.

Die Kenntniss des Golfstromes, welche wir auf den See-
karten dieser Zeit niedergelegt sehen, ist noch beschränkter,
als die Andeutungen über ihn in den Büchern. Man scheint
sich nicht sehr beeilt zu haben, den Beispielen, welche Dudley,
Kircher, Happelius und Halley in ihren für ihre Zeit sehr
glücklichen Wind- und Strömungs-Karten gegeben hatten, zu
folgen und darauf weiter zu bauen. Kein Kartograph gab
sich die Mühe, aus den seit Columbus publicirten zahlreichen
Berichten und Tagebüchern die Facta und wirklichen Nachwei-
sungen über Strömungen zu sammeln, sie alle auf einer Karte
aufzutragen, und so eine spezielle Strömungs-Karte des Nord-
Atlantischen Oceans zu construiren, in der Weise, wie Capitän
Bollard, nach dem, was ich sagte, schon im Jahre 1675 eine
solche von den Strömungen in der Strasse von Gibraltar gemacht
hatte. Niemand versuchte auch nur einmal so etwas. Wäre
dies geschehen, so hätte die damalige Wissenschaft wenigstens
eine ähnliche und gleich gute Karte des Nord-Atlantischen Oceans
bekommen mögen, wie es jene französische Karte des Mittelmeeres
war, die im Jahre 1694 in Paris herausgegeben wurde, und auf
welcher dieses Meeresbecken sich mit Strömungs-Anzeigen in
seinen verschiedenen Sectionen ziemlich bedeckt zeigt.

Auf allen Karten des 16., 17. und auch der ersten Hälfte
des 18. Jahrhunderts, mit Ausnahme der Karte des ausgezeichneten, bereits genannten Hydrographen Dudley, sehen wir
kaum etwas Anderes in Bezug auf unsern Golfstrom erscheinen,
als jene uralte, oft wiederholte lateinische Inschrift: „Canalis
Bahama versus Septentrionem semper fluit", (der Bahama-Kanal
fliesst immer nach Norden). Ich finde diese Phrase zum ersten
Male auf einer Karte von Abraham Ortelius, der im Jahre
1598 starb. Und ich finde sie dann in's Französische: „La
Mer court toujours au Nord", sowie auch in's Spanische und
Englische übersetzt, auf zahlreichen späteren Karten. Diese
Phrase, die einzige stationäre kartographische Bezeichnung
des Golfstromes, paradirt auf allen jenen alten See-Karten in
den „Engen" zwischen Cuba und Florida.

Meerestiefen, Sandbänke, Riffe, „Brecher", Winde und
andere Oceanische Gegenstände wurden auf den Karten schon
längst gewöhnlich durch Inschriften, Zeichen und Figuren dargestellt, als bildliche Bezeichnungen der Strömungen noch

sehr selten waren, mit einziger Ausnahme, wie ich sagte, jenes nie auf den alten Karten vergessenen Maal-Stroms an der Küste von Norwegen.

Als den nächsten Schritt in der Entwicklung des kartographischen Gemäldes des Golfstromes mögen wir den Versuch betrachten, die Sargasso-See auf einem Karten-Bilde niederzulegen. Schon auf einigen Karten des 17ten Jahrhunderts erscheinen westlich von den Azorischen und Kapverdischen Inseln grüngemalte Stellen mit Inschriften wie diese: „Herbae natantes" (schwimmende Kräuter) oder „Mare juncosum vulgo Sargasso" (die Kräuter-See, gemeiniglich Sargasso-See genannt). Diese „Kräuter-See" liegt auf allen See-Karten des 17. Jahrhunderts in derselben Position, ohne irgend welche Verbindung mit den entfernten Reservoiren des Golfstroms. Sie wurde auf die Mitte des Weges zwischen Spanien und West-Indien gesetzt, und spanische und portugiesische Seefahrer benutzten sie, um **ihre Schiffs-Position zu bestimmen.**

Der berühmte französische Geograph und Karten-Zeichner G. Delisle scheint der Erste gewesen zu sein, welcher jene schwimmenden Golf-Kräuter etwas genauer studirte. Auf einigen seiner Karten, die im Anfange des 18. Jahrhunderts veröffentlicht wurden, sehen wir mehrere See-Kräuter-Bänke bezeichnet: eine lange Bank in der alten Position zwischen den Azoren und Capverdischen Inseln, eine andere Bank etwas weiter westlich und eine dritte noch weiter westlich zwischen den Neufundland-Bänken und den Bermudas. Von Delisle kann man daher sagen, **dass er die Bahn des Golfstroms auf seinen Karten durch Kräuter-Stellen anzeigte.**

Der grosse französische Geograph und Kartenzeichner D'Anville, der ihm folgte, veröffentlichte im Jahre 1746 eine sehr vollständige Karte von Nord-Amerika, für die der Herzog von Orleans eine bedeutende Summe bezahlt haben soll, und die damals mit Recht als eine der vortrefflichsten Karten von jenem Lande betrachtet wurde. Nichtsdestoweniger hat diese Karte nicht die geringste Spur einer Anzeige des warmen Stromes längs der Küste. Auch auf seinen Special-Karten vom Golf von Mexico hat D'Anville keine Strömungen angedeutet, obgleich er dort Meerestiefen, Sandbänke und andere Oceanische Objecte, welche die Schifffahrt interessiren, darstellt. Auch finde ich sonst in den Schriften dieses geistvollen Gelehrten, des Begründers einer wissenschaftlichen Geographie, nirgends einen Beweis, dass er **den Strömungen unserer Region Aufmerksamkeit geschenkt habe.**

Ich will indess gleich hinzufügen, dass wir auf vielen der Amerika betreffenden See-Karten, die bald nach der Mitte des 18ten Jahrhunderts veröffentlicht wurden, dann und wann allerdings „Pfeilen" begegnen, welche die Richtung der Küstenströmungen anzeigen sollen. Auf den Karten des französischen Hydrographen Bellin (um 1750) sind **die Strömungen der Karibischen See und des Bahama-Canals mit Pfeilen angezeigt.** Auch auf verschiedenen englischen See-Karten (um 1772) finden wir den Golfstrom hie und da in verschiedenen Partien des Oceans durch Pfeile bezeichnet.

Auf der speciellen Karte von Carolina von Monzon (aus dem Jahre 1775) stehen neben der Küste Pfeile, die nach Südwesten weisen und die Richtung der hart längs des Landes gehenden Küsten-Strömungen anzeigen und in grösserer Entfernung von der Küste andere Pfeile, welche nach Norden weisen und den Golfstrom andeuten sollen.

Noch erstaunlicher als die Auslassung des Golfstroms auf den Karten ist der Umstand, dass nach so vielen, in den Büchern über ihn veröffentlichten Beobachtungen doch selbst **während des grössten Theiles des 18. Jahrhunderts noch wenig practischer und planmässiger Gebrauch in der Schifffahrt von ihm gemacht wurde.** In allen den Berichten über die zahlreichen Expeditionen, welche man am Ende des 17. und am Anfange des 18. Jahrhunderts zur Colonisirung von Carolina und Georgia unternahm, finden wir die Einwirkungen des Golfstromes auf die damals so zahlreichen Küsten-Fahrten gar nicht in Erwägung gezogen. Diese Berichte (als Beispiele erwähne ich die des Capitän Hilton, ferner die, welche unter der Leitung des Lord Albemarle und der anderen „Eigenthümer der Provinz Carolina" ausgeführt wurden, und endlich die unter General Oglethorp) sind blos mit dem Anblick und der Beschaffenheit des Landes selbst, mit dem Küstensaum und seinen Häfen beschäftigt aber sie scheinen jenen „Regulator der amerikanischen Küsten-Schifffahrt", jenen

„Sturm- und Wetter-König" dieser Küsten völlig ignorirt zu haben. Nicht viel mehr können wir zum Vortheil der grossen Küstenaufnahmen sagen, welche auf Befehl des britischen Gouvernements von vielen ausgezeichneten Seefahrern und Ingenieuren — z. B. von Capitän Holland, von De Brahm und Anderen — in dieser Zeit (ein wenig vor und während des amerikanischen Revolutions-Krieges) ausgeführt wurden. Sie nahmen alle äusserst wenig Notiz vom Golfstrom.

Auch die Küsten-Schifffahrt der britischen Colonien war sich der vom Golfstrom dargebotenen Vortheile und Nachtheile nicht bewusst. Von den grossen Kauffahrtei-Fahrern, den königlichen Fahrzeugen („Royal Mail-Ships"), Kriegsschiffen etc. hören wir Klagen, dass für sie während des 18. Jahrhunderts eine Reise von einem nördlichen zu einem südlichen Puncte der amerikanischen Ostküste sehr schwierig und langwierig gewesen sei. Einige hielten eine Reise von Halifax in Nova Scotia nach Georgia für mühseliger und zeitraubender als eine Fahrt von Amerika nach Europa.[1])

Die königlichen Post-Packetschiffe von Boston in Neu-England nach Charleston in Carolina brauchten auf ihrer Fahrt nach Süden zuweilen 3 bis 4 Wochen, während sie nordwärts oft in weniger als 8 Tagen zurückkamen. Die Ursache von dem Allen war der Golfstrom, dessen Existenz man damals entweder ignorirte oder dessen Richtung, Gewalt und Einfluss auf die Fahrt man wenigstens nicht zu bestimmen, zu gebrauchen oder zu vermeiden vermochte, weil man dazu noch nicht die technischen Mittel besass. Die Küstenfahrer segelten sowohl auf der Hinfahrt, als auf der Heimreise innerhalb des Golfstromes, während sie ihm auf der Fahrt nach Süden hätten aus dem Wege gehen und zwischen der innern Kante des Golfstromes und der amerikanischen Küste hätten segeln sollen.

Dieselbe Unkenntniss von der Existenz und dem Einflusse des Golfstromes auf die Schifffahrt lässt sich bei der Anordnung der Fahrten der königlichen Post-Schiffe zwischen England und Amerika bemerken. Sogar noch im Jahre 1770 und

---

[1]) S. darüber Purdy. Memoir on the Atlantic Ocean. London 1825 p. 117.

später pflegten die königlichen Postschiffe von Falmouth in England nach New-York in Amerika bei ihren Hinfahrten gerade in der Mitte der östlichen oder mittleren Sektion des Golfstroms zu segeln, indem sie mit einem ausserordentlichen Verluste von Zeit seiner Strömung entgegenarbeiteten. Sie wurden dadurch um 14 Tage und mehr aufgehalten, ohne die Ursache dieses Aufenthalts zu ahnen.

Mit grossem Rechte beklagt sich ein intelligenter Mann jener Zeit, Dr. Peyssonel, indem er von Oceanischen Strömungen spricht; „dass Niemand sich die Mühe gäbe, eine bedeutende Anzahl von Beobachtungen und Thatsachen über Strömungen zu sammeln und zu vergleichen, und Niemand auch sich der Arbeit widme, zuverlässige Beobachtungen über die Schnelligkeit und Richtung der Strömungen anzustellen." — „Ja", fügt er hinzu, „man hat noch kaum auf die Hülfsmittel und Instrumente zur Anstellung solcher Beobachtungen gedacht."[1])

Aber jetzt war denn endlich auch die Zeit gekommen, in welcher solche Hülfsmittel gefunden, — die zerstreuten Beobachtungen und Erfahrungen in Verbindung gebracht, — die Gränzen des Golfstromes entdeckt und in ihren Hauptumrissen nachgewiesen und gezeichnet, und dann die Atlantische Schifffahrt in Uebereinstimmung mit der Physiognomie dieses Oceans reformirt und geregelt werden sollte. Diese Veränderung und Reform wurde von einer Seite her vorbereitet, von der man es am wenigsten erwarten mochte.

Ich bemerkte schon oben, dass einst die Piloten der kleinen Marine des Hafens von Havana, die Küstenfahrer, Fischer und Schildkrötenfänger von Cuba vermuthlich über den Hauptstrom-Körper und die Seitenströme, welche sie täglich befuhren, besser unterrichtet waren, als die spanischen Hydrographen und königlichen Historiographen jener frühern Zeit.

Während des 17. und 18. Jahrhunderts bildeten sich nun ähnliche kleine Küsten- und Fischer-Marinen und Flotten längs der Ostküste von Nord-Amerika (d. h. längs der „Ufer des Golfstroms") und in den aufblühenden Häfen der britischen Colonieen. Seit dem Jahre 1667 hatte sich eine Ansiedlung

---

[1]) S. Philosophical Transactions. Vol. XLIX, Theil II, Jahrgang 1756.

englischer Abenteurer und Freibeuter auf der östlichen Seite des Golfs von Florida in der Mitte der zahlreichen und sehr verwickelten Kanäle, welche aus dem Archipel der Bahamas in jenen Golf führen und die als einige seiner oberen Zweige („feeders") betrachtet werden mögen, festgesetzt.

Diese Ansiedler, die **Männer von Neu-Providence**, lebten auf dem Wasser. Sie waren zuerst Piraten und als solche widmeten sie sich hauptsächlich der ganzen gefahrvollen Section des Golfstromes, welche wir seine „Engen" genannt haben. Im Golf von Florida hatten sie das Feld ihrer Hauptthätigkeit. Da plünderten sie die vorüberfahrenden Schiffe der Spanier und der anderen Nationen und vortheilten von den Schiffbrüchen und Unglücksfällen derselben auf den Korallenfelsen von Florida. Sie waren mit allen den Winkeln, Einschnitten, Häfen, Bänken und Strömungen der Küsten von Florida, Cuba und der Bahamas wohl bekannt und dehnten ihre seeräuberischen Excursionen längs des Golfstromes bis nach Charleston und noch mehr nordwärts hin aus.

Als Piraten hörten die Männer von Neu-Providence im Jahre 1718 zu existiren auf, zu welcher Zeit der berüchtigtste von ihnen „Blackbeard" gefangen und hingerichtet wurde. Nach dieser Zeit bildeten sie eine mehr friedfertige Gemeinschaft von Küstenfahrern und Fischern. Es ist sehr wahrscheinlich, dass damals im Schoosse jener merkwürdigen kleinen Gemeinde von Seefahrern von Neu-Providence, die eben so wie Havana und andere Küstenhäfen aus dem Golfstrom hervorgegangen war und auf ihm ihre Existenz gründete, ein grosser Schatz praktischer Kenntniss des Golfstroms vereinigt war.

Aber eine noch wichtigere und interessantere Gemeinschaft von Seefahrern hatte sich in den nordwestlichen Partien unseres Golfstromes in der Nachbarschaft jener Halbinsel, die seine „Grosse Beuge" von einer mehr nördlichen zu einer mehr östlichen Richtung veranlasst, gebildet und festgesetzt.

Von dem ersten Anfange der britischen Colonien an waren die Männer von Neu-England überhaupt die unternehmendsten Seefahrer dieser Gegenden geworden. Sie hatten an den neufundländischen Fischereien Theil genommen. Sie hatten selbst einige grosse Fischereien an den Küsten und Bänken von Neu-England betrieben und endlich hatten sie auf der Insel

Nantucket und um dieselbe herum die grossartigste Fischerei, den amerikanischen Wallfischfang, begründet.

Die **Wallfischfänger von Nantucket** dehnten seit dem Anfange des 18. Jahrhunderts ihre oceanischen Excursionen und Unternehmungen mehr und mehr aus. Am Ende verfolgten sie die Wallfische südlich bis zu den Bahama-Inseln,[1]) und jagten ihnen nordost- und ostwärts bis zu den Bänken von Neufundland und selbst bis zum Meridiane der Azoren[2]) nach. Sie machten die Beobachtung, dass ihr Wild, die Wallfische, oft im Westen und Norden einer gewissen Oceanischen Linie erschien, und dass es wiederum im Süden und Osten einer andern gewissen Linie gefunden würde, sehr selten aber oder nie innerhalb des Zwischenraumes zwischen den beiden Linien. Daraus schlossen sie, dass die Gewässer innerhalb jenes Zwischenraumes, welches die Wallfische zu meiden schienen und nicht vertragen konnten, besondere Eigenschaften haben müssten. Dies und vermuthlich noch einige andere Beobachtungen, welche jene Fischer machten, z. B. die, dass zwischen den beiden Linien fliegende Fische, Golfkräuter, Schildkröten und andere Producte aus dem Süden häufig erschienen, mögen ihnen die Ueberzeugung gegeben haben, dass dies Alles nichts sein könne, als eine Fortsetzung der warmen Gewässer, welche von dem Golfe von Mexico und Florida herausströmten, oder dass es eben der Floridastrom selber sei, der in einer nordöstlichen und östlichen Richtung mitten durch den Ocean ströme.

In Folge ihrer beständigen Uebung des Wallfischfangs längs der Kanten dieses Stromes wurden sie zuletzt sehr vertraut mit seinem Laufe, seiner Richtung und seiner wechselnden Ausdehnung zu verschiedenen Zeiten des Jahres.[3]) Sie kannten am Ende die Ränder und Grenzen des Golfstromes so gut, dass sie längst derselben auf der Wallfischjagd hinabfuhren und zuweilen auch quer hindurchsetzten, „um die Seiten zu wechseln und einmal die andere Seite zu

---

[1]) Dies sagt B. Franklin in einer seiner Noten, die er seiner Karte des Golfstroms beigefügt hat, in dem Werke: „Transactions of the Philadelphia Philos. Society" 1786. Vol. II. p. 316.

[2]) Dies schliesse ich aus Governor Pownall's Bemerkung in seinem Buche: Nautical Observations. London 1787 p. 15.

[3]) Franklin l. c.

probiren."[1]) Dies Alles waren bemerkenswerthe Schiffer-Experimente, welche zu damaliger Zeit ausser jenen Wallfischfängern von Nantucket keine andere Seefahrer auszuführen im Stande waren.[2])

Die Wallfischfänger von Nantucket bildeten in gewissem Grade eine Schule für amerikanische Seefahrer im Allgemeinen und einige von ihnen wurden Schiffsführer in der Handelsmarine der Häfen von Boston und Rhode-Island, in welchem letzteren Staate damals Newport ein sehr blühendes Emporium war. Sie führten dann diejenige Kenntniss, welche sie bei der Verfolgung der Wallfische erlangt hatten, in die allgemeine Oceanische Schifffahrt ihrer Colonieen ein.

Diese geschickten Seefahrer hatten vor Allem auch die wichtige nördliche Randlinie des Golfstromes beobachtet, und sie wussten, wie weit dieselbe zu den Küsten Neu-Englands und zu den Neufundland-Bänken hin sich ausdehnte. Sie führten daher für sich und für die Förderung des Handels ihrer Colonieen einen ganz neuen Handels-Weg von Europa nach Amerika ein, der nun in der Geschichte der Schifffahrt sehr wichtig wurde.

Nach Europa hin segelten sie mit dem Golfstrom auf einem mehr südlichen Striche. Aber auf ihren Rückreisen von Grossbritannien nach Neu-England, New-York und Pennsylvanien, „kreuzten sie die Bänke von Neufundland in 44° oder 45° N. Br. und fuhren von da auf einer Linie zwischen dem Nordrande des Golfstromes und den Untiefen von Sable-Island, der St. Georges-Bank und von Nantucket. Auf diese Weise waren sie in den Stand gesetzt, bessere und raschere Ueberfahrten von Europa nach America anzuführen, als andere. Sie sparten dabei oft 14 Tage und mehr an Zeit."[3])

---

[1]) Franklin l. c.
[2]) Herr Maury sagt in seinem Buche „Sailing Directions", dass er von einem der Capitaine von Nantucket ein Memoir über die Geschichte dieses Zweiges der Schifffahrt und der Fischerei erhalten habe. Leider hat er dieses Memoir selbst nicht mitgetheilt, welches vermuthlich ein sehr interessanter Beitrag zur Kenntniss der Geschichte des Golfstromes und des Atlantischen Oceans sein würde.
[3]) S. Pownall. l. c. p. 15.

Es war ein gewöhnlicher Ausdruck unter diesen amerikanischen Seefahrern, dass „**die Fahrt auf dem ganzen Wege nach Hause** (nach Alt-England) immer bergab gehe"[1]). Und diese Redensart beweist, dass sie die Existenz und die Wirkungen der Bewegung des Golfstromes bedeutend weit östlich verfolgt haben mussten.[2])

Wahrscheinlich waren es auch die Leute von Providence, die Wallfischfänger von Nantucket, und die Küstenfahrer der Nordamerikanischen Colonieen, welche den jetzt ziemlich allgemeinen, von allen seefahrenden Nationen angenommenen Namen des Stromes zuerst aufbrachten und einführten. In früheren Zeiten finden wir für ihn nur Bezeichnungen wie diese: „die Strömungen bei Havana" — „der Strom des Canals von Bahama" — „der Floridastrom" etc. Aber bald nach der Mitte des 18. Jahrhunderts wird der Strom von Hydrographen bezeichnet als „der Meeresstrom, bei den Seeleuten **gemeiniglich** unter dem Namen Golfstrom bekannt."[3]) Die erste Spur des Namens in einem gedruckten Buche finde ich in des wohlbekannten Schweden Peter Kalms Reisen in Nord-Amerika im Jahre 1748. Er spricht häufig von den Seekräutern, „welche unter dem **populären** Namen der Golfkräuter („gulfweeds") bekannt seien, weil sie, wie man glaubte, vom Golf von Florida mit der dortigen Strömung kämen."[4])

---

[1]) „The course was down hill all the way home."
[2]) Ich mag hierbei bemerken, dass auch die alten spanischen Seefahrer schon lange zuvor die westlichen Winde nach Europa: „Ventos de abaxo" (die Winde nach unten) zu nennen pflegten.
[3]) S. Charles Blagden in Philosophical Transactions. London 1739. Vol. LXXI. Theil II. p 334.
[4]) S. Peter Kalm, Travels into North-Amerika. London 1772. Vol. X. p. 6—10.

VIII.

Benjamin Franklin und C. Blagden 1770 bis 1786.

Die Amerikanischen Seefahrer behielten ihr Geheimniss bis zum Jahre 1769, in welchem es einer grossen Autorität, nämlich dem Amerikaner Benjamin Franklin, der es bald nachher zum Vortheile seiner Zeitgenossen bekannt machte, mitgetheilt wurde. Die näheren Umstände dieser Enthüllung werden von Franklin selbst folgendermassen erzählt:[1])

In dem oben angegebenen Jahre wurde den Lords des Schatzes in London ein Memoir übersandt, in welchem Klage erhoben wurde, dass die Packetschiffe zwischen Falmouth in England und New-York in Amerika gewöhnlich vierzehn Tage länger unterwegs seien, als amerikanische Kauffahrtei-Fahrzeuge von London nach Rhode-Island, und dass es daher wohl zweckmässiger sein möchte, auch die Packetschiffe in Zukunft nicht auf New-York, sondern auf Rhode-Island gehen zu lassen.

Franklin, der damals General-Postmeister aller Englisch-Amerikanischen Colonieen war, wurde über diesen Fall zu Rathe gezogen, und er seinerseits berieth darüber mit einem Herrn Folger, einem jener erfahrenen amerikanischen See-Capitäne, der wie Franklin damals in London anwesend war. Und dieser versicherte ihn dann, dass die Sache selbst begründet sei, so wie dass die angegebene Differenz zwischen den Zeiten der beiden Schiffslinien daher rühre, dass die Rhode-Island'schen Capitäne mit dem sogenannten „Golfstrom" bekannt seien und ihn zu vermeiden verständen, was mit den englischen Capitänen nicht der Fall sei. Er erzählte ihm auch, dass die amerikanischen Seefahrer bei ihrer Verfolgung der Wallfische längs des Golfstromes zuweilen den grossen königlichen Packetschiffen der

---

[1]) Franklin's Brief in den Transactions of the American Philosophical Society. Philadelphia 1786. Vol. II. p. 314 ff.

Engländer begegnet seien, und dieselben dann wohl darauf aufmerksam gemacht hätten, wie sie gegen einen Meeresstrom ansegelten und dass derselbe im Verhältniss von 3 Meilen in der Stunde zu ihrem Nachtheile sei. Sie hätten ihnen aber vergebens angerathen, den Strom zu durchkreuzen und aus ihm herauszufahren. Diese königlichen Capitäne waren zu weise, um von einfachen Fischern Rath anzunehmen. „Bei schwachen Winden", fügte Capitain Folger hinzu, „würden die Packetschiffe von der Strömung mehr zurückgeworfen als vom Winde vorwärts gefördert, und selbst bei gutem Winde verlören sie oft 50 Meilen per Tag."

Franklin war erstaunt über diese Enthüllung, hielt es für unverzeihlich, dass ein so merkwürdiges Oceanisches Verhältniss nicht zum Nutzen der Schifffahrt auf den nautischen Karten verzeichnet und niedergelegt sei, und bat daher seinen kundigen Freund Folger, ihm den Golfstrom so genau, wie er es vermöge, auf einer Karte zu zeichnen und zu gleicher Zeit einige Anleitung zur Vermeidung des Stromes hinzuzufügen.

Folger und Franklin construirten darauf das interessante kartographische Bild des Golfstromes, auf welchem diese Strömung in ihren ganzen Hauptpartien von Florida bis in die Nähe der Azoren mit wachsender Breite und in seinem wahren Abstand von der amerikanischen Küste und von den Bänken von Neufundland in der Mitte des Oceans dargestellt war.

Auch die verschiedenen Grade der Schnelligkeit des Stroms in seinen verschiedenen Sectionen waren darauf angezeigt. Es war darauf bemerkt, dass er bei seinem Ausfalle eine Gewalt von 4 Meilen (oder wie es auf der Karte selbst heisst: „Minuten") in der Stunde, in der Breite von Cap Hatteras eine Schnelligkeit von $3\frac{1}{2}$ Meilen, auf der Breite von Philadelphia von 3 Meilen, bei der St. Georges-Bank von $2\frac{1}{2}$ Meilen und südlich von den Neufundland-Bänken von 2 Meilen habe. Kurz alle die Erfahrung und Kenntniss, welche die Wallfischfänger von Nantucket während des Laufes eines Jahrhunderts im Stillen erlangt zu haben glaubten, wurden auf dieser Karte niedergelegt.

B. Franklin ordnete an, dass dies Bild im General-Post-Amte, welches er wie gesagt dirigirte, gestochen und der alten Karte des Atlantischen Oceans (gedruckt „at Mount and Pages, Tower hill 1770") beigefügt wurde. Er sandte auch Copien dieser Karte nach Falmouth, um sie an die Commandeure der Packetschiffe zu vertheilen. „Diese stolzen und vorurtheilsvollen alten Capitäne sahen jedoch verächtlich auf die neue Entdeckung herab und vortheilten nicht davon." Franklin aber that nachher absichtlich „aus politischen Gründen" ferner keine Schritte, um die Sache weiter bekannt zu machen und an die grosse Glocke zu hängen. Da der Revolutionskrieg der Engländer mit Amerika bald darauf ausbrach, so war er froh, dass die englischen Flotten sich noch ferner gegen den Golfstrom abarbeiteten und dass seine Landsleute allein im Besitze des Oceanischen Geheimnisses blieben, und er veröffentlichte seine Karte erst nach der Beendigung des Unabhängigkeitskrieges.[1]

In der Zwischenzeit aber wurde er selbst ein sehr eifriger Erforscher des Golfstromes. Da ihn seine späteren diplomatischen Missionen zu wiederholten Malen zwischen Europa (Frankreich) und Amerika über den Ocean führten, so benutzte er dieselben zu Beobachtungen über verschiedene Erscheinungen und Umstände, „aus denen man abnehmen könne, ob man sich im Golfstrom befände oder nicht." Ganz besonders fasste er die Verschiedenheit der Temperatur des Golfstrom-Wassers und der See an den Kanten des Stromes in's Auge, und er kam auf die Idee, dass ein Thermometer das beste Mittel zur Erkennung der Gränzen des Golfstromes sein möchte.

Das Thermometer, vor der Mitte des 17. Jahrhunderts erfunden und von Fahrenheit und Anderen im Beginn des 18. Jahrhunderts verbessert, war zwar schon einige Jahre vor Franklin für den Seegebrauch eingerichtet worden. Bereits in den Jahren 1768—1769 führte der französische Astronom Chappe d'Auteroche auf seiner Reise nach Mexico und Californien vermittelst eines „See-Thermometers" eine ganze Kette thermometrischer Beobachtungen durch den Atlantischen Ocean auf einer Linie von ungefähr 16° zu 27° N. Br. aus. Es ist, glaube ich, das erste Mal, dass das Thermometer in die Atlantischen Gewässer getaucht wurde. Bald nachher experimentirte auch Forster auf seiner Reise mit Cook im Jahre 1772 mit einem See-Thermometer. Doch wurden diese und andere thermometri-

---

[1] Ich füge eine Nachahmung dieser für die Geschichte des Golfstromes merkwürdige Karte bei. In der südlichen Ecke der Karte hat sich Franklin selbst abbilden lassen, wie er mit Neptun über den Golfstrom debattirt.

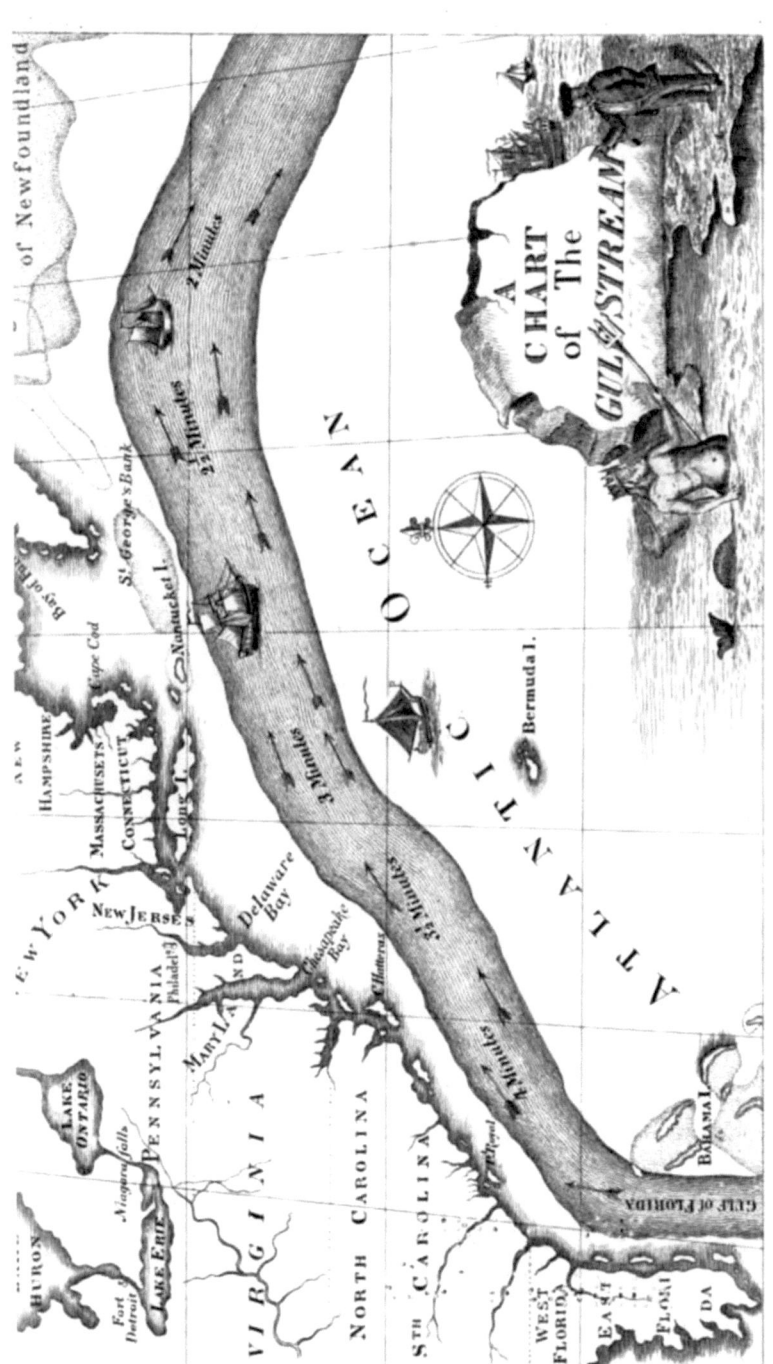

schen Experimente nur mehr für allgemeine physikalische Zwecke gemacht. Und Franklin war auf seinen Fahrten von England nach Amerika der erste, der dieses Instrument zu praktischen, nautischen Zwecken verwandte, und der es „als ein allen Seefahrern sehr nützliches Werkzeug" empfahl, um Strömungen zu entdecken und um die Position des Schiffes mit Hinsicht auf schon bekannte Strömungen zu bestimmen. Er wurde auf diese Weise der Begründer der später sogenannten „thermometrischen Schifffahrt."

Die erste dieser für uns denkwürdigen thermometrischen Erforschungen des Golfstromes führte Franklin im April und Mai des Jahres 1775 auf seiner Rückreise von London nach Philadelphia aus. Auf dieser Fahrt segelte er durch den südlichen Theil des oceanischen Mittelstücks oder „des Schweifs" des Golfstroms in 37° 30' bis 38° 30' N. Br., und kreuzte ihn in der Höhe von Philadelphia, überall die Temperatur des Wassers mit dem Thermometer untersuchend.

Dasselbe that er im October und November des folgenden Jahres (1776), in welchem er als Gesandter des schon ins Leben getretenen Congresses der Vereinigten Staaten nach Frankreich ging. Dies war seine merkwürdigste thermometrische Reise. Er trat in den Golfstrom in der Höhe vom Cap Hatteras ein, segelte dann mit ihm auf dem ganzen Wege nach Europa hin und verfolgte die warmen Wasser des Golfstroms bis in die Bai von Biscaya. Franklin glaubte damit nachgewiesen zu haben, dass der Golfstrom, wenn auch nicht immer, doch zu Zeiten und unter gewissen Umständen mit einem seiner Zweige bis zu den Küsten von Frankreich hinausreiche. Dieselbe Erscheinung wurde nachher nur noch einmal beobachtet und zwar vom englischen Obersten Sabine im Jahre 1822, wovon ich später reden werde.

Auf einer dritten Reise, bei seiner Rückkehr von Frankreich nach Nord-Amerika im Jahre 1782 nach Unterzeichnung der Friedens-Präliminarien, die seinem Vaterlande die Unabhängigkeit sicherten, fuhr Franklin stets längs der südlichen Kante des Golfstroms in 33° 30' bis 37° 20' N. Br. hin „mitten durch die westlichen Gegenströmungen hindurch, welche den Golfstrom in jener Breite zwischen den Azoren und Amerika begleiten". Er entdeckte und vergewisserte bei dieser Gelegenheit den Einfluss und die Stärke dieser Seitenströmungen. „Er wurde durch sie", wie er sagt, „beinahe 5 Längengrade über seine Rechnung hinausgesetzt, und kam an der Küste der Vereinigten Staaten mehre Tage früher an, als er und seine Schiffs-Commandeure es erwartet hatten." So mag denn Franklin auch als der Entdecker dieser Gegenströmungen des Golfstroms betrachtet werden.

Die Karte des Golfstromes, welche, wie ich oben sagte, Franklin im Jahre 1770 entworfen und im General-Post-Amte hatte drucken lassen, wurde nachher in Frankreich abermals gestochen und gedruckt; und nachdem er seine letzte thermometrische Reise durch die Gewässer des Golfstroms gemacht hatte, theilte Franklin jene Karte, begleitet von einer Denkschrift, (der amerikanischen naturforschenden Gesellschaft zu Philadelphia mit.[1]) Man sieht auf diesem Kupferstich auch den Weg angedeutet, welcher nach Franklins Ansicht der beste sei, um von Europa nach New-York längs der Nordkante des Golfstromes zu segeln. Es ist ungefähr derselbe Weg, dem unsere Schiffe noch jetzt folgen. Die Franklin'sche Karte wurde bald darauf wiederholt copirt und auf vielen Seekarten nachgeahmt.

Auch Franklin's Ansicht über den Ursprung und die Entstehung des Golfstroms wurde ziemlich allgemein von den damaligen Hydrographen angenommen. Er glaubte, dass der Golfstrom der Ausfluss der Gewässer der karibischen See sei, die von den Passatwinden in den Golf von Mexico hineingeworfen würden. Der Druck dieser Winde war nach ihm die Hauptveranlassung zu dem schnellen Entweichen der Gewässer aus dem Canal von Bahama.

Während derselben Zeit, in welcher Franklin und die Amerikaner die obigen Beobachtungen über den Golfstrom anstellten und zu allgemeiner Kunde brachten, hatten auch die Engländer angefangen, diesem Phänomene mehr Aufmerksamkeit zu schenken und Beobachtungen darüber zu veröffentlichen.

Vielleicht empfingen sie, ohne dass wir jedoch im Stande sind, es nachzuweisen, die Impulse dazu durch das, was Franklin in den Jahren 1769 und 1770 über den Gegenstand auf

---

[1] S. beide gedruckt in den „Transactions of the American Philosophical Society." Philadelphia 1786. Vol. 1L.

dem königlichen Post-Amte gesprochen haben mochte, und was er darüber den Commandeuren der Packetschiffe zu Falmouth mitgetheilt hatte. Denn wenn auch, wie er klagte, seine Belehrungen von diesen Commandeuren anfänglich in den Wind geschlagen wurden, so mochten sie doch nicht ganz vergebens gewesen, von aufmerksamen Ohren beobachtet worden sein und weiter gewirkt haben. Ausgemacht ist es, dass wir sehr bald nach 1770 in mehren nautischen Schriften der Engländer den Golfstrom erwähnt und Bemerkungen über ihn gemacht finden, während alle solche nautische Schriften vor 1770 fast gar keine Notiz von ihm genommen hatten.

So finden sich z. B. bei De Brahm, der im Jahre 1772 seinen „Atlantischen Piloten" (Atlantic Pilot) publicirte, einige Bemerkungen „über den speciellen Meeresstrom aus dem heissen Busen von Mexico und Florida" und wiederholt die Ansicht: „dass dieser Strom mit den Strömungen aus der Baffins-Bay zusammenstosse."

So spricht auch B. Romans in seinem sehr interessanten Werke über Florida, welches Land er im Jahre 1771 erforschte, häufig vom „Golfstrom" und berichtet verschiedene sehr merkwürdige Wirkungen und Phänomene, die er mit demselben in Verbindung setzt.[1]

Zu derselben Zeit (im Jahre 1772) wurden auch wieder neue mit dem Golfstrom in Verbindung stehende Thatsachen an der Küste von Schottland beobachtet, und die Aufmerksamkeit des gelehrten und seefahrenden Publikums durch Herrn Thomas Pennant, der in jenem Jahre eine Reise in Schottland und auf den Hebriden machte, auf dieselben hingezogen. Derselbe bemerkte, dass nicht nur „westliche Pflanzen und Bohnen", sondern auch „amerikanische Schildkröten" nicht selten zu den Küsten jener Länder „aus ihrem warmen Meere getrieben und daselbst noch lebendig gefangen worden seien." Er machte es auch zuerst bekannt, dass der später in der Geschichte des Golfstroms so oft besprochene Mast des in Jamaica verbrannten Kriegsschiffes „Tilbury" auf der Westküste von Schottland

---

[1] B. Romans. A concise Natural history of East- and West-Florida. New-York. 1776.

angestrandet sei.[1]) Freilich glaubte Pennant noch, dass diese Gegenstände von den westlichen Stürmen dahin getrieben seien („tempest driven"); aber andere dachten bald anders und schrieben die Fortbewegung derselben den warmen Strömungen zu, die aus jenen Gegenden bis Schottland kämen.

Der Unabhängigkeits-Krieg der Amerikaner veranlasste mehre Aufnahmen und Erforschungen der Küsten von Amerika und brachte viele königliche Schiffe und Flotten und mehre intelligente Beobachter dahin, und in den Berichten über diese Expeditionen finden wir nun zu Zeiten interessante Bemerkungen über den Golfstrom, so z. B. in dem Journal, welches an Bord des britischen Kriegsschiffes Liverpool geführt wurde. Dieses Schiff war im November und December 1775 an der Küste Amerika's. „Als Cap Henry.", so heisst es in diesem Journal, [2]) „160 Lieues nordwestwärts von uns entfernt war, entdeckten wir eine nach Süden fliessende Strömung, die 10 bis 12 Meilen per Tag betrug und die stets so anhielt, bis wir Cap Henry etwa 90 „Leagues" im W.N.W. hatten. (Dieses war offenbar die Gegenströmung des Golfstromes auf seiner östlichen Seite.) „Alsdann fanden wir eine Strömung, die mit einer Schnelligkeit von 32 bis 34 Meilen per Tag nach Nordosten ging; [und diese Strömung fuhr so fort, bis wir etwa 30 „Leagues" vom Lande entfernt waren." (Dies war offenbar der Golfstrom selbst.) Dann zeigte sich wieder eine Strömung von Norden nach Süden von der Schnelligkeit von 10 bis 15 Meilen per Tag bis etwa 12 oder 15 „Leagues"; vom Lande. Diese Strömung, welche nichts als eine Gegenströmung auf der Seite des Golfstromes ist, ist gewöhnlich südwestlich oder wie gerade das Land liegt, gerichtet".

Diese Beobachtungen wurden, wie aus dem Obigen ersichtlich ist, in dem „Hauptstamme" des Golfstromes gemacht. Aber auf derselben Reise machte man auch wieder auf die Richtung der Strömungen in dem südöstlichen „Schweife" des Golfstroms aufmerksam, in derselben Meeres-Gegend, in welcher nach

---

[1]) S. Thomas Pennant. A Tour in Scotland and Voyage to the Hebrides Vol. L. p. 232.

[2]) Auszug aus dem Journale eines Officiers an Bord des britischen Kriegsschiffes Liverpool, November und December 1775 in: Transactions of the American Philosophical Society. Philadelphia 1793. Vol. III. pag. 96.

meinen obigen Bemerkungen schon im Jahre 1733 der Franzose Chabert ähnliche Beobachtungen gemacht hatte. „Am 18. October 1755 in 42° N. Br. und in einer Entfernung von 156 Lieues von der Insel Corvo," so sagt das englische Journal, „kamen wir aus einer ruhigen und glatten See plötzlich, ohne dass der Wind sich verändert oder verstärkt hätte, in ein mit kurzen Wellen unregelmässig bewegtes Gewässer, wie eine solche gewöhnlich durch Strömungen verursacht wird, und am nächsten Tage fanden wir uns 30 Meilen südlich von unserer Rechnung. Dieser Strom hielt an bis zum 22. October, wo wir in 37° N. Br. und 13° 30' W. L. angekommen waren. Seine Richtung war Süden bei Westen $\frac{1}{2}$ West und seine Schnelligkeit $1\frac{1}{2}$ Meilen per Stunde."[1]

Im Frühling des Jahres 1776 kam Dr. Charles Blagden, ein Armee-Arzt an Bord einer britischen Flotte, zu den Gewässern der amerikanischen Ostküste, und beobachtete dort fleissig die Strömungen jener Meeres-Gegend. In 52° und 55° W. L. war er südwärts bis 21° und 20° N. Br. Von da an segelte er nordwestwärts, da das Rendez-vous der Flotte bei Cap Fear sein sollte. Er durchschnitt auf diese Weise den Golfstrom in einer viel südlicheren Breite als Franklin im vorhergehenden Jahre 1775. „Er untersuchte dort häufig die Wärme des frisch heraufgezogenen Seewassers des Golfstromes und fand seine Temperatur zu 78° Fahrenheit, mithin 4 oder 5 Grade geringer, als die des Golfs von Mexico, welche er zu 82° oder 83° Fahrenheit schätzte, und 6 Grade höher als die gewöhnliche Wärme des umgebenden Ocean-Gewässers."

Diese Reise des Dr. Blagden war die zweite der im Golfstrom ausgeführten „thermometrischen Reisen", und die eben mitgetheilte Aeusserung enthielt die erste thermometrische Beobachtung, die je in der Breite und in den Gewässern des Cap Fear gemacht wurde.

Im Jahre 1777, auf seiner Reise von Chesapeake-Bai, durchschnitt Dr. Blagden wiederum den Golfstrom das Thermometer in der Hand, und beobachtete seine hohe Temperatur. Er theilte seine Bemerkungen der königlichen Gesellschaft von London im Jahre 1781 mit, und sie wurden in

---

[1] S. Transactions of the American Philos. Society. III. 1793. pag. 98.

England im Jahre 1782 bekannt gemacht, also noch einige Jahre bevor Franklin seine Resultate in Amerika veröffentlichte (1786). Wie Franklin, so empfahl auch Blagden den Seefahrern den Gebrauch des Thermometers, indem er sagte: „er hoffe, dass seine Bemerkungen klar genug beweisen würden, dass bei der Kreuzung des Golfstroms der Gebrauch des Thermometers sehr wesentlichen Nutzen leisten könne."[1])

Ob er dies von Franklin gelernt habe, oder von selbst auf die Idee gekommen sei, sagt Blagden nicht. Wir können nur constatiren, dass Franklin's erste thermometrische Reise der von Blagden voraufging. Beide, Benjamin Franklin und Dr. Blagden mögen, jener für Amerika, dieser für England, als die ersten modernen Erforscher des Golfstroms betrachtet werden. Sie brachten die Kenntniss dieses Stroms in seinen allgemeinen Umrissen vor das grosse Publikum. Sie bewiesen, dass es ein Seefluss mitten im Ocean sei, der sich, wie ein Landfluss, innerhalb scharf gezogener Gränzen bewege, und sie zeigten, wie dieser Fluss durch das Thermometer aufgefunden, erkannt und bei der Schifffahrt benutzt werden könne.

Vor ihnen wurde seit des Spaniers Alaminos Zeit keine in gleich bedeutendem Grade für unsern Gegenstand wichtige oceanographische Beobachtung gemacht. Wenn Alaminos das Schifffahrtssystem der Spanier durch seine Entdeckung des Golfstroms in den „Engen" bei Florida reformirte, so führten Franklin und Blagden dadurch, dass sie die Existenz des Golfstroms ostwärts durch den Ocean bis zu den Azoren und bis Europa nachwiesen, und beide Continente (Nord-Amerika und Europa) um 14 Tagereisen näher rückten, eine noch wichtigere Reform der Beschiffungsweise des Atlantischen Oceans ein. Wie nach ihnen diese Entdeckungen durch wiederholte Beobachtungen bestätigt, corrigirt und erweitert, durch welche interessante Untersuchungen alle weiteren Verzweigungen des Golfstroms bis zu den Breiten von Island, Norwegen und Spitzbergen verfolgt und nachgewiesen wurden, werde ich in dem folgenden Abschnitte zu zeigen versuchen.

---

[1]) Siehe „Charles Blagden M. D. On the Heat of the Water in the Gulf-Stream" in den Philos. Transactions of the R. S. of London. Vol. LXXI. Part. II. London. 1782.

IX.
Die Fortschritte der wissenschaftlichen Erforschung des Golfstroms von B. Franklin und Dr. Blagden bis auf den Beginn der Operationen des Amerikanischen Bureau's der Küsten-Vermessung oder von 1786 bis 1845.

Bald nachdem der Amerikaner Franklin und der Engländer Blagden im Anfange der 80ger Jahre ihre Beobachtungen über den Golfstrom bekannt gemacht hatten, traten andere auf, welche den Fusstapfen dieser Männer folgten, ihre Ansichten adoptirten und sie der Welt weiter geläufig machten. Unter diesen nächsten Nachfolgern der Genannten hebe ich besonders zwei hervor, nämlich Governor Pownall und Jonathan Williams.

Mr. Pownall war einst Gouverneur von Massachusetts gewesen. Er hatte sich viel mit der Geographie Nord-Amerika's beschäftigt und eine grosse Karte der Vereinigten Staaten, die erste dieser Art, die wir besitzen, entworfen und publicirt. Im Jahre 1787 veröffentlichte er seine hydraulischen und nautischen Bemerkungen über die Strömungen des atlantischen Oceans für Seefahrer („Hydraulic and Nautical Observations on the Currents of the Atlantic Ocean, addressed to Navigators").

Auf der Karte, welche er diesem Werke beigab, verzeichnete er den Golfstrom nach Franklin, und auch jene „wahre und richtige Fahrlinie der Schiffe", von England nach Boston längs und ausserhalb der nördlichen Grenze des Golfstromes, welche Franklin und seine Wallfischfänger angegeben hatten.

Ueber die Gewässer auf der Südseite des Golfstroms und ihre Bewegungen macht Pownall folgende Bemerkungen: „den hydraulischen Gesetzen gemäss befindet sich innerhalb des

Raumes zwischen den inneren Rändern des Golfstrombogens ein Gegenstrom, in welchem alle die in dem grossen Strom schwimmenden Substanzen schliesslich zusammengeführt werden müssen [1]." Er tracirte daher auf seiner Karte durch diese Gegend des Gegenstromes in etwa 36° nördl. Br. „eine neue Fahrlinie" für die Schiffe von England nach Carolina und Virginien, die er „the upper course" (die obere Fahrt) nannte, während damals die gewöhnliche Fahrt der Seeschiffer („the usual course"), die noch wenig von jenem günstigen Gegenstrome wussten, mit einem grossen Umwege viel südlicher, fast bis zu den westindischen Inseln herabging. Sie kreuzten, um die Passatwinde zu gewinnen, nach alter Weise den Ocean gewöhnlich erst in 20° nördl. Br.

Wir sehen demnach auf Pownall's Karte und in seinen Vorschriften und Fahrlinien zum ersten Male sowohl den Golfstrom für die Reise nach New-England sorgfältig vermieden, als auch seine Gegenströmungen im Süden für die Reise nach Virginien und Carolina benutzt.

Aehnliche Reproductionen der Ansichten Franklin's und Blagden's mit Beifügung ähnlicher kleiner Verbesserungen könnte ich noch in anderen Kartenwerken der damaligen Zeit nachweisen. Aber der thätigste Mann für die Weiterführung des von Franklin und Blagden begonnenen Werks und für die Vermehrung unserer Kenntniss des Golfstroms war damals Jonathan Williams, ein Neffe und Schüler Franklin's. Derselbe hatte seinen Onkel schon auf der Reise im Jahre 1782 begleitet und ihm bei seinen thermometrischen Beobachtungen beigestanden. Er erbte Franklin's Eifer für diese Operationen und beschloss die Golfstrom-Experimente auf späteren Reisen fortzusetzen.

Er stellte daher auf seiner Fahrt von Boston nach Virginien im October 1789 und wiederum auf seiner Rückreise von Chesapeake-Bay nach Boston im December 1789 zahlreiche correspondirende Thermometer-Beobachtungen über die Wärme des Meerwassers und der Luft an und hielt darüber ein genaues Tagebuch. Bald nachher schrieb er ein Memoir „über den

---

[1] S. Pownall, Hydraulic and Nautical Observations on the Currents of the Atlantic Ocean. p. 11.

Gebrauch des Thermometers bei der Schifffahrt" („on the Use of the Thermometer in Navigation"), welches er am 19. November 1790 der Naturforscher-Gesellschaft in Philadelphia mittheilte.[1]) In dieser Schrift bestätigte er die Berichte Franklin's über den Golfstrom und zeigte zugleich, was wieder als etwas Neues betrachtet werden mochte, „wie man die Nähe von Küsten, Inseln, Sandbänken, bei und über denen das Seewasser kühler sei, mit Hülfe des Thermometers entdecken könne." Er fügte auch wiederum eine Karte bei, auf welcher er über fünf thermometrische Seefahrten Auskunft gab. Es waren folgende: 1) eine Reise von Boston nach Virginien, welche die Existenz kalten Wassers längs der Küste von Amerika und die Zunahme der Temperatur des Wassers mit der Annäherung an den Golfstrom bewies; 2) eine Reise von Virginien nach Boston und England im December 1789, durch welche die Abnahme der Temperatur des Golfstromes nach Europa hin erwiesen wurde; 3) eine Reise von England nach Halifax im Juni 1790, welche die plötzliche Abnahme der Temperatur bei den Bänken von New-Foundland deutlich machte; 4) eine Reise von Halifax nach New-York, welche auch für jene Gegend die Abnahme der Temperatur in der Nähe von Bänken, und die Zunahme bei der Annäherung zum Golfstrom nachwies; 5) eine Reise von Europa nach Amerika (Philadelphia) im August und September 1785, welche zeigte, wie ein Seefahrer auf dieser Strecke durch Beobachtung der Temperatur des Oceans seine Schiffsrechnung berichtigen könne.

Das Memoir von Williams und seine Karte wurden werthvoll und interessant befunden und daher in verschiedenen fremden Ländern übersetzt und reproducirt. Im Jahre 1794 wurden sie auf Befehl des Gouvernements in Spanien bekannt gemacht, und erlangten auf diese Weise eine nicht geringe Berühmtheit.

Bald nach Jonathan Williams finden wir wieder verschiedene Seefahrer erwähnt, welche „mit dem Thermometer in der Hand" den Ocean kreuzten. So Capitain Billings, der im September des Jahres 1791 die Wärme des Golfstromes untersuchte

---

[1]) S. dasselbe in den „Transactions of the Philosophical Society of Philadelphia." Vol. III. 1793.

und dieselbe bei Philadelphia „7 Grad höher fand," als die Temperatur des Wassers längs der Amerikanischen Küste. Diese Beobachtung des Capitain! Billings ist in mehren Memoiren über den Golfstrom erwähnt. Auch ist die Richtung seiner Reiseroute auf verschiedenen Karten, z. B. auf denen von Rennell niedergelegt. Doch scheint er sonst nichts weiter für unseren Gegenstand gethan zu haben.

Dagegen müssen wir einen anderen Seefahrer besonders hervorheben, der am Ende des 18. Jahrhunderts die Kenntniss des Golfstroms wieder bedeutend förderte und auch das Feld der Beobachtungen erweiterte. Capitain William Strickland führte auf seiner Reise von England nach Amerika im August und September 1794 und ebenso auf seiner Rückreise von Amerika nach England im August 1795 zwei Reihen thermometrischer Beobachtungen durch die ganze Breite des atlantischen Oceans und veröffentlichte darüber eine Karte.[1]) Strickland's Beobachtungen waren besonders bemerkenswerth für die Gegend des Oceans, welche man nun anfing, „den nordöstlichen Zweig des Golfstroms" (the Northeastern Branch of the Gulfstream) zu nennen. Er fand warmes Wasser (68° Fahrenheit) am 18. August in 46° 47' nördl. Br. und 38° 35' westl. L. d. h. ungefähr 150 „Leagues" ostwärts von den nördlichen Theilen der Neu-Fundlandbänke, und ebendaselbst beobachtete er auch viel schwimmendes Golfkraut. Er schloss daraus, „dass er sich daselbst in einem Zweige des Golfstromes befände."

Am 19. August in 46° 18' nördlicher Br. begegnete er fliegenden Fischen und hielt dies wieder für einen Beweis, dass er sich dort im Golfstrom befände. „Dieselben", sagt er, „waren wahrscheinlich dem warmen Wasser in diese hohen Breiten gefolgt, in welchen sie in keinem der früheren mir bekannten Schiffsjournale angezeigt worden sind." — Wiederum am 21. August in 45° 18' nördl. Br. sah Strickland grosse Massen von Golfkräutern und verschiedene Trupps fliegender Fische, und im Wasser fand er eine Temperatur von 70—72° Fahrenheit. „Den Golfstrom," sagt er am Schlusse seiner Bemerkungen über jene Gegenden, „kannte man bisher zwar

---

[1]) S. diese Karte in: „Transactions of the American Philosophical Society." Vol. V. Philadelphia 1802.

schon im Südosten der Bänke von Neu-Fundland; aber soweit nördlich und östlich, wie ich ihn beobachtete (47° nördl. Br. und 38° westl. L.) wurde er bisher noch nicht nachgewiesen." „Es ist wahrscheinlich," fügt er hinzu, „dass die Strömung in einer nordöstlichen Richtung noch weiter fortstreicht, sich über den ganzen atlantischen Ocean ausdehnt und so zuletzt die Küste von Irland und der Hebriden erreicht. Dass man sie auch unter dem 50. und 55. Grade als existirend anzunehmen habe, wird auch durch die tropischen Produkte wahrscheinlich gemacht, welche man häufig an den Küsten der bezeichneten Länder gefunden hat, und deren dortiges Auftreten man bisher nur den zufälligen Einwirkungen von Stürmen zuschrieb und nicht dem regelmässigen Gange einer stets fortwirkenden Action wie es die Meeresströmungen sind. Obgleich Herr Pennant im Jahre 1772 seine Beobachtungen über die Molucca-Bohnen veröffentlichte, so kam es doch diesem scharfsinnigen und umsichtigen Forscher damals noch nicht in den Sinn, dass weitreichende Strömungen diese Bohnen herbeigeführt haben könnten. Er schrieb Alles den Winden und Stürmen aus Westen zu." „Es würde sehr zu empfehlen sein," fügt Strickland hinzu, „dass man ein Schiff den atlantischen Ocean innerhalb der Region zwischen dem 47° und 60° nördl. Br. westwärts und ostwärts kreuzen lasse, um die allgemeine Richtung der Meeresströmung in jenen Breiten zu entdecken und ihre Gränzen zu beiden Seiten zu bestimmen."

Obgleich schon im Jahre 1602 Capitain Gosnold in denselben Breiten, in welchen Strickland operirte, zu seiner Verwunderung schwimmende Golfkräuter, und ein anderer Seefahrer, der Franzose Lescarbot, an der Erwärmung seiner Bier-Fässer im Schiffsraume eine hohe See-Temperatur in diesen Gegenden und Breiten wahrgenommen hatte, so proclamirte doch Niemand vor Strickland so entschieden wie er die Existenz eines nordöstlichen Zweiges des Golfstromes, und Niemand vor ihm begründete diese Behauptung durch so zahlreiche Experimente und Beobachtungen wie er. **Wir könnten ihn daher wohl als den eigentlichen Entdecker dieser Partie des Golfstromes ansehen.**

Bald nach Stricklands Zeit finden wir die Ueberzeugung von der Existenz einer Erweiterung des Golfstromes in der angezeigten Richtung und auch den Namen „Nordöstlicher Zweig des Golfstromes" in den Schriften vieler intelligenten Seefahrer und Reisenden. So z. B. in dem bekannten Werke des geistreichen Franzosen Grafen Volney über die Vereinigten Staaten. „Es ist jetzt sehr wahrscheinlich geworden," sagt Volney, „dass die Muschelbänke, welche man mit dem Loth an der Westküste Irlands entdeckt hat, und deren Analogon man nur erst bei den Antillen wieder trifft, ihren Ursprung der Thätigkeit des Golfstromes verdanken." „Auf jeden Fall," fügte er hinzu, „ist es jetzt ausser Zweifel gestellt, dass der Golfstrom sich in nordöstlicher Richtung weit über die Bänke von Neu-Fundland hinaus nach Europa fortsetzt.[1])

Ebenso auch in deutschen Schriften jener Zeit, z. B. in dem hydrographischen Werke des preussischen Geheimen Secretairs F. W. Otto: „Naturgeschichte des Meeres." Dieser Autor stellt darin schon damals die Meinung auf, „dass der nordöstliche Zweig des Golfstroms" sich bis Norwegen ausdehne, und „dass er von da nach Grönland hin zurückgeworfen würde."[2])

Im Anfange des 19. Jahrhunderts waren nun die oceanischen Strömungen ein oft behandeltes und sehr beliebtes Thema der Untersuchung geworden. Es wurde jetzt schon immer häufiger, dass umsichtige Seefahrer, das Beispiel Franklin's, Blagden's, Williams' und Strickland's nachahmend, den Ocean nicht ohne den Beistand eines Thermometers befuhren.[3]) Auch Chronometer, bei der Entdeckung und Bestimmung von Strömungen so nothwendige Instrumente, wurden jetzt an Bord der Schiffe etwas gewöhnlicher. Bis zum Ende des 18. Jahrhunderts waren sie immer noch sehr selten gewesen.

Mitten in dem Getöse der grossen den Continent erschütternden Kriege waren stets einige stille Beobachter auf den Salzwellen thätig. Auch brachte man zu derselben Zeit ein anderes Mittel zur Vergewisserung der Existenz von Strömungen in Schwung, nämlich die sogenannten „Flaschen-Experimente" („the bottle experiments"). Das erste Flaschen-Experiment, von dem ich eine Nachricht habe finden können,

---

[1]) Siehe Volney: Voyages dans les Etats Unis. Paris. 1803. Vol. I. p. 237.

[2]) „Abriss einer Naturgeschichte des Meeres", von F. W. Otto, kön. preuss. Geheimer Secretair. II. Band. Berlin. 1794.

[3]) Dies bezeugt für diese Zeit A. v. Humboldt in seinen Equinoxial-Reisen.

wurde im Jahre 1802 gemacht, in welchem das englische Schiff Rainbow einige Flaschen auswarf, „in der Absicht, die Bestimmung von Meeresströmungen dadurch zu befördern." Im Jahre 1806 habe ich ein anderes Schiff mit Flaschen-Experimenten beschäftigt gefunden, und wiederum wurden solche an Bord des französischen Schiffes La Seine im Jahr 1811 angestellt. Die Flaschen aller dieser Schiffe wurden in den mittleren Partien des nordatlantischen Oceans im Bereiche des Golfstroms ausgeworfen. Einige von ihnen wurden an den Küsten Grossbritanniens wieder aufgefunden, und dieser Umstand schien für die Existenz einer nordöstlichen Abzweigung des Golfstromes zu zeugen.

Eine besonders merkwürdige thermometrische Reise dieser Zeit war die des englischen Schiffs Eliza („the Eliza Packet"), das im April des Jahres 1810 von Halifax in Nova Scotia nach England segelte und an dessen Bord die Temperatur des Oceans an jedem Tage mehre Male vergewissert wurde. Es wurde durch diese Experimente ausgemacht, dass sich zuweilen in der Mitte des warmen Wassers des Golfstroms nicht unbedeutende Partien kalten Wassers eingeschlossen befänden, gleichsam **Kaltwasser-Inseln oder Oasen** in der Mitte der warmen Fluth. Man bemerkte, dass diese Kaltwasser-Oasen zuweilen 10 bis 15 Grad weniger Wärme besässen, als das sie umgebende warme Wasser. Zuweilen hatten dieselben mehr als 200 nautische Meilen im Umfange. Man glaubte damals, dass sie durch in den Golfstrom eingedrungene und zerschmolzene Eisberge veranlasst seien.[1]) Diese an Bord der Eliza gemachten Beobachtungen kann man als eine sehr interessante und damals noch ganz neue Vermehrung unserer Kenntniss von der Physiognomie des Golfstromes betrachten.

In den Jahren 1811 und 1812 befand sich ein englischer Seefahrer Sir Philipp Brokes auf den warmen Wellen des Golfstromes. Er machte Beobachtungen über seine mittlere Section und war der erste,[2]) der den **Zustand des Golfstromes im Winter** beschrieb, seine Wärme, seine kurzen und gefähr-

---

[1]) Die Reiseroute der Eliza, die von ihr beobachteten Temperaturen und Kaltwasser-Oasen sind auf Rennell's Karte des atlantischen Oceans verzeichnet.

[2]) Dies behauptet Rennel in seinen Investigations on the Currents of the North Atlantic Ocean. pag. 180.

lichen Wellen, seine auch dann noch warme, aber feuchte und schwere Atmosphäre. Sir Philipp Brokes behauptet, dass in der Mitte des Winters die Luftschicht über dem Golfstrom in der Mitte des Oceans fast dieselbe Temperatur wie im Sommer habe. „Ein Mal fand er in der Luftschicht über dem Strom 80° Fahrenheit, während zu derselben Zeit das Thermometer in der Luft an den Grenzen sowohl im Norden als im Süden des Golfstromes beinahe auf den Gefrierpunkt herabfiel."

Sir Philipp Brokes machte auch zuerst die Bemerkung, dass der Gang der Chronometer, selbst der besten, in der schweren, schwühlen, feuchten Luft des Golfstromes unregelmässig würde. Er beobachtete und beschrieb auch die südliche Gegenströmung des Golfstromes in ziemlich vollständiger Weise. Er bemerkt darüber: „dass längs der ganzen südlichen Grenze des Golfstroms von den Azoren bis zu den Bermudas und den Bahamas eine Strömung des Oceans in der Richtung auf Südwesten und Westsüdwesten stattfinde, dass diese Strömung durchweg eine dem Golfstrom entgegengesetzte Richtung habe, und ihn namentlich an der östlichen Grenze seines nordöstlich gerichteten Hauptstammes bei der Küste von Florida, Georgien und Carolina streife, und ferner, dass dieser Gegenstrom, wenn er bei dem Austritt des Golfstromes aus der Strasse von Florida ankomme, sich nach Südosten umwende längs der äusseren Kante des Bahama-Archipels fliessend, indem er zugleich einen nicht unbedeutenden Nebenzweig des Golfstroms, der sich um die Maternilla-Bank herumbiege, mit sich in der angegebenen Richtung fortreisse.[1])

Der Golfstrom war jetzt bereits so bekannt und berühmt geworden, dass er auch schon ganz gewöhnlich ein Capitel der allgemeinen nautischen Werke füllte. Wir finden eine Schilderung von ihm in allen sogenannten „Coast Pilots" und „Segel-Anleitungen" („Sailing directions") am Ende des 18. und am Anfange des 19. Jahrhunderts aufgenommen, so namentlich in allen „American Coast Pilots" dieser Periode. Eine dieser Schriften, der „American Coast Pilot" des Capitain Lawrence Furlong vom Jahre 1798 bietet die für jene Zeit neue Beob-

---

[1]) Siehe dies Alles bei Rennell der Sir Philipp Brokes' Journale im Manuscript vor sich hatte und sie excerpirte.

achtung dar: „dass äussere d. h. östliche Winde den Golfstrom gegen die amerikanische Küste drängen, und dass dieser Druck sowohl die Breite des Stromes als auch seinen Abstand von der Küste verringere, dass dagegen seine Schnelligkeit dabei vermehrt werde, dass aber im Gegensatz damit westliche Winde, die von der Küste herblasen, die entgegengesetzte Wirkung hätten, den Strom von der Küste wegtrieben, ihn breiter machten und seine Schnelligkeit verringerten."[1]

Eine umfassende Schilderung des Golfstromes gab im Jahre 1806 ein Mitglied der französischen Academie Charles Bromme, der ein allgemeines Gemälde der Ebbe und Fluth, der Winde und Strömungen des Oceans entwarf, ein Werk, welches noch jetzt geschätzt wird.[2] Und auch der französische Gelehrte J. C. Delamétherie schilderte den Golfstrom in einem Memoire über die Einwirkungen der Strömungen auf die Gestaltung der Erdoberfläche.[3] Diese beiden Schilderungen enthielten zwar nichts Neues, doch machten sie in Frankreich zuerst bekannt, was bisher von Amerikanern und Engländern über das Phänomen beobachtet worden war.

Alle die so eben vorgebrachten Thatsachen beweisen, dass auch während der Periode der grossen Kriege das von Franklin und Blagden begonnene Werk beständig Fortschritte machte. Der Mann indess, welcher in dem ersten Viertel des 19. Jahrhunderts mehr als alle Uebrigen für die Förderung der Erforschung der Verhältnisse des Golfstromes wirkte, war Alexander von Humboldt. Er wurde selbst sowohl ein thätiger Beobachter und Pionier im Golfstrom, als auch ein gelehrter und geschickter Schilderer des grossartigen Phänomens, dem er mit Vorliebe eine ganz besondere Aufmerksamkeit widmete. Und da Humboldt's Werke alsbald in alle Sprachen Europa's übersetzt wurden, so kann man sagen, dass er die Kenntniss des Gegen-

---

[1] Diese Beobachtungen finden sich in: The American Coast Pilot by Capt. Lawrence Furlong. Newburgport. 1798. p. 152.
[2] Siehe Ch. Bromme: Tableau des Vents, des Marées et des Courans." Paris. 1806. Tome I. p. 223.
[3] Siehe dieses Memoire betitelt: „De l'action des Courans à la surface du Globe terrestre" in „Journal de Physique, de Chemie etc. par J. C. Delamétherie." T. LXVII. Paris. 1808.

standes weiter in der Welt verbreitete und vor ein grösseres Publicum brachte, als irgend ein Anderer.

Humboldt kreuzte auf seiner Reise von der Neuen Welt zur Alten und von Süd- nach Nord-Amerika den Golfstrom sechs Mal, und schiffte innerhalb seiner warmen Gewässer, wie er selbst sagt, „eine Strecke von 5600 Deutschen Meilen." Er setzte unter andern durch eigene Beobachtungen fest, dass der Golfstrom von Florida unter dem 26^0 und 27^0 nördl. Br. eine Schnelligkeit von 5 Nautischen Meilen in der Stunde, und unter dem 40^0 und 41^0 nördl. Br. eine Schnelligkeit von 80 Meilen in 24 Stunden habe. Er bestimmte dort die Temperatur seines Wassers auf 22^0 5 Cent., während die Temperatur des Oceans auf der Oberfläche nur 17^0 5 Cent. zeigte. Der Golfstrom hatte nach ihm also in der Breite von New-York die Wärme des tropischen Oceans unter dem 18^0 nördl. Br. bei Porto Rico oder dem grünen Vorgebirge.

Ausserdem sammelte Humboldt zur weiteren Beleuchtung des Phänomens alle Materialien und Beobachtungen über dasselbe, „welche er in den zahlreichen Schiffs-Journalen solcher Seefahrer, die zur Anstellung genauer astronomischer Beobachtungen die geeigneten Mittel besessen hatten", finden konnte, und nach diesem Allen verfasste er die kurze aber treffliche Beschreibung des Golfstromes und des ganzen Systems der nord-atlantischen Strömungen, die sich in seinem Werke über Süd-Amerika befindet [1]) und von der der berühmte Naturforscher Sabine erklärte, „dass sie das Beste sei, was man bis dahin über den Gegenstand dargeboten habe." Humboldt fasste darin Alles, was bis zum Jahre 1814 über den Golfstrom bekannt geworden war, zusammen und fügte seine eigenen Vermuthungen und Ansichten über die Ursachen des Phänomens bei, welche Ansichten von anderen alsbald adoptirt wurden.

Humboldt hatte die Beobachtung gemacht und theilte sie in seiner Schilderung mit, dass der Golfstrom sich nicht in allen Jahreszeiten gleich bleibe, dass vielmehr seine Geschwindigkeit sowohl als seine Richtung und Breite von den Veränderungen in den Bewegungen der Passatwinde vielfach abhange

---

[1]) S. diese Beschreibung in Humboldt „Voyage aux Régions Equinoxiales." Paris 1814. Tom. I. p. 65 ff.

und dass auch die allgemeine Erstarrung und Vereisung im Norden (während des Winters), sowie die Eisschmelze (im Frühling) von bedeutendem Einfluss auf den Zustand des Golfstromes sei.

Er bestimmte die Länge des ganzen Umfangs des kreisenden und durch seinen südöstlichen Zweig in sich selbst gleich einer Schlange zurückkehrenden Golfstroms auf 3800 „Lieux" und berechnete, dass die strömenden Gewässer diesen Umlauf innerhalb 2 Jahren und 10 Monaten vollendeten. Auch er glaubte schon damals an die Existenz einer nordöstlichen Abzweigung des Golfstroms und versuchte dieselbe bis nach Schottland und Norwegen hin nachzuweisen. Er wiederholte den schon von Andern gemachten Vorschlag, dass Expeditionen mit der fortgesetzten Beobachtung des Golfstroms beauftragt werden möchten; und empfahl es als besonders wünschenswerth, dass Schiffe beständig das ganze Jahr hindurch im Golfstrom kreuzen möchten, um seinen Zustand in jeder Jahreszeit und in allen Richtungen zu erforschen und zu bestimmen. Es ist ein Wunsch, der erst in neuester Zeit durch die Anstrengungen der Amerikaner, wie ich später zeigen werde, wenigstens theilweise in Erfüllung gegangen ist. Auch wies Humboldt wieder, wie schon lange vor ihm der alte Varenius, auf die Umdrehung der Erde, als die zu Meeresströmungen den Impuls gebende Ursache hin, und liess sich hierüber folgendermassen aus: „Wenn man die Schnelligkeit und Richtung der flüssigen Elemente, welche in verschiedenen Breiten verschieden ist, in's Auge fasst, so muss man vermuthen, dass diese Verschiedenheit von der Umdrehung der Erde herrührt, und man möchte versucht sein zu denken, dass jeder von Süden nach Norden gerichtete Strom zugleich eine Tendenz nach Osten und vice versa jeder von Norden nach Süden gerichtete eine Tendenz nach Westen haben müsse.[1])

Humboldt entwarf ebenfalls, wie er selbst sagt, „mit besonderer Sorgfalt" ein kartographisches Gemälde des Golfstroms und legte dasselbe auf seiner grossen Karte vom nordatlantischen Ocean nieder. „Er hege," sagt er, „die schmeichelhafte Erwartung, dass diese Karte der Schifffahrt nützlich sein

---

[1]) S. Humboldt. Voyage etc. I. p. 74.

würde, und dass diejenigen, welche die früheren Golfstromkarten von Franklin, Jonathan Williams, Governor Pownall und Strickland studirt hätten, in der seinigen Manches erkennen möchten, was sie neu und ihrer Aufmerksamkeit werth finden würden.[1]) Er bezeichnete auf dieser Karte auch diejenigen Gegenden, in welchen der Golfstrom zuweilen, aber nicht beständig gefunden wird. Er stellte zum ersten Male die Veränderlichkeit seiner Umgränzung im Bilde dar. —

Wie alle Ideen und Meinungen, welche dieser so allgemein bewunderte Naturforscher in seinen Werken aussprach, so gab auch das, was er über den Golfstrom schrieb und zeichnete, der Forschung neue Impulse und hatte zur Folge, dass dies oceanische Phänomen wieder von vielen Anderen beobachtet wurde. Humboldt's Golfstromkarte wurde häufig copirt, und da man sie als das treueste Bild des Golfstromes betrachtete, so schlich sie sich in fast alle oceano- und kartographischen Werke der Folgezeit ein.

Humboldt war noch später während seines ganzen langen Lebens mit dem Golfstrom beschäftigt. Er theilte auch in der Folge eine Abhandlung über oceanische Strömungen im Allgemeinen und insbesondere über den Contrast, welchen der warme Golfstrom bei einer Vergleichung mit dem kalten Strome im stillen Ocean längs der Küste von Chile und Peru darbietet, mit. Diese Abhandlung wurde in der Sitzung der Königlichen Academie zu Berlin am 27. Juni 1832 vorgelesen und in ihren Memoiren abgedruckt. Humboldt schrieb in späteren Jahren eine noch umfangreichere Schrift über Meeres-Strömungen und den Golfstrom. Doch dieses Werk wurde bisher noch nicht veröffentlicht. Prof. Berghaus, der das Manuscript zur Einsicht bekam, hat indess einige Auszüge daraus mitgetheilt.[2])

Bald nach der Publicirung des Humboldt'schen Werkes von 1814 und zum Theil, wie gesagt, durch dasselbe angeregt, segelten viele englische Seefahrer auf ihren Handels- und Kriegs-Expeditionen im Golfstrom, ihn mit Thermometer,

---

[1]) S. Humboldt. l. c. p. 69.
[2]) S. diese Auszüge in: Berghaus, „Allgemeine Länder- und Völkerkunde. Bd. I. p. 416 fg.

Chronometer und anderen Instrumenten beobachtend. Einige derselben verfolgten den Golfstrom längs seiner ganzen Ausdehnung. Andere kreuzten ihn in verschiedenen Sectionen. Einige machten Beobachtungen über seine Schnelligkeit und Richtung, andere auch über seine Temperatur. Bei weitem die meisten dieser englischen Beobachtungen wurden in derjenigen Partie des Golfstromes angestellt, welche zwischen den Bermudas, Neu-Schottland und Neu-England liegt, und zwar meistens von denjenigen königlichen Schiffen, welche wiederholt und fast regelmässig zwischen den Stationen Westindien, Bermudas, Halifax, Boston, Canada etc. segelten. Die von diesen Schiffen angefertigten Journale und Karten wurden an die Admiralität in London gesandt, bei der sich auf diese Weise eine grosse Menge Material über den Golfstrom ansammelte.

Ich will es versuchen, hier diese englischen Beobachter in chronologisher Reihenfolge zu nennen, und die wichtigsten der von jedem gemachten Beobachtungen beifügen.

Das Schiff „the Maidstone" kreuzte den Golfstrom zwischen den Bermudas und Halifax im Juni 1815. Die Temperatur des Wassers dort wurde zu 70—80° Fahrenheit bestimmt.

Im Monat Juli desselben Jahres kreuzte Capitain Pell in derselben Gegend und fand eine Temperatur von 74° F.

Im Jahre 1818 fuhr Capitain Andrew Livingston vom 30. August bis 3. October längs des Golfstromes von der Mündung des Mississippi bis zu den Azoren, indem er auf dem ganzen Wege Beobachtungen über die Temperatur des Wassers anstellte. Er fand die grösste Wärme (87° F.) im mexicanischen Meerbusen bei der Mündung des Mississippi, und von da an eine sehr regelmässige Abnahme bis auf 74 und 73° bei Flores und Fayal.[1]) Capitain Livingston's sorgfältige Beobachtungen wurden nachher oft von Humboldt und Rennel erwähnt, und er wurde eine Zeit lang als eine der grössten Autoritäten über den Golfstrom und als einer seiner besten Kenner und Beobachter angesehen.

Im Jahre 1819 ordneten die Lords der Admiralität in England eine Untersuchung an, aus welcher hervorzugehen schien, dass die schweren und unheilbringenden Stürme, die damals

---

[1]) S. die Details dieser Beobachtung bei Rennel l. c. p. 348.

auf dem Atlantischen Ocean gewüthet hatten, unter dem Einflusse des warmen Wassers des Golfstromes entstanden seien. Details über diese anbefohlene Untersuchung habe ich nirgends gedruckt gefunden. Doch hatte sie zur Folge, dass den königlichen Schiffen der Befehl gegeben wurde, bei ihren Fahrten nach Amerika entweder einen mehr südlichen oder einen mehr nördlichen Cours zu halten und dem Golfstrom „aus dem Wege zu gehen."

Während der Jahre 1819—1821 kreuzte Capitain Tozer von der königlichen Marine den Golfstrom 17 Mal. Er beobachtete sehr sorgfältig die Richtungen und Stärke der Bewegung im Golfstrom, aber nicht die Temperatur. Er stellte seine Beobachtungen in fast allen Monaten des Jahres an und sandte die von ihm aufgenommenen Karten des Golfstromes, auf denen die auf seinen 17 Reisen erlangten Resultate verzeichnet waren, der Admiralität ein.

Im Jahre 1820 (im Februar) kreuzte Capitain Napier den Golfstrom von den Bermudas nach Halifax in 64° westl. Länge Er fand den Golfstrom zu dieser Zeit „auffallend schmal und eng." Auf einer zweiten Fahrt im Monate Mai desselben Jahres fand er dagegen zwischen 61° und 64° westl. Länge „dies warme Wasser sehr breit, nämlich 320 Meilen breit." Auf einer dritten Reise, welche dieser Capitän Napier um 1821 ausführte, und auf welcher er den Golfstrom in 64° westl. Länge kreuzte, fand er im Wasser eine Temperatur von 64—73°, und dies Mal den Strom „wieder sehr enge, nämlich nur 186 Meilen breit." Er bemerkte bei dieser Gelegenheit, dass kühlere Streifen mitten in der Masse des warmen Wassers existirten, sowie auch, dass auf diesen kühlen Streifen oder Adern das Wasser ruhiger und glatter sei, während in der warmen Partie eine rauhe See, ein wildes Wogengebrause und eine stärkere Strömung obwalte.

Während die Genannten in den südlichen Breiten beschäftigt waren, verfolgten andere treffliche Forscher die Existenz und die Einwirkungen des warmen Wassers im Norden und sogar schon bis zu seinen nördlichsten Ausläufern und Extremitäten.

Der berühmte deutsche Naturforscher Leopold von Buch führte im ersten Decennium des Jahrhunderts eine für die Wissenschaft vielfach wichtige Reise längs der Küsten von Norwegen aus und spürte hier den Ursachen des verhältnissmässig warmen Klima's dieser Striche nach. „Er entwickelte," wie Humboldt sagte, „diese Ursachen und Verhältnisse zum ersten Male gründlich und genügend", und bewies in einer (nach Humboldt) „völlig überzeugenden Weise", dass das warme Wasser des Golfstroms, das zu dieser Küste heranströmt, die Grundursache der höheren Erhebung der Schneelinie in Norwegen, des frischen Anblicks der Wiesen dieses Landes, des luxuriösen Wachsthums seiner Bäume und Pflanzen und der Zugänglichkeit seiner fast das ganze Jahr offenen Häfen sei.[1]

Alsdann besegelte und erforschte der treffliche englische Seefahrer und Wallfischfänger Capitain Scoresby die nordatlantischen Gewässer während des zweiten Decennium's des 19ten Jahrhunderts auf wiederholten Fahrten und veröffentlichte im Jahre 1820 seinen trefflichen und allgemein bekannten Bericht über diese Regionen.

Er stellte häufige Beobachtungen über die Temperatur des Wassers an und entdeckte, dass in der See bei Spitzbergen zuweilen eine untere Wasserschicht existire, die durchweg einige Grade wärmer sei, als die Oberfläche. Sogar in einer Tiefe von 100 Faden fand er die spitzbergische See gewöhnlich 6 und 7 Grad wärmer als auf der Oberfläche. Er hielt dieses unterseeische warme Wasser für „die äusserste nordwestliche Verlängerung des Golfstroms."

„Von den Küsten Grossbritanniens", sagte Scoresby, „dehnt sich die nördliche Abzweigung des Golfstroms vermuthlich auf der Oberfläche des Oceans längs der Küsten von Norwegen hin gegen Nordosten aus. In der Nähe des Nordcaps scheint seine Richtung sich zu ändern in Folge der Gegenwirkung eines von Nowaja Zemlja kommenden westlichen Stromes, durch welchen der Golfstrom nach Nordwesten herumgeworfen und bis zu den Gränzen des ewigen Eises am Nordpole hinaufgeführt wird. Hier operirt er gegen den Polarstrom, der südwestwärts vordringt und ist wahrscheinlich das vornehmste Mittel zur Verhinderung der Ausdehnung jener Eisbarriere über die ganze Nordsee."

Zur Erklärung der Erscheinung, dass in jenen Gegenden

---

[1] S. Humboldt in: Poggendorff's Annalen. Leipzig 1827. Bd. 1. p. 3.

das kalte Wasser über dem warmen schwimme und dieses sich unter jenem verstecke, machte Scoresby darauf aufmerksam, dass ganz kaltes Wasser („auch das Seewasser") von der Temperatur in der Nähe des Gefrierpunktes sich wieder etwas ausdehne und leichter werde. „Diese äusserste und nördlichste Auszweigung des Golfstroms," sagte er daher, „die ich in einer Tiefe von 100 Faden 6—7° wärmer fand, als das Wasser auf der Oberfläche, musste bei seinem Zusammenstoss mit dem so äusserst kalten und leichten Wasser an der Gränze des Eises unter die Oberfläche hinabsinken und auf diese Weise eine Untergegenströmung werden." [1]

Der Unterstrom des warmen Wassers hatte nach Scoresby gewöhnlich eine um 16—20° höhere Temperatur als das Klima des Landes im Mittel. In einigen Positionen in der Nähe von Spitzbergen sah Scoresby das warme Wasser ausnahmsweise auch auf der Oberfläche erscheinen. Zuweilen war mitten zwischen dem Eise die Temperatur der Oberfläche der See + 36—38°, während die der Luft mehrere Grad unter dem Gefrierpunkt hinabsank. Doch fand diese Erscheinung nur unter 6—12° östl. L. statt, und Scoresby bemerkte, dass die See bei Spitzbergen eben unter dieser Länge seltener gefriere, als in irgend einer andern Gegend.

Jene von Scoresby zuerst aufgestellten Ansichten über die nördlichsten Auszweigungen des Golfstromes wurden ebenfalls von anderen Naturforschern und insbesondere auch von Humboldt adoptirt. Namentlich schrieb Humboldt auch wie Scoresby den Umstand, dass der Ocean zwischen dem norwegischen Nordcap und dem südlichen Vorgebirge von Spitzbergen gewöhnlich frei von Eis ist, der Einwirkung einer „nördlichen Verlängerung des Golfstroms" zu. [2]

Im Jahre 1822 war der berühmte Naturforscher Oberst E. Sabine an Bord des Schiffes Iphigenia bei einer Expedition thätig, welche die Aufgabe hatte, zur näheren Bestimmung der Figur der Erde Experimente anzustellen. Er durchkreuzte bei dieser Gelegenheit verschiedene der unter dem Einflusse des Golfstroms stehenden Partien des atlantischen Oceans.

---

[1] S. hierüber: W. Scoresby, „An Account of the Arctic Region." Vol. I, Edinburgh 1820. p. 209.
[2] S. Humboldt in: Poggendorff's Annalen L. 1827. p. 23.

Er fuhr zuerst von England nach Madeira und Sierra Leone, den Golfstrom in seiner äussersten östlichen Abtheilung passirend. Von da segelte er mit der Aequatorial-Strömung und mit den Gegenströmungen des Golfstroms über den Ocean westwärts nach New-York, indem er den Golfstrom in seinem westlichen Hauptstamm durchschnitt, und dann kehrte er in und mit der mittleren oder östiichen Partie des Golfstromes nach England zurück. Auf diesem ganzen Wege befand er sich innerhalb der warmen nordatlantischen Strömungen auf einer Strecke von 5000 nautischen Meilen, und er berechnete, dass er auf seiner Fahrt durch die ihm günstigen Strömungen um ungefähr 1600 Meilen gefördert worden sei. —

Er beobachtete die Schnelligkeit des Golfstroms in verschiedeneu Lokalitäten, so ein Mal nahe bei Cap Hatteras, wo er dieselbe auf 77 Meilen in 24 Stunden bestimmte. „Es war das erste Mal", sagt Oberst Sabine, „dass in der bezeichneten Gegend eine ganz genügende und wissenschaftliche Beobachtung dieser Art gemacht wurde."

Sabine fasste seine auf der Strecke von Madeira zu den Inseln des Grünen Vorgebirges gemachten Beobachtungen in folgendem Schema zusammen:

1822 Januar	Nördl. Breite	Westl. Breite	der Luft	Temperatur des Wassers beobachtete Temperatur	gewöhnliche Temperatur	Unterschied der gewöhnlichen und der beobachteten Temperatur des Oceans.	
	° ′	° ′	° ′	° ′	° ′	°	′
5	47°30	7 30	47 —	49 —	50 —	— 1	—
6	44 20	9 30	52 5	55 7	52 5	+ 3	2
7	41 22	11 37	54 —	58 2	54 —	+ 4	2
8	38 54	13 20	54 2	61 7	55 7	+ 6	—
9	Keine Breiten- und Längenbeobachtungen		56 —	63 —	58 —	+ 5	
10	33 40	15 30	60 17	64 —	60 —	+ 4	
19	26 —	17 50	66 —	65 5	67 —	— 1	5
20	24 30	18 50	68 —	67 —	68 4	— 1	4
21	23 06	20 —	69 —	69 —	69 5	— 0	5
22	21 02	21 27	69 5	69 4	71 2	— 1	7
22	19 20	23 —	70 6	70 2	71 6	— 1	4

Aus dieser Uebersicht geht hervor, dass damals auf der Linie zwischen Plymouth und Madeira die Temperatur der See auf den Parallelen von $44^1/_3 - 33^2/_3$ nördl. Br. um mehrere Grade höher befunden wurde, als sie durchschnittlich in jenen Gegenden zu sein pflegt, nämlich $3^0\ 2'$ höher in $44^1/_3$ nördl. Br. und in allmäliger Steigerung bis zu 6^0 höher in 39^0 nördl. Br. und von da an wieder in allmäliger Abnahme bis auf 4^0 höher in $33^2/_3$ nördl. Br. herabfallend, während umgekehrt sowohl im Süden als im Norden von diesem Strich der Ocean um 1 bis $1^1/_2$ Grad kälter, als gewöhnlich war.

„Die sorgfältigen Beobachtungen vieler Seefahrer in verschiedenen Jahreszeiten," sagt Sabine, „hatten bis dahin die Existenz des durch warmes Wasser ausgezeichneten Golfstroms bis zu den Azoren nachgewiesen und zugleich dargethan, dass er sich gewöhnlich von da aus nicht weiter ostwärts ausdehne. Alle hatten zwischen den Azoren und dem Continente von Europa und Afrika eine mit der Annäherung zum Aequator gleichmässig zunehmende Temperatur des Oceans beobachtet. Die Zunahme der Temperatur bei Abnahme der Breite war so regelmässig, dass man beinahe genau 3^0 Wärmezunahme auf 5^0 Annäherung an den Aequator rechnen konnte, und zwar galt dies sowohl für den Sommer als für den Winter."

Jene im Winter 1822 zwischen $44^1/_3\,^0$ und $33^2/_3\,^0$ nördl. Br. beobachtete wärmere Temperatur konnte man daher wohl nur der Einwirkung des Golfstroms und seines in diesem Jahre ausnahmsweise weiten Ausgreifens nach Osten beimessen. „Aller Zweifel hierüber wurde," nach der Meinung Sabine's, „durch die Bemerkung beseitigt, dass der grösste Ueberschuss über die mittlere oceanische Temperatur gerade in 39^0 nördl. Br. gefunden wurde, d. h. eben in der Gegend, in welcher die centrale, durch ihre ausserordentliche Temperaturhöhe bezeichnete Axe des Stromes bei ihrer Verlängerung einfallen musste."

Nur ein früheres und ähnliches Beispiel war bis dahin bekannt, in welchem das Golfstromwasser durch seine höhere Temperatur auch ganz über den Ocean hin bis zu der Küste von Frankreich und Spanien nachgewiesen worden war. Und zwar die frühere von mir erwähnte Beobachtung Benjamin Franklin's auf seiner Reise von den Vereinigten Staaren nach Frankreich im November 1776. Der letzte Theil dieser Reise vom Meridian von 35° bis zur Bai von Biscaia, fiel mit geringen Abweichungen in 45° nördl. Br. Und auf diesem Strich von 1200 Meilen Länge längs eines Parallels, dessen gewöhnliche Temperatur im Monat November ungefähr 55½° Wärme beträgt, fand Franklin 63° in 35° westl. L., und dann allmälig weniger bis auf 60° herab in der Bai von Biscaia. An demselben Fleck; welchen die Iphigenia, das Schiff Sabine's, am 6. Januar passirte, und wo er an diesem Tage 55° Wärme im Wasser fand, d. h. in 10° westl. L., hatte Franklin ungefähr Ende November (im Jahre 1776) 61° Wärme gefunden. An dieser Stelle war mithin die See im November 5½° und im Januar 3° 2' höher als gewöhnlich.

„Man darf kaum anstehen," sagt Sabine, „eine so ungewöhnliche Verlängerung der Ausdehnung des Golfstroms in gewissen Jahren, seiner dann grössern Anfangs-Geschwindigkeit im Meerbusen von Mexico und einer Veränderung in dem Niveau dieses Meerbusens und der benachbarten Partien des Oceans zuzuschreiben. Es ist vom Major Rennell berechnet worden, dass der Golfstrom im Sommer, wenn seine Schnelligkeit den höchsten Grad erreicht hat, etwa 11 Wochen nöthig hat, um von der Mündung des Golfs von Mexico zu den Azoren zu gelangen, was eine Distanz von ungefähr 3000 geographischen Meilen ist. Und Rennell hat ferner berechnet, dass der Golfstrom zu seiner Reise von den Azoren bis an die Küsten von Europa noch ferner nicht weniger als 3 Monate brauchte, als er zur Zeit des Dr. Franklin in dieser Richtung weiterfloss. Beides zusammen mag eine Strecke von 4000 Meilen sein. Unter dieser Voraussetzung mochte das Wasser, welches Franklin im November 1776 beobachtete, den Golf von Mexico mit einer Temperatur von 83° im Juni und das, welches im Januar 1822 untersucht wurde, mit ungefähr derselben Temperatur gegen Ende Juli verlassen haben." Die Sommermonate insbesondere Juli und August, sind, wie Sabine sagte, die Monate der grössten Schnelligkeit des Stromes, „weil es die Periode ist, in welcher das Niveau der caribischen See und des Golfs von Mexico am stärksten von einander abweichen."

Es lässt sich leicht denken, dass in dem Raum zwischen den Azoren und den Küsten des alten Continents, wo der Golfstrom nothwendiger Weise eine sehr langsame Bewegung hat, das Wasser in der sehr kalten Jahreszeit, in welcher Sabine beobachtete, (im Januar), bereits stärker abgekühlt sein mochte, als zu der Zeit, wo Franklin beobachtete (im November), und dass daher die Differenz zwischen der mittleren Temperatur des Oceans und der des Golfstroms begreiflicher Weise zwei Grad geringer war.

„Wenn", sagt Sabine, „die Erklärung der von Franklin und mir beobachteten ganz ungewöhnlichen Erscheinungen die richtige ist, wie ausserordentlich interessant und merkwürdig ist dann die dadurch erwiesene Verbindung zwischen einer mehr als gewöhnlichen Stärke der tropischen Sommerwinde, welche die Niveaus der caribischen und mexicanisshen See in Unordnung bringen, und der hohen Temperatur zwischen dem britischen Canal und Madeira in den darauf folgenden Wintern. Auch verdient dabei der wahrscheinlich bedeutende meteorologische Einfluss dieser Verhältnisse Beachtung, der bei einer so bedeutenden Erwärmung eines 1000 Meilen langen und 600 Meilen breiten Oceanstücks nicht ausbleiben konnte; und es ist in dieser Hinsicht ein sehr bemerkenswerthes Zusammentreffen, dass im November und December 1821 und Januar 1822 der Zustand des Wetters in dem südlichen Theile Grossbritanniens und in Frankreich so ungewöhnlich war, dass es allgemeine Aufmerksamkeit erregte. In den meteorologischen Annalen und Journalen jener Periode wird das Wetter als unerträglich heiss, feucht, stürmisch und drückend geschildert. Es wird berichtet, dass im November und December eine ganz ausserordentliche Menge Regen fiel, dass die Stürme aus Westen und Südwesten fast ohne Unterbrechung wütheten. Gegen Ende December stand das Barometer niedriger, das Thermometer dagegen höher, als beide seit 35 Jahren gestanden hatten." [1])

Alle diese Beobachtungen und Hypothesen des Oberst Sabine waren sehr interessant und damals zum Theil ganz neu. Dass der Golfstrom zu Zeiten mit einer direct östlich gerichteten Verlängerung bis nach Spanien und Frankreich reiche, wurde nun von den Meisten als ausgemacht angenommen.

---

[1]) Siehe dies Alles in dem Werke: „An Account of Experiments to determine the Figure of the Earth by E. Sabine. London. 1825. p. 426 fg. Vergl. auch Schweigger's Jahrbuch der Chemie und Physik. 1827. Heft 12. p. 408 ff.

Auch die Flaschen-Experimente, mit denen man, wie ich sagte, im Beginn des Jahrhunderts den Anfang gemacht hatte, wurden in dieser Periode fortgesetzt und hauptsächlich von englischen Seefahrern geleitet und ausgeführt. Professor Berghaus hat eine umfangreiche Liste derselben zusammengestellt. Dieser Liste [1]) will ich hier diejenigen Data entnehmen, **welche sich auf den nordatlantischen Ocean beziehen** und sie chronologisch ordnen.

wurden ausgeworfen von	Flaschen in den Monaten	in der Breite	in der Länge	wurden wiedergefunden in den Monaten	an den Küsten von
Capt. J. Ross	Juni 1818	65 40	56 30	Juli 1819	Hebriden
„ A. Parry	Mai 1818	62 05	56 20	„ „	Irland
„ „ „	„ „	59 08	54 39	„ „	Staffa
„ „ „	Juni 1819	58 13	49 15	„ 1821	Teneriffa
Schiff Elisabeth	August 1819	47	51 10	Juni 1820	Irland
Capt. Parry	October 1821	56 36	28 05	März 1821	Irland
„ Allen	März 1821	52 00	26 20	? ? ?	Jersey
„ Walter	Juni 1821	50 16	38 45	Dec. 1821	Hebriden
„ Parry	Juli 1821	60 08	64 47	März 1832	Irland
„ Cropper	Januar 1824	43 10	40 25	Nov. 1824	Landsend
„ Duncan	Sept. 1824	36 53	26 50	März 1825	Schottland
„ Bennet	Oct. 1829	50 32	29 20	April 1831	Irland
Schiff Camillus	Sept. 1830	50 0	49 —	April 1832	Canar. Inseln
Capt. Lock	April 1832	48 30	19 16	März 1833	Island
„ „	„ „	46 15	20 18	Febr. 1833	Golf v. Biscaya
Schiff Enterprice	Juni 1832	45 05	26 40	April 1833	? ? ?

Bei weitem die grössere Hälfte der in diesem Verzeichniss erwähnten Flaschen wurden demnach von Westen nach Osten geführt in Parallelismus mit der Richtung des nordöstlichen „Schweifes" des Golfstroms, und dies schien daher die Ansicht von der Existenz einer solchen nordöstlihhen Auszweigung und Fortsetzung des Golfstromes ebenfalls zu unterstützen.

Aus allem Obigen geht hervor, dass während des ersten Viertels des 19. Jahrhunderts die Meeres-Strömungen und insbesondere der Golfstrom wissenschaftlich und mit den etwas

---

[1]) S. dieselbe in Berghaus Allgem. Länder- und Völkerkunde I. p. 535.

verbesserten Beobachtungs-Mitteln von vielen Beobachtern in allen seinen Abtheilungen und in allen Partien und Winkeln des Oceans mehrfach untersucht worden war.

Viele der von den genannten Seefahrern und Forschern gesammelten Daten und Kenntnisse waren schon so zu sagen ein Gemeingut geworden. Nach Humboldt's Schilderung des Golfstromes im Jahre 1814 wurde kaum ein Werk über den Ocean, keine „Oceanographie", keine „Hydrographie", keine „Sailing directions", kein „Pilot" geschrieben, in welchem nicht ein besonderes Kapitel über den Golfstrom vorgekommen wäre. Doch ist es unnöthig, alle diese Schilderungen hier anzuführen, und zu analysiren. Sie sind gewöhnlich nichts als Copien eine von der anderen, und ursprünglich von Humboldt. Nur im Vorbeigehen will ich auf die wiederholte Ausgabe der Werke des unermüdlichen thätigen englischen „Hydrographen" John Purdy als solche hinweisen, die hie und da ganz neue und auch originelle Materialien für die Kenntniss des Golfstromes enthalten.[1]

Aber bei weitem die grössere Menge der Beobachtungen und Materialien über den Golfstrom war in massenhaften Manuscripten enthalten, welche der britischen Admiralität zugesandt, dem grossen Publikum indess nie zugänglich und bekannt geworden waren. Der ausgezeichnete englische Geograph J. Rennell nahm es auf sich, den Versuch zur Verarbeitung und Compilirung aller der Daten zu machen, welche in jener grossen Sammlung enthalten waren.

Rennell hatte, wie er selbst erzählt, schon im Jahre 1775 angefangen, der Untersuchung der Meeresströmungen seine Aufmerksamkeit zuzuwenden. Eine seiner ersten Schriften war ein sehr scharfsinniges Memoir über den Agulhas-Strom beim Cap der guten Hoffnung. Durch das Studium der Geschichte zahlreicher Schiffbrüche und der Berichte über sie, die er unter einander verglich und deren Resultate er an's Licht stellte, wurde er (noch am Ende des 18. Jahrhunderts) auf die Entdeckung der Existenz einer bis dahin noch unbeachteten Strö-

---

[1] Siehe John Purdy's „Enlarged Sailing Directions for the Windward and Gulf Passages. London. 1817", und desselben „Memoir on the Hyprography of the Atlantic Ocean. London. 1825".

mung in dem Meerbusen von Biscaya, die sich längs der Küsten von Spanien und Frankreich und von da quer über den Eingang des britischen Canals gegen Irland hin bewegt, geführt. Diese von Rennell wissenschaftlich nachgewiesene Strömung erhielt nach ihm den Namen „the Rennell-Current".

Obgleich nebenher auch anderen Studien hingegeben, verlor Rennel doch später nie sein Lieblingsthema, die Strömungen, aus dem Auge. Fast ausschliesslich beschäftigte er sich damit während der letzten 20 Jahre seines Lebens. Er sammelte und sichtete alle jene reichen Materialien, welche die englischen Bibliotheken und die Archive der Admiralität ihm darboten, zog alle dort vorhandenen wichtigen Schiffs-Journale, welche einige wissenschaftliche Bemerkungen über Meeresströmungen enthielten, aus und entwarf ein grosses kartographisches Gemälde der oceanischen Strömungen, in welchem er auch die Fahrlinien der verschiedenen Schiffe und Seefahrer, denen er seine Daten entnahm, niederlegte und zeichnete. In mehreren Abhandlungen, welche diese Karten begleiteten und erklärten, entwickelte er seine Ansichten über den Werth der gemachten Beobachtungen und seine Theorie der oceanischen Strömungen. Er erlebte die Veröffentlichung dieser fleissigen Arbeit nicht mehr. Aber zwei Jahre nach seinem Tode (1832) wurde das vollständige Werk von seinem Sohne unter dem Titel: „Eine Untersuchung der Strömungen des atlantischen Oceans" publicirt.[1]

Dieses Werk, das aus so authentischen Quellen geschöpft war, verbreitete sich später in mehreren Ausgaben in der Welt und blieb für längere Zeit in Ansehen. Die Mehrzahl der Beobachtungen die Rennel in demselben verarbeitete, wurden während des ersten Viertels des 19. Jahrhunderts gemacht und gingen nicht über das Jahr 1825 hinaus. Auch wurde fast das Ganze vor diesem Jahre abgefasst. Weil aber das Werk nicht vor 1832 dem grossen Publikum bekannt wurde und in der Welt zu wirken anfing, kann man dem Auftreten Rennell's in einer chronologischen Geschichte der Strömungen auch kein früheres Datum geben.

---

[1] „An Investigation of the Currents of the Atlantic Ocean by the late Major James Rennel. London. 1832."

Der wichtigste Theil der Rennell'schen Arbeit waren die ihr beigefügten Karten. Sie gaben auf einen Blick in einem zusammenhangenden Bilde die allgemeine Richtung der Strömungen mit den Abweichungen, welche in einigen ihrer Partien entdeckt waren, dabei die Tiefe und Temperatur des Oceans und der Richtung des Windes bei jeder Strombeachtung zugleich mit einigen anderen Bemerkungen, welche geeignet waren, die Strömungen zu erläutern und ferner die Kurse der Schiffe und die Namen derselben, sowie die der Commandeure, von denen die Details der Beobachtungen herrührten.

Rennell's Karten wurden ihrer Zeit gepriesen „als wunderbare Productionen eines wissenschaftlichen Geistes, so allseitig gut ausgearbeitet, dass es vergeblich sein würde, eine Schilderung ihres gesammten interessanten und nützlichen Inhalts zu versuchen und eine Analyse des erstaunlichen Fleisses, der Ausdauer und des Scharfsinnes zu geben, welche der Autor bei der lichtvollen Verarbeitung und Anordnung einer solchen Masse von Belehrung in einem so knappen Rahmen entwikkelte." Auch die Schönheit, die Deutlichkeit und Genauigkeit, mit welcher die Zeichnungen und Kupferstiche ausgeführt waren, wurden auf das Höchste gepriesen und die Kritiker sagten, „dass die Karten allein den Namen des Major Rennell als des ausgezeichnetsten Hydrographen England's und der Welt unsterblich machen würden." [1])

Wie diese Karten, so handelten auch die sie begleitenden Abhandlungen hauptsächlich nur über die Strömungen des nordatlantischen Oceans, in welchem natürlich die bei weitem zahlreichsten Beobachtungen gemacht worden waren und demzufolge vorzugsweise über den Golfstrom, der eine so grosse Figur in jenem Meere macht. Ueber die Strömungen anderer Oceans-Theile besass man damals noch wenige wissenschaftliche Beobachtungen. Ausser einer General-Karte des nord-atlantischen Oceans gab Major Rennell in seinem Werke auch eine Special-Karte des Golfstromes auf zwei Tafeln. Und mehr als die Hälfte seines erläuternden Buches handelte über den Golfstrom, so dass das Ganze, obgleich es in seinem Titel sich nicht so nennt, dem Wesen nach als ein Werk über den Golfstrom betrachtet werden kann.

[1]) S. hierüber die Westminster Review. Vol. XVIII. London 1733. p. 176—194.

Rennell's Schrift selbst scheint indess nicht so viel Lob zu verdienen wie die sie begleitenden Karten. Er gab darin zuerst „allgemeine Bemerkungen über Strömungen," dann eine „allgemeine Schilderung der Strömungen des atlantischen Oceans," und endlich eine „specielle Beschreibung jeder einzelnen Strömung." Bei dieser Art der von ihm beliebten Anordnung hat er Wiederholungen nicht vermeiden können. In allen drei Abtheilungen seines Werks kehren dieselben Bemerkungen und Ansichten häufig wieder. Die Facta und Daten, welche zur Erläuterung und Beleuchtung eines Themas angeführt werden, sind von ihm nicht recht bei einander gehalten. Er bricht sein Raisonnement oft plötzlich ab und nimmt es dann unerwartet in einem anderen Kapitel des Buchs wieder auf. Diesem zufolge ist es nicht leicht, ein klares Bild von den Resultaten und Ansichten über Strömungen, zu denen Rennell gelangte, zu gewinnen. Doch will ich es versuchen, sie hier so zusammenzufassen, wie es in einer Geschichte des Golfstromes desswegen nöthig ist, weil, wie gesagt, **Rennell's Meinungen, selbst wenn sie nicht das Rechte trafen, für längere Zeit die herrschenden wurden.**

Major Rennell betrachtete die Winde als die vornehmste Ursache aller Bewegungen im Ocean. Von dieser Ansicht ausgehend, unterschied er zwei Haupt-Arten durch die Winde veranlasster Strömungen. Die einen nannte er „Drift-Strömungen" („Drift-Currents"), welche, wie er sagt, nur durch die constante Einwirkung vorherrschender Winde auf das Wasser der Oberfläche bewirkt werden. Für die andere Gattung führte er den hübschen englischen, aber kaum ins Deutsche übersetzbaren Namen „Stream-Currents" (flussartige Meeresströmungen) ein. Sie entstehen nach ihm durch die Drift-Strömungen, indem diese die von dem Winde fortgetriebenen Wassermassen in irgend einer Gegend aufhäufen, und dieselben dann von einer Küste, einer Eisbarriere, einer Gegenströmung, oder sonst einem anderen entgegentretenden Hindernisse in ihrem Fortschritte gehemmt, umgebogen und gezwungen werden, seitwärts abzufliessen. So nannte er unseren Golfstrom einen „Stream-Current", welche sehr passende Bezeichnung nach ihm von allen Hydrographen angenommen wurde.

Wie für die allgemeinen Klassen der Meeresströmungen,

so führte Rennell auch für individuelle Ströme, deren Existenz er nachwies, besondere Eigennamen ein. Er nannte einen den „afrikanischen Strom" (the African Current) einen andern „den südlichen Verbindungsstrom" (the Southern Connecting Current), einen dritten „den nördlichen äquatorialen Zweigstrom" („the Northern Equatorial Branch Current), welche Benennungen nach ihm zwar auch häufig gebraucht wurden, aber doch als etwas lang und ein wenig zu sehr nach wissenschaftlicher Analyse schmeckend bei den Seefahrern nicht sehr allgemein in Schwung kamen.

Rennell zerlegte auch zum ersten Male den grossen Golfstrom auf systematische Weise in seine natürlichen Theile und Abschnitte, und gab diesen Abschnitten diejenigen Namen, welche noch jetzt mehr oder weniger im Gebrauche sind. Er erfand für den Golf von Mexico den Namen „das grosse Golfstrom-Reservoir" (the Gulfstream Reservoir), für das Sargasso-Meer den Namen „Recipient" oder Mündungs-Bassin des Golfstromes (the Gulfstreams Recipient). Er sanctonirte den Ausdruck „Outfall" (Ausfall) für die Gegend, wo der Golfstrom aus dem Golf von Florida in den freien Ocean hinaustritt, und den Ausdruck „the Tail", (der Schweif) für die Gegend, wo der Golfstrom bei den Bänken von Neufoundland sich herumbiegt. Er war der erste, der von den „Offsets" (den kleinen seitlichen Abzweigungen) und von den „Overflowings" (den Ueberströmungen des Golfstroms über seine gewöhnlichen Gränzen) sprach.

In Bezug auf die den Golfstrom erzeugenden Verhältnisse und Ursachen theilte Rennell die Ansichten Franklin's. Er meinte, wie Franklin, dass die Passatwinde die Drift-Strömung der Aequatorial-Gegenden erzeugten, und dass die grossen von ihnen fort- und zusammengetriebenen Wassermassen, indem der seitliche Widerstand der amerikanischen Küste sie bei ihrem Fortschritt allgemach in engere Gränzen zusammendrückte, auf diese Weise zu einem immer höheren Niveau hinaufgetrieben würden und dann sich in ähnlicher Weise weiterwälzten wie die grosse Fluthwelle, welche in die Bai von Fundy oder in den britischen Canal einströmt. Auf diese Weise, meinte er, bilde das amerikanische Mittelmeer (die caribische See und der Golf von Mexico) ein hochaufgeschwollenes Reservoir, von welchem alsdann der Golfstrom seitwärts und thalwärts bergab flösse.

Dass dies sich so verhalte, schloss Rennell unter anderen „aus der oft gemachten Beobáchtung", dass die Abwechslung in der Schnelligkeit des Stromes durch die Strasse von Florida mit dem Wechsel in der Stärke der Passatwinde gleichmässig ab- und zunähme, so wie insbesondere auch daraus, dass die Jahreszeiten, welche diese Winde reguliren, auch einen damit correspondirenden Effekt auf den Zustand des Golfstromes erzeugen. „Wenn die Sonne", sagt Rennell,[1]) „weit in den nördlichen Sternbildern vorgeschritten oder eben auf ihrer Umkehr zum Aequator begriffen ist, dann blasen die Winde directer und zugleich stärker in die caribische See hinein und treiben natürlich eine grössere Wassermasse in dieselbe, und eben dann (d. h. in den Monaten Juli, August und in der ersten Hälfte des September), erreicht auch der Strom in der Strasse von Florida das Maximum seiner Mächtigkeit. Das Umgekehrte findet im Winter statt. Dann ist die Sonne im Süden, die Passatwinde sind weniger stark — und eben so auch der Golfstrom." „Da mithin", fügt Rennell hinzu, „der Wechsel in den Zuständen des Golfstroms genau mit den Zuständen der Passatwinde sowohl in Bezug auf Richtung als in Bezug auf Stärke correspondirt, so kann wohl als unzweifelhaft angenommen werden, dass Winde die einzigen Agentien sind, welche den Golfstrom zunächst in Bewegung setzen."

Die Umwendung des Golfstromes nach Osten in der Breite von New-York wird nach Rennell's Meinung allein durch die Bänke von Nantucket, St. George und New-Foundland veranlasst. „Diese Bänke", sagt er, „wenden den Golfstrom so entschieden von der amerikanischen Küste ab, dass er nie wieder zu ihr zurückkehrt, sondern bei der dadurch ihm mitgetheilten Richtung nach Osten durch den ganzen atlantischen Ocean hin beharrt, indem er neben und über dem Ende der grossen New-Foundland-Bank hinstreift', wo er durch die aus Norden kommende Strömung von der Hudsons- und Davis-Bai seine Richtung nach Südosten erhält."[2]) .

---

[1]) Siehe sein oben citirtes Werk. p. 145—149.
[2]) Rennell l. c. p. 152.

Demnach scheint also Rennel der Ansicht Humboldt's, dass auch die Rotation der Erde mit der so entschiedenen Richtung des Golfstromes nach Osten etwas zu thun habe, keine Aufmerksamkeit geschenkt zu haben.

Rennell glaubte auch nicht, wie Humboldt dies that, an die Existenz eines nördlichen Golfstromzweiges. Er nahm an, wie auch viele andere dies thaten, dass der Golfstrom bei den Azoren seine Endschaft erreiche und dass er sich von da nach Süden herumdrehe und in der Sargasso-See, seinem „Recipienten", sich verliere oder vielmehr wieder zurückströme. Er leugnete zwar nicht die östliche Tendenz der Gewässer in den nördlichen Partien des nordatlantischen Oceans nach Europa hin, aber er betrachtete sie nicht als einen Zweig oder eine Fortsetzung des „Stream Current" des Golfstroms, sondern nur als eine „Drift-Strömung", die ihre Impulse von den dort vorwaltenden Westwinden erhalte; und er glaubte, dass diese nord-atlantische Drift-Strömung (the Northern Atlantic Drift), die bei Europa herumgebogen würde, die Ursache und Quelle der südlich gerichteten Strömuugen an der Küste von Afrika sei. Er sagte, „die Meinung, dass der Golfstrom in einer östlichen Richtung über den ganzen atlantischen Ocean fliesse, bei den canarischen Inseln einfalle und sich dann nach Süden drehend, die Strömungen längs der Küste von Afrika verursache, beruhe auf einem populären Irrthume."[1]) Nur ganz selten und ausnahmsweise, so meinte er, zweige sich, wie in den von Franklin und Sabine beobachteten Fällen, eine Partie warmen Wassers vom Golfstrome ab, würde in den nördlichen Drift-Strom hineingetrieben und käme dann wohl auf diese Weise an den Küsten der alten Welt an.

Viel interessanter, neuer und auch wohl naturgemässer waren die Resultate, zu denen Rennell durch seine Studien und Nachforschungen in Bezug auf die Breite des Golfstromes zu verschiedenen Perioden und Jahreszeiten und in Bezug auf seine kleinen Abzweigungen (Offshots) und Ueberfluthungen (Overflowings) geführt wurde.

Durch alle die Beobachtungen und Angaben, denen er in den Schiffsjournalen begegnet war, glaubte er hierüber folgende Sätze als hinlänglich bewiesen annehmen zu dürfen:

[1]) Siehe Rennell. l. c. p. 227

1) Es findet von Zeit zu Zeit eine Veränderung sowohl in der Position als in der Breite der warmen Wassersäule des Golfstroms statt.

2) Die Breite des warmen Wassers wechselt mitunter in der Proportion von 2 zu 1, so dass der Golfstrom zu gewissen Zeiten doppelt so breit ist, als zu einer andern Zeit.[1]

3) Diese Variationen sind zuweilen ungemein plötzlich gewesen. Der Golfstrom wurde einmal in einer Gegend um 140 Meilen breit und nur 10 Wochen später an demselben Fleck 320 Meilen breit gefunden.[2]

4) Dieser Wechsel in der Breite scheint nicht regelmässig mit den Jahreszeiten im Parallelismus vor sich zu gehen. Denn im Monat Mai des Jahres 1820 wurde das Golfwasser 320 Meilen breit gefunden, und im Monat Mai des folgenden Jahres 1821 an derselben Stelle nur 186 Meilen breit.[3]

5) Die Existenz warmen Wassers auf der Oberfläche zeigt nicht mit Nothwendigkeit die Gegenwart des Stromes selbst an, muss vielmehr in vielen Fällen nur als eine Ueberfluthung oder eine Deponirung überflüssigen warmen Wassers betrachtet werden. Sie mag zuweilen sogar ein Gegenstrom sein.[4] Diese Bemerkung Rennell's war etwas ganz Neues und der Meinung Franklin's und seiner Zeitgenossen entgegen, die überall die Gegenwart des Golfstromes da annahmen, wo sie warmes Wasser fanden. Sie machte die Theorie der thermometrischen Schifffahrt in Bezug auf den Golfstrom etwas unsicher oder musste wenigstens zu mehr in die Tiefe gehenden thermometrischen Beobachtungen auffordern.

6) Obgleich zuweilen stark nach Osten gerichtete Strömungen im Norden von 40° nördl. Br. gefunden worden sind, so waren sie doch sehr selten. Südlich vom 37° nördl. Br. wurden dergleichen nie beobachtet, und die Linie des stärksten Stromes war immer zwischen 38° und 39° nördl. Br. Den Raum zwischen diesen beiden Parallelen muss man in der Mitte des Oceans als die gewöhnliche Begränzung des Golfstroms betrachten.

---

[1] Ibidem p. 207.
[2] Siehe Rennell l. c. p. 207.
[3] Ibidem p. 208.
[4] Ibidem p. 208.

7) Häufig zeigten sich Oasen, Inseln und Streifen kalten und kälteren Wassers mitten in dem Körper des warmen Wassers des Golfstroms.[1])

8) Längs der nördlichen oder äusseren Gränze des Golfstroms ist der warme Wasserkörper permanenter und auch durchweg wärmer als im Süden und schärfer gegen das angränzende kalte Wasser abgesetzt. Auch zeigt dieser constante warme Wasserstreif die grösste Schnelligkeit der Strömung an.[2])

Rennell wies wiederholt in seinem Werke[3]) darauf hin, dass der innere Rand („the inner border") des Golfstroms auf der Höhe der Küste von Virginien (bei Cap Hatteras und von da nördlich) noch sehr unvollständig bekannt und auf den damaligen Karten sehr falsch dargestellt, so wie, dass der ganze Abschnitt des Golfstroms im Osten von 62° westl. L. noch fast gar nicht wissenschaftlich bestimmt sei.

Er beklagte es auch, dass seit der Beschaffung der Mittel zur genauen Bestimmung der Länge auf der See, doch die Hydrographie des Golfstroms und seiner Gegenströmungen noch nicht die Aufmerksamkeit der Seemächte auf sich gezogen und noch keine derselben sich veranlasst gefühlt habe, eine systematische und in's Detail gehende Untersuchung dieses für die Schifffahrt so wichtigen Phänomens anzuordnen.[4])

Rennell war auch der erste, der den Nutzen und die Nothwendigkeit gleichzeitig angestellter Beobachtungen in verschiedenen Partien des Golfstroms klar machte und solche anempfahl. „In Folge des gänzlichen Mangels gleichzeitiger Beobachtungen," sagt er, „werden wir in Unwissenheit erhalten über die Zustände der Dinge in jeder anderen Partie des Golfstroms, ausgenommen in der, in welcher die Beobachtungen eben angestellt wurden." Diesen Uebelstand hielt er indess wegen der unüberwindlichen Schwierigkeit, in allen Theilen des Golfstroms zu gleicher Zeit Schiffe und Beobachter zu beschäftigen, für unheilbar.[5]) Jene sehr neue und sehr gute Bemerkung Rennell's muss noch heutiges Tages von Allen,

---

[1]) Siehe Rennell l. c. p. 234.
[2]) Ibidem p. 234.
[3]) z. B. p. 154.
[4]) Rennell l. c. p. 205.
[5]) Ibidem p. 242.

welche unsere Kenntniss von den Strömungen fördern wollen, beachtet werden. So lange der Golfstrom nicht häufig gleichzeitig in allen seinen verschiedenen Sectionen beobachtet worden ist, werden wir nicht im Stande sein, die Regelmässigkeit in seinen wechselnden Bewegungen durch den Lauf des Jahres — und der Jahrzehnde genau zu definiren.

Rennel und sein fleissiges Werk wurde lange als die höchste Autorität über Strömungen betrachtet. Niemand fand sich so bald nach ihm veranlasst, den schwierigen Versuch einer weitschichtigen Bearbeitung desselben Gegenstandes wieder zu übernehmen. Er hatte für die Sache gethan, was zur Zeit gethan werden konnte. Seine Ansichten wurden nur allmählig entweder weiter entwickelt, oder widerlegt und beseitigt. Und dann wurden auch in der nächstfolgenden Zeit nach und nach wieder so viele Verbesserungen in der Schifffahrtskunst und bei den wissenschaftlichen hydrographischen Instrumenten zur Erforschung des Oceans eingeführt, und desgleichen wurde das Feld der Untersuchungen so sehr ausgedehnt, dass am Ende die Beobachtungen, auf denen Rennel seine Resultate und kartographischen Bilder gegründet hatte, ungenügend oder oberflächlich, und das Feld seiner Nachforschungen als sehr beschränkt erkannt wurde.

Ich will es versuchen, in dem Folgenden diese Verbesserungen, Erfindungen, Widerlegungen und Erweiterungen — so viel möglich in chronologischer Folge — anzudeuten.

Schon einige Jahre nach Rennell's Tode wurde seine und Franklin's Theorie von dem höheren Niveau der Golfstrom-Reservoire (der caribischen See und des mexicanischen Meerbusens) in Folge einiger in dieser Beziehung angestellten genauen Beobachtungen sehr erschüttert.

Zuerst wurde durch die Ingenieure Lloyd und Falmart eine Triangulirung über den central-amerikanischen Isthmus von Chagres am Atlantischen Ocean nach Panama am Stillen Ocean hinübergeführt. Die beiden genannten Herren waren bei dieser Gelegenheit nicht im Stande, zu entdecken, dass die caribische See oder der Atlantische Ocean ein höheres Niveau hätte, als das Stille Meer. Im Gegentheil kamen sie bei ihren Berechnungen zu dem Resultate, „dass der Atlantische Ocean wohl eher 3—5 englische Fuss niedriger sein möchte, als das Stille Meer". Und durch diese Beobachtungen wurde also Rennel's Ansicht, „dass die Passatwinde das Wasser in ähnlicher Weise in das Amerikanische Mittelmeer hineintrieben und aufstauten, wie die Fluthwelle dies in der Bai von Fundy thut," durchaus nicht bestätigt.[1]

Ein anderes Experiment in den Gewässern des mexicanischen Golfs führte zu ähnlichen Resultaten. Einige französische Ingenieure unternahmen eine Niveau-Messung über die Halbinsel von Florida von der Mündung des Flusses St. Mary auf der Ostküste nach der Apallache-Bai und zum Golf von Mexico im Westen. Diese Ingenieure kamen in Folge ihrer Beobachtungen und Berechnungen zu der Ansicht, „dass zwischen den beiden Gewässern nur ein Niveau-Unterschied von höchstens $7^{1}/_{2}$ Zoll existiren könne." Eine so geringfügige Verschiedenheit von wenigen Zollen mochte durch einen sehr kleinen Rechnungs- und Beobachtungs-Fehler veranlasst worden sein. Jedenfalls hatte Rennell, wenn er von einer „Wasser-Aufstauung im Golf von Mexico und von einem Bergabfliessen des Golfstroms aus der Strasse von Florida" sprach, an eine weit grössere Differenz gedacht.

Auf jenen beiden Beobachtungen fussend, erklärte nun Arago seine Ansicht dahin: „dass der Niveau-Unterschied der beiden sogenannten aufgeschwellten Golfstrom-Reservoire und der anderen ihnen benachbarten Meerestheile, auf welchen Rennell und Franklin ihre Theorie vom Golfstrom gegründet hätten, entweder ganz und gar nicht existire, oder doch so äusserst unbedeutend sei, dass man ihm keinerlei Einfluss zuschreiben könne, so dass jene Theorie daher entweder falsch oder doch sehr zweifelhaft erscheinen müsse."

Arago selbst wollte es nicht versuchen, eine neue Erklärung an die Stelle der widerlegten zu setzen. „Er habe", sagte er, „nur die Absicht, zu zeigen, dass die Frage über die Entstehungsweise der Meeresströmungen noch eine offene sei." „Er glaube jedoch fest", sagte er weiter, „dass die Rotation der Erde dabei vor allen Dingen ins Auge gefasst werden müsse, und dass vermuthlich in dieser Erdumdrehung in Verbindung mit der Erwärmung und Abkühlung des Wassers im Süden und Norden die Hauptursache der grösseren oder ge-

---

[1] Siehe hierüber Arago in Poggendorff's Annalen der Physik und Chemie. Leipzig. 1836. Bd. 37. p. 450.

ringeren Abweichung der Strömungen nach Osten oder Westen gefunden werden müsse." „Wir sollten", sagt Arago, „dieselbe Theorie, welche schon für die Erklärung der Passat-Winde so gute Dienste geleistet hat, auch auf den Ocean anwenden, wenn wir die Frage der Meeresströmungen entziffern wollen."

Dies war dieselbe Idee, welche früher schon Humboldt und lange vor diesem Varenius als eine Hypothese aufgestellt hatten, und die Arago nun mit etwas mehr Entschiedenheit aussprach. Trotz dieser grossen Autoritäten für den Einfluss der Erd-Umdrehung auf den Golfstrom, giebt es doch auch jetzt noch Manche, welche derselben keinerlei Bedeutung in dieser Hinsicht zugestehen wollen.

Rennell hatte alle die vielen Reiserouten, Ziffern und anderen Angaben, welche seine Zeitgenossen zu ihrer Verwunderung in so grosser Menge in seinen Schriften aufgezeichnet sahen, grösstentheils Schiffsjournalen entnommen, die man zu einer Zeit führte, in welcher die Chronometer verhältnissmässig noch ziemlich unvollkommen waren, in welcher man der Berechnung der Schiffs-Position noch wenig trauen konnte, und in welcher auch der grosse Einfluss der Abweichung der Magnetnadel dabei nicht in Anschlag gebracht werden konnte. Ferner bewegten sich die meisten der von Rennel angeführten Beobachtungen über oceanische Temperatur, über Richtung und Schnelligkeit der Strömungen nur auf der Oberfläche des Oceans. Messungen der See in grossen Tiefen waren noch selten und noch seltener der Gebrauch des Tiefsee-Thermometers. Bald nach ihm wurden in allen diesen Dingen einige wesentliche Verbesserungen eingeführt. Und nachdem dieselben in allgemeinen Gebrauch gekommen waren, fragten hinterdrein die Leute, wenn sie wiederum auf Rennell's einst angestauntes Werk blickten, und auf die darin mit der scrupulösesten Genauigkeit niedergelegten so zahlreichen Beobachtungen, „was dies Alles jetzt werth sei, und klagten, dass dabei so viele Mühe vergebens verschwendet worden."[1])

Ich will hier einige der für die Förderung einer bessern Erkenntniss der Meeresströmungen nach Rennell's Zeit gemachten wichtigen Erfindungen und Verbesserungen hervorheben.

---

[1]) Siehe Nautical Magazine. Vol. XXI. London. 1852. p. 482.

Chronometer, obgleich sie, wie gesagt, schon seit dem Ende des 18. Jahrhunderts von den Commandeuren wichtiger Expeditionen bei ihren Reisen benutzt waren, wurden doch erst in den dreissiger Jahren dieses Jahrhunderts vervollkommnet und kamen nun auch erst in allgemeinen Gebrauch. Im Jahre 1822 wandte das englische Gouvernement seine Aufmerksamkeit auf die Beförderung der Vervollkommnung dieses in der Schifffahrt so wichtigen Instruments. Von diesem Jahre an wurden jährlich Belohnungen auf die Herstellung guter Chronometer ausgeschrieben. Aber erst mit dem Jahre 1837 stellte man die jährliche Ausbietung dieser Prämie ein, weil man nun erst anzunehmen und auszusprechen wagte, „dass jetzt die Kunst der Chronometer-Construirung ihren Höhepunkt erreicht habe und vorläufig dabei nichts mehr zu wünschen übrig sei."[1])

Erst seit dem genannten Jahre wurden gute Chronometer unter den Seefahrern ziemlich allgemein, und natürlich wurden nun auch alle mit ihnen angestellten Beobachtungen über Schiffs-Positionen und über Richtung und Stärke der Meeresströmungen mehr werth als früher.

Auch die scheinbar so anomalen und capriciösen Bewegungen des Erdmagnetismus wurden erst nach Rennell's Zeit schärfer beobachtet und untersucht. Im Jahre 1838 stellte Herr Airy, der königliche Astronom, eine Reihe von Experimenten an, um die Gesetze der magnetischen Störungen zu entdecken, und es ist ziemlich allgemein bekannt, was in dieser Beziehung in Folge der Proposition Humboldt's, magnetische Beobachtungs-Stationen in der ganzen civilisirten Welt zu etabliren, bewirkt worden ist. Seit dieser Zeit erst haben solche nützliche magnetische Karten angefertigt werden können, wie sie jetzt im Besitze der meisten soliden Seefahrer sind.

Die Abweichungen des Compasses, welche durch das Eisen des Schiffskörpers verursacht werden, methodich zu bestimmen, dies lernte man dann in einer noch jüngeren Zeit. Im Jahre 1851 veröffentlichte das hydrographische Bureau der englischen Admiralität die erste, und im Jahre 1855 die zweite Ausgabe einer Schrift über diesen Gegenstand, und seit dem

---

[1]) Siehe Nautical Magazine. Vol. XXVII. London 1858. p. 135.

sind die Experimente und die Methoden zur Feststellung jener Abweichung häufiger und allgemeiner geworden.

Fast alle Beobachtungen über die Richtung und Schnelligkeit der Meeresströmungen sowohl als auch über die Temperatur des Wassers waren bis zum Jahre 1832 mehr oder weniger nur auf der Oberfläche des Oceans gemacht. Tiefsee-Peilungen waren damals noch selten. Sie waren für die unter Segel und in Bewegung. begriffenen Schiffe zu schwierig, zu kostspielig und zu mühevoll. Von den damals gewöhnlichen Beobachtungen der Oberfläche auf die Natur einer mächtigen, umfangreichen, dicken und tiefgehenden Wassermasse zu schliessen, war so misslich, wie ein Schluss auf die Natur der Holzmasse eines Baumes von der Untersuchung und Beschaffenheit seiner Rinde. Unsere Instrumente zur Bemessung und Untersuchung der Tiefen sind erst neuerdings bedeutend verbessert worden, und auch erst seit kurzem hat man einige Methoden angegeben zur Entdeckung und Bemessung der Schnelligkeit von Unterströmungen in grossen Tiefen.

Auch das See-Thermometer hat seitdem verschiedene Stadien der Verbesserung durchgemacht, bis es endlich mehr und mehr fähig geworden ist zur Erkennung und Anzeigung der Temperatur sehr tiefen Wassers. Der oben von mir genannte geschickte Seefahrer Herr Scoresby war, so viel ich weiss, der erste, der im Jahre 1815 in bedeutenden Tiefen (von etwa 200 Faden) See-Temperaturen bestimmte. Darnach sind unsere Mittel für diese Zwecke immer besser und grossartiger geworden. Wir sind mit dem Thermometer zu immer grösseren Tiefen hinabgestiegen und haben auf diese Weise das Feld unserer Beobachtung nicht nur in die Breite, sondern namentlich auch nach unten hin bedeutend erweitert.

Flaschen-Experimente waren, wie ich oben sagte, zum Zwecke der Entdeckung und Definirung oceanischer Strömungen, schon seit dem Anfange dieses Jahrhunderts angestellt worden. Sie wurden in der Folgezeit fleissig fortgesetzt. Das in London erscheinende Nautical Magazine und einige andere periodische Blätter nahmen die Gewohnheit an, jedes Jahr von Zeit zu Zeit die Resultate solcher Experimente zur Kenntniss des Publikums zu bringen, indem sie die Meeres-Gegenden bezeichneten, in welchen Flaschen von Seefahrern ausgeworfen, und auch die Küsten, an denen sie wiedergefunden wurden.

Ein Franzose, Mr. Dayssy, war der erste, der es versuchte, eine Menge Facta dieser Art in einem synoptischen Ueberblick auf einer Flaschen-Karte zu vereinigen, wie vor ihm Rennell die Temperatur- und Strom-Karte des Oceans construirt hatte. Herr Dayssy sammelte eine Menge von Beobachtungen über Flaschen-Experimente, bezeichnete auf seiner Karte den Fleck des Oceans, wo sie ausgeworfen waren, und die Küsten-Lokalität, wo man sie wiedergefunden hatte, und verband dann diese beiden Punkte durch Linien, welche die wahrscheinliche oder allgemeine Reiseroute, die von den Flaschen zurückgelegt war, und die Richtung der Impulse, durch welche sie gefördert waren, der Winde und Strömungen, andeuten sollten.[1]

Captitain A. B. Belcher, ein bekannter englischer Seefahrer und Hydrograph, war, so viel ich weiss, der Erste, der in England dieses Beispiel nachahmte und dann die erste specielle Flaschen-Karte des nord-atlantischen Oceans und des Golfstroms construirte. Er veröffentlichte diese Karte in dem Nautical Magazine vom Jahre 1843.[2] Er combinirte auf derselben die Resultate von 119 Flaschen-Experimenten. Neun Jahre später publicirte er eine zweite und verbesserte Ausgabe dieser Karte, auf welcher er alle die Flaschen-Routen (Bottle-Tracks) hinzufügte, die seit der ersten Ausgabe bekannt geworden waren.[3] Dayssy's und Belcher's Flaschen-Karten wurden so nützlich und lehrreich befunden, dass man sie nachher vielfach auch in anderen Ländern nachahmte.

Eine andere Art kartographischer auf den Golfstrom Bezug habender Bilder wurde zu derselben Zeit von W. C. Redfield eingeführt. Er gab die erste genaue und reichhaltige Karte der Positionen von Eisbergen und Eisfeldern, welche von britischen und amerikanischen Seefahrern in den Jahren 1832—1844 in den mittleren Partien des atlantischen Oceans beobachtet worden waren. Er stellte auf dieser Karte die Geschichte und Schicksale von mehr als 100 beobachteten Eisbergen dar, und

---

[1] Siehe über Mr. Dayssy's Flaschen-Karte die Bemerkungen in: Nouvelles Annales des Voyages, publiées par Eyries et A. de Humboldt. Vol. II. 1839. p. 254.

[2] Siehe dieselben im Nautical Magazine. 1843. p. 184.

[3] Siehe diese Karte im Nautical Magazine. 1852. p. 569.

seine Eiskarte mag mit den genannten Flaschen-Karten als eine Vervollständigung und Fortsetzung von Rennell's Stromkarte betrachtet werden. Redfield's Karte zeigte, dass die Eisberge aus Norden meistens nur bis zum Golfstrom kommen, und in seinen warmen Gewässern zerschmelzen, dass zuweilen aber einige durch den ganzen Golfstrom quer hindurchsetzen und ihre kalten Massen und niedrigen Wasser-Temperaturen bis an die südliche oder innere Gränze des Golfstroms hinabtragen. Am 18. Juni 1842 war ein Eisberg von 100 Fuss Höhe und 170 Fuss Länge von der Mannschaft des Schiffs Formosa in 38° 50‚ nördlicher Breite und in dem Meridian des südöstlichen Endes der Neu-Foundland-Bänke beobachtet worden.[1]) Es wurde hierdurch zum ersten Male genügend nachgewiesen, dass unter dem Golfstrom eine von Norden nach Süden gerichtete Strömung wegsetzen müsse, und dass diese Unterströmung, welche die Eisberge in einer den Golfstrom kreuzenden Richtung herabführte, wahrscheinlich eine Fortsetzung der Arktischen Strömung sei.

Während der ersten beiden Jahrzehnde nach Rennell wurden nicht viele neue Beobachtungen über die Temperatur, Richtung und Schnelligkeit der Strömungen in den südlichen und HauptAbschnitten des Golfstroms gemacht, vermuthlich weil man die sie betreffenden Fragen damals als durch Rennell genügend beantwortet erachtete. Wenigstens wurde in England und überhaupt in Europa sonst nichts Bedeutendes über diese amerikanische Partie des Golfstroms, die nun bald ganz den Ingenieuren und Hydrographen der Vereinigten Staaten als ein ihnen naturgemäss angehörendes Feld der Forschung zufiel, zu Tage gefördert.

Nur dann und wann machte wohl ein englischer, französischer oder deutscher Seefahrer zerstreute Bemerkungen über den Golfstrom in nautischen oder geographischen Magazinen, oder in eigenen Schriften bekannt. Es ist nicht nöthig und auch fast nicht möglich, hier alle diese zerstreuten Bemerkungen nachzuweisen. Doch möchte ich unter den deutschen Schilderern des Golfstromes aus dieser Zeit Herrn H. Koeler namhaft

---

[1]) Eine Copie von Redfield's Eiskarte (Ice-Chart) findet sich in der Zeitschrift für Erdkunde. Herausgegeben von Prof Koner. N. F. VII. Berlin. 1859. Taf. II.

machen, der auf verschiedenen in den vierziger Jahren im Ocean ausgeführten See-Reisen zwischen Europa und Amerika sehr fleissige und genaue Beobachtungen über den Golfstrom und seine Temparatur anstellte. Er fasste dieselben in einer im Jahre 1849 publicirten kleinen Schrift zusammen, die besonders auch dadurch ausgezeichnet ist, dass sie neben den in ihr mitgetheilten Temperatur-Beobachtungen der See ebenfalls jedes Mal die dazu gehörigen und unentbehrlichen Beobachtungen über die gleichzeitige Temperatur der Luft, die Richtung des Windes, die Stunde des Tages etc. enthält, was Alles andere Beobachter häufig unbemerkt gelassen haben.[1]) Koeler's kleines Buch kann noch heutzutage mit Nutzen berathen werden, und da es nicht sehr beachtet, weder ins Englische noch Französische übersetzt worden ist, so mochte es wohl hier gelegentlich dem Leser empfohlen werden.

Viel zahlreicher waren während dieser Periode die Speculationen und Nachforschungen, welche über die nördlichen und arktischen Auszweigungen des Golfstromes angestellt wurden. Sie waren auch nach Rennell noch ein ziemlich neues Feld der Beobachtung, das zugleich den **europäischen** Seefahrern näher lag. Ich will die wichtigsten dieser Beobachtungen hier chronologisch darstellen.

In den Jahren 1838 — 1840 wurde vom Könige Louis Philipp von Frankreich eine wissenschaftliche Expedition unter der Leitung von Paul Gaimard nach dem Norden, nach Skandinavien, Lappland, den Farör-Inseln und Spitzbergen ausgesandt. Die Ziele und Zwecke dieser „nördlichen Mission" („commission scientifique du Nord") waren mannigfaltig. Doch waren ihre Mitglieder namentlich auch mit Tiefsee-Messungen und oceanischen Temperatur-Beobachtungen beschäftigt. Aus allen von ihnen angestellten Beobachtungen dieser Art zogen jene Franzosen das Resultat, „dass eine breite Strömung in nordnordöstlicher Richtung durch die nördlichen Partien des Atlantischen Oceans gehe, zuerst auf Grossbritannien gerichtet sei, dann zwischen Schottland und den Farörinseln passirend, längs der Küste von Norwegen bis zum Nordcap streife, und

---

[1]) H. Koeler. Einige Bemerkungen über die Temperatur der See-Oberfläche im nord-atlantischen Meere. Göttingen. 1849.

sich von da aus nach Norden zu den Cherry-Inseln und auf Spitzbergen wende."¹) „Dieser Strom", so sagt einer der bei jener Expedition betheiligten französischen Berichterstatter, „erschien uns zweifellos als eine Fortsetzung des Golfstromes. Ein Zweig desselben schwingt sich wahrscheinlich um das Nordcap herum und setzt sich da südostwärts gegen Wardöhuus und Russland fort. Eine Flasche, die am 17. Juli 1838 im Meridian des Nordcaps in 74° 12' nördl. Breite und 14° östlicher Länge von Paris ausgeworfen wurde, fand man später an der Küste in der Nähe von Wardöhuus wieder."

Wie schon häufig v o r ihnen andere Reisende, entdeckten auch diese Franzosen an den Küsten Scandinaviens viele südliche Pflanzen und andere schwimmende Gegenstände, „welche offenbar von der Küste der Vereinigten Staaten und vom Golf von Mexico stammten." An der äussersten Uferspitze des Nordcaps selbst wurde die Frucht von „Mimosa scandens", einer wohlbekannten mexicanischen Pflanze, gefunden. Es waren dies indessen nur für Frankreich gemachte Bestätigungen alter im Lande selbst längst bekannter Dinge. Schon im Jahre 1773 hatte der norwegische Bischof von Trondhjem Dr. Grunerus in den Schriften der Trondhjem'schen wissenschaftlichen Gesellschaft und im Anfange des 19. Jahrhunderts der berühmte Botaniker Wahlenberg in seinem Werke „Flora Lapponica" eine ganze Reihe von tropischen Pflanzen aufgeführt, deren Samen an den norwegischen Küsten häufig an's Land geworfen werden.²)

Zu dieser Zeit, wo die französischen Reisenden an den Küsten Norwegens thätig waren, war ein anderer Gelehrter, der berühmte russische Akademiker v. Bär, damit beschäftigt, die benachbarte grosse Insel Nowaja Semlja wissenschaftlich zu erforschen, namentlich „um die Lage und Verhältnisse derselben in Hinsicht auf die wärmeren Winde und Strömungen aus dem Westen zu bestimmen."

---

¹) S. hierüber das Werk: Voyages de la Commission scientifique du Nord en Scandinavie, en Laponie, en Spitzberg et aux Faroë en 1838, 1839, 1840 publiées sous la direction de Mr. Paul Gaimard, Président de la Commission; Astronomie et Hydrographie." p. 461.

²) Siehe hierüber A. Vibe „Küsten und Meere Norwegens" in Petermann's Mittheilungen. Ergänzungs-Band von 1860. p. 18—19.

Herr von Bär führte seine Reise in Nowaja Semlja im Jahre 1837 aus und machte die Resultate seiner Beobachtungen im folgenden Jahre 1838 bekannt. Er besprach das Klima, die Vegetation, die Fauna des Landes und beschrieb den auffallenden Contrast zwischen seiner westlichen und östlichen Küste. Er zeigte, dass die lange Insel, welche in einer geraden Linie von Süden gegen den Nordpol ausgestreckt ist, eine scharfe Scheidung zwischen Osten und Westen bewirke, und dass sie gleichsam einen Wall gegen das Vordrängen des östlichen Eises aus Sibirien nach Westen bilde. Während die See im Osten von Nowaja Semlja stets voll von Eis ist und ein Eiskeller genannt werden kann, ist dagegen das Meer im Westen gewöhnlich frei von Eis, da es durch den Einfluss des Golfstroms und durch die westlichen Winde beständig erwärmt wird. „Wenn Nowaja Semlja nicht existirte," sagt Herr von Bär, „so würde das sibirische Eis in den westlichen Ocean hineinbrechen, zu den Küsten von Norwegen herangetrieben werden, und dieses Land, das jetzt unter dem Einflusse des warmen Golfstroms grünt und blüht, würde von öden Tundras ebenso bedeckt erscheinen, wie das nördliche Sibirien." Bär bezeichnete hiermit die Insel Nowaja Semlja im Nordosten als den letzten und äussersten Wall, an welchem der Einfluss des Golfstroms gebrochen und nach Norden herumgebogen wird.[1]

Bald nachdem Bär diese Resultate seiner Forschungen und Reisen veröffentlicht hatte, kehrte auch ein anderer Deutscher Gelehrter, dessen Reisen und Untersuchungen wir schon oben als mit dem Golfstrom in Verbindung stehend, bezeichneten, zu diesem Gegenstande zurück. Leopold von Buch, der im Jahre 1840 abermals Norwegen besuchte, zeigte in einer physikalischen Abhandlung über die kleine, aber für die Wissenschaft so vielfach wichtige „Bären-Insel" (oder Cherry-Island) im Süden von Spitzbergen, dass auch dieses nördliche Ländchen (in 75° N. Br.) ebenfalls alle wohlthätigen und mildernden Einflüsse des Golfstroms empfange.[2]

---

[1] Siehe hierüber: „Bulletin scientifique publié par l'Academié Imperiale des Sciences de St. Petersbourg. Tome III. 1858. p. 171 und 343.

[2] Siehe diese Schrift in den Memoiren der königlichen Akademie von Berlin vom Monat Mai 1846.

Der Winter, in welchem L. v. Buch diese Abhandlung schrieb (1845 —46) war im ganzen westlichen Europa und namentlich in England, wieder ein ganz ungewöhnlich milder gewesen. Er zeigte ein auffallende Aehnlichkeit mit dem durch seine Milde berühmten Winter von 1821—22, in welchem, wie ich oben berichtete, Oberst Sabine auf seinen Fahrten nach Afrika die exceptionelle Verlängerung und Ausdehnung des Golfstroms gegen Osten beobachtet, und dessen mildes Wetter er mit dieser Annäherung des Golfstroms in Verbindung gebracht hatte.

Die durchschnittliche Temperatur der Monate December, Januar und Februar 1845—46 übertraf die durchschnittliche Temperatur des vorhergehenden Jahres (1844—45) um 8 Grade. Es gab in England und überhaupt im ganzen westlichen Europa so viel Nebel, Regen und Wasserfluthen, wie im Jahre 1821—22, und eben so auch waren, wie in diesem Winter, südwestliche Winde die vorherrschenden.

Sabine vermochte freilich für 1845—46 kein solches aussergewöhnliches Ausgreifen des Golfstroms nachzuweisen, wie er es für 1821—22 gethan hatte. Denn „obgleich die in Rede stehende Partie des Oceans," wie Sabine sagt, „jährlich von hunderten von Schiffen durchkreuzt wird, so waren doch von keinem Seefahrer Temperatur-Beobachtungen gemacht worden. Keinerlei Anstalten waren vorgesehen, um ein Ereigniss zu beobachten und der Welt zu verkünden, das, wenn es eintritt, einen ganz ausserordentlichen Einfluss auf die Wetterzustände unseres Welttheiles und auf das gesammte Wohl und Wehe unserer Völker ausübt." Er vermochte für das Jahr 1845—46 aus dem Zustande des Wetters eine damalige Verlängerung des Golfstroms „nur wahrscheinlich zu machen" [1])

Sabine glaubte, dass die anfängliche Geschwindigkeit und Heftigkeit des Golfstroms bei seinem Austritt aus den mexicanischen Gewässern („the initial velocity of the Gulfstream") in verschiedenen Jahren verschieden sein und dass der Strom sich daher je nach dem Grade dieser Heftigkeit unserem Welttheile mehr nähern, oder mehr entfernt halten möchte. Er glaubte, dass auf diese Weise der Golfstrom einen constanten

---

[1]) Siehe Oberst Sabine's Memoir: „On the cause of remarcably mild winters which occalionally occur in England" in „the London Edinburgh and Dublin Philosophical Magazine and Journal of science." Vol. XXVIII. London 1845. p. 317·

je nach seiner Geschwindigkeit und Annäherung mehr oder weniger hervortretenden Einfluss auf die Temperatur und Feuchtigkeit der Winter Europa's habe und dass es daher eine Sache von äusserst praktischem Werthe für uns Alle sein würde, jährlich im Voraus von dem Zustande und der Tendenz des Golfstroms und von den Veränderungen in seiner ursprünglichen Schnelligkeit und Gewalt („of its initial velocity and power") unterrichtet zu werden.

Sabine hielt es demnach für empfehlenswerth und ausführbar, dass Schiffe in dem Thore von Florida stationirt würden, um den Golfstrom bei seinem Anfange beständig zu überwachen, und dass sie schneller als der Golfstrom segelnd, schon bei Zeiten im Früherbst in England eine ungewöhnliche Erhebung im Niveau des Golfs von Mexico oder eine ausserordentliche Schnelligkeit des Golfstroms bekannt machen und so uns Europäer von dem Bevorstehen eines sehr milden und feuchten Winters benachrichtigen könnten.[1]

Vielleicht geschah es auf Anregung der eben genannten Ausländer, dass bald nachher auch die eingebornen Forscher Skandinaviens sich wieder lebhaft mit der Nachweisung der Existenz des Golfstroms längs der Küste ihres Landes so wie in den von ihnen beschifften Meeren, und seines Einflusses auf Klima und Cultur des Nordens beschäftigten. Herr Schjöht behandelte in seinem Werke „Om enkelte af Havets Phaenomener" (Ueber verschiedene Meeres-Phänomene) den Golfstrom ausführlich, sowie auch Herr C. Fogh in „Tideskrift for populäre Fremstillinger af Naturwidenskaben" (Zeitschrift für populäre Darstellungen aus der Naturwissenschaft) den Gegenstand in Erwägung zog. Dessgleichen liess sich einige Zeit später Herr A. Vibe, Chef der norwegischen Generalstabsaufnahme in seiner Schrift „Küsten und Meere Norwegens" darüber aus.[2] Alle diese Schriftsteller nahmen die Existenz eines längs der norwegischen Küste gehenden „Zweiges des Golfstroms" an und erklärten daraus das auffallend milde Klima ihres Landes. Auch führten sie, namentlich Vibe ebenso wie jene Franzosen, mehrere Fälle von ausländischen Früchten, tropischen Sämereien, Campecheholz und anderen Producten und Gegenständen aus dem Süden an,

---

[1] Ibidem p. 323 und 324.
[2] S. diese Schrift in Petermann's Mittheilungen. Ergänzungsband von 1860.

die um das Nordcap herum bis nach Wardöhuus, ja noch weiter ostwärts bis in's weisse Meer hinausgeführt worden seien, und welche die Existenz einer so weit reichenden Golfstrom-Verzweigung bewiesen.[1])

Vor Allen waren auch die Dänen thätig, die Existenz und und den Einfluss des Golfstroms in den von ihnen viel befahrenen nördlichen Gewässern, besonders um die Faroer, Shetlands Inseln und Island herum nachzuweisen. Häufig besegelten in den dreissiger und vierziger Jahren ihre wohl ausgerüsteten und mit den Mitteln zu wissenschaftlichen Beobachtungen versehenen Kriegsschiffe und Marine-Offiziere die Gewässer bei den genannten Inseln und durchschnitten dabei den Golfstrom in einer seiner interessantesten und am seltensten beobachteten Partieen. Namentlich aber nahm sich einer ihrer ausgezeichnetsten Offiziere, der damalige Marine-Capitain, jetzige Contre-Admiral C. Irminger der Untersuchung über Temperatur und Strömungen in diesem Meeres-Abschnitte an. Er ging viele Journale, welche an Bord jener Dänischen Kriegsschiffe geführt waren, durch, befuhr auch selbst beobachtend die nördlichen Gewässer und legte dann die Resultate und Ansichten, zu denen er gelangte, in mehren höchst interessanten Schriften nieder, die zuerst in Dänischen und dann auch in Deutschen und anderen Zeitschriften zur allgemeinen Kunde gebracht wurden[2]) und von Temperatur- und Strömungs-Karten begleitet waren. In diesen Schriften bewies Capt. Irminger überzeugender, als es bisher geschehen war und zum ersten Male auf empirischem Wege, die Existenz nach Nordosten gerichteter und in die Arktischen Seen eintretender warmer Strömungen zwischen Island und Schottland. „Auf mehren Reisen wurde das Wasser im nördlichen Theil des deutschen Meeres um 2 und mehre Grade kälter als das Meer im Westen von Shetland in höheren Breiten gefunden" und ebenso war das Meer an der West- und

---

[1]) Siehe hierüber A. Vibe in Petermann's Mittheilungen. l. c. p. 16—20.
[2]) Siehe den Aufsatz des Capitain Irminger: „Ueber die Richtung und Schnelligkeit des Golfstroms" in: „Nyet Archiv for Sövaesenet. Kjobenhavn 1843. p. 191." Und in demselben Archiv Jahrgang 1853. p. 115 den Aufsatz „über Meeresströmungen" und ferner im Jahrgange 1854 den Aufsatz „über die Arctische Strömung, sowie desselben Verfassers kleine Schrift: „Strömninger og Jsdrift ved Island. Kjöbenhavn 1861."

Nord-Küste Island's meistens um 5 bis 6 Grad wärmer als an den gegenüber liegenden Ostküsten Grönlands selbst in etwas südlicherer Breite. — Irminger fand das wärmere Wasser auf der Westküste von Island überall fast bis zur nördlichsten Spitze der Insel hin. Es strömte aus Süden herbei und stellte sich also als ein Zweig des Golfstroms dar. Erst in der Nähe der nördlichsten Halbinsel von Island hören diese höheren Temperaturen und Stromrichtungen aus Süden ziemlich plötzlich auf, „und durch diese plötzliche Veränderung wird hier deutlich die Gränze der wärmeren Strömung zu erkennen gegeben. Beim Nordwest-Ende von Island hemmt die mächtige Strömung des Eismeeres den Lauf der wärmeren Strömung nach Norden, und diese wird dadurch wahrscheinlich nach Westen gebogen und setzt dort, bis sie verschwindet, ihren Lauf längs der Südgränze vor der Strömung des Eismeeres fort." „Diese Strömung aus Süden," sagt Irminger,[1]) „wird dort ebenso scharf von der Arctischen Strömung begränzt, wie die Section des Golfstroms an der Amerikanischen Küste." Es ist diese Strömung aus Süden, welche bewirkt, dass man nie Eis in der grossen Faxe-Bucht auf der Westküste von Island sieht, und dass die Häfen daselbst das ganze Jahr ebenso wie in Norwegen offen sind, während die in einer geringen Entfernung gegenüber liegende Küste Grönland's das ganze Jahr hindurch von Eis verbarrikadirt ist. „Der Zug aus Süden hält das Eis aus dem Eismeere immer zusammengedrängt längs der Ostküste von Grönland. Sobald die Südwestliche Strömung Cap Farewell passirt hat, wird sie nördlich in die Davisstrasse gedrängt, zuletzt aber bricht sie dann ihre Bahn, um nach Süden zu kommen, längs der Küste von Labrador."

Von nordischen Seeleuten, welche eine lange Reihe von Jahren auf den Wallfischfang zwischen Spitzbergen und Jan Meyen fuhren, brachte Capitain Irminger in Erfahrung, dass sie im Norden von Shetland häufig dunkel gefärbte Flecken im Meere sehen, denen sie so constant daselbst begegnen, dass sie auf der Heimreise darnach ihre Schiffsposition bestimmen, sowie ferner, dass sie in derselben Gegend häufig dem schönen Seevogel, den sie „Jan van Gent" nennen, begegnen, während sie ihn weiter

---

[1]) In einem an den Verfasser darüber gerichteten Briefe.

im Nordwesten oder Südwesten nicht sehen. Capitain Irminger glaubt, dass jene Flecken im Meere aus der Vermischung des Wassers der aus Südwesten kommenden Strömung mit dem der Nordsee herrühren, sowie dass dieselbe Strömung aus Südwesten die Nahrung mit sich führt, welche der genannte „Jan van Gent" und andere Seevögel suchen. Ferner constatirt Irminger, dass Fischerbojen von den Lofoden häufig nach Spitzbergen getrieben und dort gefunden wurden. „Auf der Strecke der kleinen sogenannten Seven Islands (im Nordosten von Spitzbergen) lagen im Jahre 1861 nicht weniger als 20 bis 30 von diesen Fischerbojen aus den Lofoden."[1]) Endlich nahm auch Capitain Irminger mitten in dem wärmeren Wasser zwischen Shetland und Island kältere Streifen wahr, die er sogar auch auf seinen Karten andeutete. Alle diese Dinge, diese kalten Streifen in der bezeichneten Partie des Golfstroms, jene dunklen Wasserflecken, und die mit dem Strom weit nach Norden ziehenden Vögel und Fischerbojen waren wieder lauter neue Charakterzüge, welche Capitain Irminger gleichsam dem Gemälde des Golfstroms einfügte. In Bezug auf das Treibholz, welches in vielen Lokalitäten der Küsten der oft genannten Inseln, der Faroer, Shetlands und Islands gefunden wird, sprach Capitain Irminger sich dahin aus, „dass es höchst wahrscheinlich sei, dass der grösste Theil desselben aus den grossen amerikanischen Flüssen komme und durch den Mississippi in den mexicanischen Meerbusen hinausgeführt und von dort mit dem Golfstrom und später mit der Strömung, welche zwischen Shetland und Island läuft, zum Eismeer gebracht werde."[2]) Ein Mal im Jahre 1844 sah Capitain Irminger grosse Massen Treibholz bei der südlichen Spitze von Stromoe, einer der Faroer, darunter sehr grosse Bäume, welche von den Eingebornen zu Brettern und Balken verarbeitet und zum Häuserbau gebraucht wurden, und er berechnete damals aus verschiedenen Anzeichen und Merkmalen, dass der Golfstrom dieses Holz von Florida in dem Zeitraume von 160 Tagen herbeigeführt haben müsse.

Schon früher waren ähnliche Funde und Beobachtungen bei den Faroer gemacht worden. Im Jahre 1819 hatte ein

---

[1]) Nach einer brieflichen Mittheilung des Admiral Irminger an den Verfasser.
[2]) Siehe Irminger: Zeitschrift für Erdkunde. Band III. Berlin 1854. S. 190.

Däne, Herr Lyngbye, dort verschiedene Theile eines amerikanischen Indianer-Canoes gefunden, welches aus Mahagoniholz construirt war.[1]) Auch berichten die dänischen Geschichtschreiber, dass das Treibholz in früheren Zeiten in so grosser Menge zu den Küsten der Faroer und Islands angelangt sei, dass es wesentlich zur Wohlfahrt der Eingeborenen beigetragen habe, aber dass es in neuerer Zeit seltener geworden und jetzt von den Insulanern schmerzlich vermisst werde. Sie bringen diese Erscheinung mit der wachsenden Vermehrung der Bevölkerung des Mississippi-Thales und der Vereinigten Staaten in Verbindung, und glauben, dass der Mississippi desswegen nicht mehr so grosse Mengen von Holz in den Golf von Mexico hinabführe wie früher, weil das Holz jener Wälder jetzt mehr als früher verbraucht werde, und dass daher auch ihre nördlichen Gegenden an Holz Mangel leiden.

Die Dänen fanden auch von Zeit zu Zeit an den Küsten der Faroer wie an denen von Norwegen und Island gewisse fremde Früchte, welche beim Volke seit alten Zeiten „Vettenyrer" genannt wurden. Es sollen dies die Samen-Kapseln der bei Norwegen genannten mexicanischen Pflanze „Mimosa scandens" sein. Auch in den südlichen dänischen Colonien von Grönland in der Davisstrasse kennt Jedermann diese Bohnen, welche dort sehr oft antreiben. Man benutzt sie auch dort zu Schnupftabacksdosen. Diese transatlantischen „Vettenyrer"[2]) betrachtete Capitain Irminger wieder als einen entschiedenen Beweis dafür, dass ein Zweig des Golfstromes die Küsten jener Inseln erreiche, und auch mit seinem Einfluss bis in die Davis-Strasse eindringe.

Bald nachdem Irminger seine eben erwähnte Reihe von Untersuchungen über den nördlichen Verlauf des Golfstroms begonnen hatte, kam ein berühmter deutscher Geologe, der Professor W. Sartorius von Waltershausen, welcher, nachdem er die Geologie des Aetna studirt hatte, auch die nördlichen Vulcane kennen zu lernen wünschte, nach Island und führte daselbst sehr beachtenswerthe Reisen und Forschungen aus. Er stellte auch Beobachtungen über das Klima der nördlichen und

---

[1]) S. darüber: Lyngbye, „Tentamen Hydrophytologiae Danicae." Hafniae. 1819.
[2]) Der Name Vetttenyrer soll so viel bedeuten als: „Zauber-Nieren."

südlichen Theile dieser Insel und über die Temperatur der isländischen Meere und ihre Strömungen an, und gelangte dabei zu dem Schlusse, dass die südliche Küste dieses nördlichen Landes noch dem Einflusse des Golfstroms, in dessen Mitte, wie er sagt, die Faröer-Inseln liegen, unterworfen sei.

Aus mehren meteorologischen Beobachtungen, welche in Island von den Dänen Capitän Scheel und dem Dr. Thorstenson[1]) gemacht und die dem Professor Sartorius im Manuscripte mitgetheilt wurden, geht hervor, dass die durchschnittliche jährliche Temperatur von Akureyre, einem Orte an der Nordküste von Island nur $+ 0°58'$ Cent. und die von Reykiavik auf der Südküste $+ 4°5'$ Cent. ist.[2]) Dies ist für zwei Punkte, deren Breiten-Unterschied kaum $2^1/_2$ Grad beträgt, ein ganz ausserordentlich grosser Temperatur-Unterschied. Professor Sartorius erklärt ihn durch die Annahme, dass, **während ein arctischer Strom mit grossen Eismassen, von Spitzbergen kommend, längs der Nordküste von Island fliesst, im Gegentheil der warme Golfstrom gegen die Südküste der Insel auszweigt.**

Aus den oben citirten Beobachtungen geht ferner hervor, dass, während die Luft auf der Südküste eine mittlere jährliche Temperatur von $4°5'$ Cent. hatte, die See hingegen (während 5 folgender Jahre) eine Wärme von $5°42'$ Cent. zeigte. Da hiernach der Ocean mehr als einen Grad wärmer war, als die Atmosphäre, so scheint es, dass nicht allein die südwestlichen warmen Winde, sondern ganz vorzugsweise die warmen Meeres-Strömungen (der Golfstrom) die Ursache und Quelle des milden Klimas des Südens von Island sind. „Da die allgemeine Durchschnitts-Temperatur des Breiten-Grades von Island," sagt Professor Sartorius, „$0°$ Cent. ist, so bringt mithin der Golfstrom dieser Insel eine Wärme von circa $4°$ Cent.

---

[1]) Die Beobachtungen des Capitain Scheel im Norden von Island sind nie gedruckt worden. Die von Thorstenson im Süden der Insel sind in Copenhagen unter dem Titel: „Observationes Meteorologicae in Islandia factae a Thorstensonio Medico. Hafniae 1835 veröffentlicht worden.

[2]) Siehe Prof. W. Sartorius von Waltershausen, „Physisch-geographische Skizze von Island." 1847. p. 34.

zu.¹) Zuweilen stören wohl schwere und lange ausdauernde Stürme aus Nordosten die Richtung und den Einfluss des Golfstroms bei Island. Aber wenn die Nordostwinde aufhören, so taucht alsbald der warme Strom aus Südwesten wieder auf." ²)

Professor Sartorius berichtete auch über den Einfluss des Golfstroms auf die Schifffahrt in diesen Gegenden ein sehr interessantes Factum. Er sagte, dass Schiffe, welche von dem im Osten gelegenen Norwegen kommend, für die Nordküste von Island bestimmt sind, nicht den **directen** Weg zu ihrem Ziele einschlagen, weil sie so den kalten Strömungen und Eismassen aus Norden begegnen würden. Sie ziehen es vielmehr vor, die ganze grosse Insel im Süden und Westen **durch die** warmen Gewässer des Golfstroms und mit ihnen zu umsegeln, und kommen endlich aus Westen zu ihrem nördlichen Bestimmungs-Orte an,³) woraus hervorgeht, **dass der Golfstrom die atlantische Schifffahrt an den Küsten Islands und Spitzbergens und Nowaja Semlja's eben so regulirt, wie an denen Florida's und Mexico's.**

---

¹) Sartorius l. c. p. 35.
²) Ibidem p. 25.
³) Sartorius l. c. p. 31.

X.
Neueste Darstellungen des gesammten Golfstroms.

Nicht zufrieden, wenn ich mich so ausdrücken darf, mit der Ausdehnung, welche Humboldt, Scoresby, Baer, Irminger, Buch, Waltherhausen, Dove etc. dem Golfstrom jenseits seiner alten Grenze bei den Azoren bis nach Island, Spitzbergen und Novaja Semlja hinauf gegeben hatten, haben nun einige neuere Seefahrer und Geographen ihn noch weiter nord- und ostwärts verfolgt und haben ihn bis zum Nordpol oder doch rings um den Nordpol herumgeführt. Diese Ansichten wurden zum Theil durch die Sagen oder Nachrichten von der Existenz einer offenen See beim Nordpol und namentlich von einer sogenannten „Polynia" [1]), welche die Russen im Norden von Sibirien entdeckt hatten, hervorgerufen.

So sagte der Americaner Dr. Kane schon im Jahre 1852 in einer Schrift: „Ueber den Zugang zu einer offenen Polar-See", die er in der Geographischen Gesellschaft von New-York mittheilte, Folgendes: [2])

„Der Golfstrom ist von Professor Dove und von dem Russischen Akademiker Baer bis zu den oberen Partieen von Novaja Semlja verfolgt worden. Weiterhin hat man während des Winters, wenn die grossen Ströme Sibiriens einen Theil ihrer dann im Eise gebundenen Wassermassen verlieren, einen von den Faroer-Inseln kommenden Strom bemerkt, der nach Nord-Osten längs der Küste Asien's zur Beringsstrasse fliesst. Das Küsten-Eis an dem Nord-Rande Asiens macht diesem wär-

---

[1] Das russische Wort „polynia" wird in den Wörterbüchern der Russischen Sprache als „eine offene Stelle in einem mit Eis belegten Wasser" erklärt. Es ist also dasselbe, was wir im Deutschen eine „Wake" nennen.

[2]) Siehe diese Schrift in: „The Bulletin of the geographical Society of New-York." Vol. L New-York 1852 p. 89—90.

meren Strome Platz und die erhitzten Gewässer des Golfstroms („the heated waters of the Gulfstream") baden und erwärmen dann die ganze Linie längs der Sibirischen Küste."

Dieselbe Ansicht von einer solchen nord-östlichen Fortsetzung des Golfstroms längs der Sibirischen Küste wurde auch von englischen Seefahrern angenommen und ausgesprochen. So z. B. von Herrn John Simpson, dem Commandeur des Königl. Engl. Entdecker-Schiffs The Plover, der in seinen „Bemerkungen über die Strömungen der Beringsstrasse und an der Arctischen Küste Amerika's" Folgendes sagt:[1] „Längs der Nord-Küste von Amerika existirt ein fast constanter Strom nach Osten, der über Point Barrow hinaus seinen Lauf längs der Küste fortsetzt, und die Eismassen, welche zuweilen an dieser Küste von Nordwestlichen Winden gebildet werden, wegschmilzt. Von Point Barrow an nordwärts ist die Strömung sehr stark, und man hat Grund zu glauben, dass diese Vermehrung seiner Stärke von dem Wasser an der Nord-Küste Asiens herrührt, woselbst der dadurch entstehende Verlust an Wasser möglicher Weise wieder ersetzt wird durch die Partie des Golfstroms, die aus dem Atlantischen Ocean zum Europäischen Nordcap hinfliesst, und sich von da längs der Continente von Asien und Amerika weiter forterstreckt. Die mittlere Geschwindigkeit dieser Strömung ist gewiss nicht geringer als eine Meile in der Stunde in Nordöstlicher Richtung. Die Davis-Strasse mag als ihr wahrscheinlicher Auslass im Osten betrachtet werden."

Dieselbe Ansicht wurde gleichfalls angenommen und noch deutlicher und entschiedener ausgesprochen von Herrn A. G. Findlay, einem Englischen Geographen, der sich mit dem Gegenstande der Meeresströmungen mehrfach beschäftigte. Derselbe legte im Jahre 1856 auf einer Versammlung der Mitglieder der British Association der geographischen Section derselben eine kurze Ueberschau der Polarströmungen vor, in welcher er zeigte: „dass das warme Wasser der Aequatorial-Gegenden vom Golfstrom nordostwärts geführt würde, dass es das Nord-Cap Europa's passirend, längs der Nord-Küste Sibiriens ströme und von da den Archipel grosser Inseln an der Nordost-Küste

---

[1] S. diese Bemerkungen in „the Nautical Magazine." London 1853. p. 26. fgg.

Amerika's erreiche, und dann durch die verschiedenen Canäle aus Nordwesten sich in die Baffins-Bay und Davis-Strasse ergiesse."¹) Auf diese Weise liess also Herr Findlay den Golfstrom die ganze Reise um den Nordpol vollenden. Genau dieselbe Ansicht sprach auch der Amerikanische Hydrograph Herr Maury schon im Jahre 1855 in einem Amerikanischen Journale aus, in dem er Folgendes sagte:²) „Ein Theil des Golfstroms läuft rund um das Nord-Cap in den Arktischen Ocean. Dieser Strom vollbringt den Umkreis des Arktischen Beckens und kehrt (durch Baffins-Bay und Davis-Strasse) in den Atlantischen Ocean zurück." Doch Herr Maury hat sich so häufig über den Golfstrom ausgelassen, dass seine Ansichten über ihn hier einen eignen Platz verdienen und von mir aufsummirt werden mögen. —

Aus den Gründen, welche ich oben anführte, war nach Rennell nicht alsbald wieder ein Mann aufgetreten, der es versucht hätte, das ganze Thema der Atlantischen Strömungen in so erschöpfender und zusammenfassender Weise, wie er, zu behandeln. Der erste neue Versuch, in Rennell's Fusstapfen zu treten und seine Bestrebungen mit noch grössern Mitteln zu verfolgen, ging von den Nord-Amerikanern aus, welche unterdessen eine der ersten Seehandels-Nationen des Globus geworden waren, und deren Schiffe ebenso wie die der Briten in allen Gewässern der Welt segelten. Herr M. F. Maury, Chef des Nord-Amerikanischen Observatoriums und hydrographischen Bureaus, verfolgte während der Jahre 1840—1850 den Plan, alle zuverlässigen Beobachtungen, welche von den Seefahrern seines Landes über Temperatur des Oceans, über Meeresströmungen, Winde und Wetterzustände auf der See in allen Theilen des Oceans gemacht waren, zu sammeln, und diese Masse von Fakten und Kenntnissen, in ähnlicher Weise wie es Rennell hinsichtlich des Nord-Atlantischen Oceans gethan hatte, auf Karten und in einem grossen Werk niederzulegen. Nachdem er die ihm zu Gebote stehenden Schiffs-Journale und Berichte erschöpft hatte, erlangte er die Zu-

---

¹) Siehe Herrn Findlay's Aeusserungen in: „the Journal of the Royal Geographical Society." Vol. 26. London 1856. p. 26.
²) Siehe: „the Monthly Nautical Magazine. New-York 1855. Vol. II. p. 262.

stimmung seiner Regierung zu einem von ihm entworfenen Schema und Karte, die auf öffentliche Kosten in vielen tausend Exemplaren gedruckt und allen Amerikanischen Schiffen mitgegeben werdens ollten und in welche die Seefahrer ihre Routen und ihre Bemerkungen über Strömungen, Winde und andere athmosphärische Phänome und See-Ereignisse eintragen sollten. Alle so ausgefüllten Schiffs-Journale strömten in dem Bureau des Herrn Maury zusammen und mit Hülfe dieser grossen Masse von mehr oder weniger zuverlässigen Nachrichten fasste er seine „Explorations and Sailing directions" ab. Nachdem er die ersten Ausgaben dieses berühmt gewordenen Werks veröffentlicht hatte, brachte er eine Conferenz aller Hydrographen der Welt in Vorschlag, um über ein gleichförmiges System für meteorologische Beobachtung auf der See zu berathen. — Und eine solche Conferenz kam im August und September des Jahres 1853 in Brüssel zu Stande.

Auf dieser Versammlung waren fast alle seefahrenden Nationen Europa's und Amerika's durch von ihnen abgesandte Offiziere und Gelehrte vertreten und in den Berathungen derselben wurde Maury's Plan und Vorschlag zu einer allgemeinen Mitwirkung der ganzen civilisirten Welt für Erforschung des Oceans gebilligt und angenommen. — In Folge davon schlossen sich in den nächsten Jahren fast alle Regierungen dem Plane Maury's an, adoptirten die von ihm vorgeschlagene Form des Schiffs-Journals, empfahlen dasselbe ihren Seefahrern und versprachen die an Bord ihrer Schiffe ausgefüllten meteorologischen Journale dem Amerikanischen Observatorium zu Washington zuzuschicken, so dass dort so zu sagen ein ganz grossartiges Depot von Schriften für Oceanische Forschungen gebildet wurde. —

Herr Maury gab vom Jahre 1853 an seine Strömungs-Karten und die sie begleitenden Erklärungen zu wiederholten Malen heraus. Sie wurden auch in verschiedenen andern Ländern, zuweilen in condensirter Form, reproducirt. In England construirte Herr A. G. Findlay eine interessante Karte des Nord-Atlantischen Oceans in 4 Blättern, auf welcher Maury's Resultate und die Angaben einiger anderer Autoritäten zu einem Bilde für den Gebrauch der Seefahrer verarbeitet hatte. [1] In Frankreich

---

[1] Siehe über diese Karte Sir Roderick Murchinson's Anrede an die Geographische Gesellschaft in London vom 24. Mai 1858.

hat der Kaiserliche Marine-Capitain M. E. Tricault in der Revue Coloniale eine Bearbeitung von Maury's Wind- und Strömungs-Karten mitgetheilt. —

In derselben Zeit schrieb und veröffentlichte Maury sein vielgerühmtes Werk: „On the physical Geography of the Sea", welches ebenfalls viele Auflagen, Bearbeitungen und Uebersetzungen in fremde Sprachen erlebte. Die darin über Strömungen und namentlich über den mit Vorliebe von ihm behandelten Golfstrom enthaltenen Ansichten wurden von Vielen gebilligt und ich will sie daher hier in der Kürze wiederzugeben versuchen. —

Ueber Schnelligkeit, Temperatur und Richtung des Golfstromes hat Maury nichts Neues aufgestellt. Nur hat er überall, wenn ich mich so ausdrücken darf, die Gränzen der Wirksamkeit des Golfstroms bedeutend erweitert. Humboldt, Rennell und Andere hatten die jährlich im Sommer stattfindenden Ausdehnungen und Ueberfluthungen des Golfstroms nur bis zu 42° N. B. angenommen und hatten nachgewiesen, dass der Golfstrom dann auch noch wohl die südlichen Zipfel der Neufundland-Bänke berühre. Aber Maury behauptete, dass die „Nördliche Gränze des Golfstroms für September bis zu den Küsten von Neu-Schottland und zum Cape Race (der Südspitze von Neufundland) hinaufgehe und er liess ihn denn auch zu dieser Zeit des Jahres „beinahe die ganze grosse Bank von Neufundland überschwemmen."[1] Dass er ihn wie viele seiner Zeitgenossen auch zum hohen Norden ausdehnte und ihn rings um den Nord-Pol herum circuliren liess, zeigte ich schon oben.

Die Ursachen der Entstehung des Golfstromes und seiner Richtung waren nach Herrn Maury sehr verschiedenartig. Er glaubte, dass die Temperatur und der Salzgehalt des Seewassers und seine dadurch bedingte verschiedene Schwere die Hauptrolle dabei spielten, dass aber auch die Winde, und ferner entgegentretende Gegenströmungen, so wie auch die Gestalt der Küsten der Continente „viel damit zu thun hätten." Er sagte, dass die Sonne der vornehmste grosse Störer des Gleichgewichts und der Ruhe des Oceans sei, indem sie die Gewässer

---

[1] Siehe Maury's Explorations and Sailing directions. Washington 1858. Vol. I. p. 99 und die Karte No. XIII., die zu diesem Werke gehört.

unter dem Aequator durch Wärmung leichter mache, als die der Arktischen Gegenden, und dass sie auch ohne den Beistand der Winde ein beständiges und uniformes System sich gegenseitig folgender und ergänzender tropischer und polarer Strömungen in circulirender Bewegung erhalte. — „Nun wird zwar das tropische Wasser des Golfstroms durch Erwärmung leichter, aber auch in Folge der dabei stattfindenden Evaporation reicher an Salzgehalt und daher zugleich wieder schwerer und diese beiden Tendenzen scheinen sich gegenseitig aufzuheben." Aber Herr Maury glaubt, „dass am Ende das Leichterwerden überwiege,[1] weil die durch Erwärmung bewirkte Ausdehnung mehr als hinreichend ist für den vermehrten Salzgehalt und die dadurch bewirkte grössere Schwere zu compensiren."[2] In Folge dessen, so wie auch in Folge einer gewissen Klebrigkeit („a certain viscosity") welche Herr Maury dem Golfstrom-Wasser zuschreibt, und durch welche es zusammengehalten wird, „schwebt und schwimmt der Golfstrom auf der Oberfläche und sinkt nicht in das minder salzige Wasser unter ihm hinab."

Auch in den Europäischen Gewässern im Osten des Golfstroms, namentlich in der Nordsee und Ostsee glaubte Herr Maury in dieser Beziehung einen der Agentien, welche bei der Entstehung des Golfstroms betheiligt sind, entdeckt, oder wie er sich ausdrückt, demaskirt zu haben.[3] „Die Wasser der Ostsee, sagt er, „haben so wenig Salz, dass man sie beinahe süss und ganz leicht nennen könnte, und auch in der Nordsee ist das im Ocean gewöhnliche Quantum von Salz schon sehr vermindert." „Und so haben wir denn", fügt er hinzu, „auf der einen Seite die Caribischen und Mexicanischen Meere mit ihren starkgesalzenen, schweren und dickflüssigen Gewässern („with their waters of brine") und auf der andern Seite die Baltische und Deutsche See mit Gewässern, welche fast nur brakisch („a little more than brakish") und daher sehr leicht sind. Da das Wasser nun genöthigt ist, immer sein Niveau zu suchen,

---

[1] „The lightness prevails.")

[2] „The expansion from heat is more than sufficient to compensate for the increased saltness."

[3] „To have unmasked one of the agents concerned in causing the Gulfstream."

so muss das schwere Wasser des Golfstroms nach Osten weglaufen, um dort sein Salz den Deutschen und Baltischen Gewässern zuzuführen."

Uebrigens betrachtete Herr Maury auch den Umschwung der Erde von Westen nach Osten als einen Haupt-Motor in Bestimmung der Richtung der Strömungen, und sagte, dass dieser Umschwung nach hinreichend bekannten Gesetzen die tropischen Gewässer unter dem Aequator nach Westen, und dann umgekehrt die im Golfstrom unter höhern Breiten zurückkehrenden Gewässer zufolge derselben Gesetze nach Osten führe. Die Umdrehung der Erde bewirkt es auch, dass der Labrador-Strom und seine Eisberge sich auf der Seite Amerika's halten, und ebenfalls erklärt er aus der Umdrehung der Erde die Erscheinung, dass die Seekräuter und das Treibholz, welche in so grosser Menge längs der äusseren und östlichen Kante des Golfstromes gefunden werden, nicht an seiner westlichen oder inneren Seite erscheinen und nie an den Küsten der Vereinigten Staaten ausgeworfen werden.

Auch die Einwirkung der Passat-Winde auf die Erzeugung, Bewegung und Richtung des Golfstroms läugnet Herr Maury nicht ganz ab. „Sie mögen", sagt er, „allerdings, indem sie etwas tropisches Wasser auf der Oberfläche abheben und oberflächlich wegstreifen und in das Caribische und Mexikanische Binnenmeer hineintreiben,[1]) ein wenig zur Vermehrung der Golfstromgewässer beitragen." Im Ganzen aber meinte er doch, dass Winde nicht viel mit dem Golfstrome und mit dem allgemeinen System der Wasser-Circulation im Ocean zu thun hätten.[2]) Er trat in dieser Beziehung insbesondere der Ansicht des Sir John Herschell entgegen, der im Jahre 1858 wieder wie früher Rennell in seiner Schrift: „Physical Geography" in der „Encyclopaedia Britannica" die Passatwinde als die hauptsächlichen und einzigen Erzeuger des Golfstroms („the sole cause of the Gulfstream") erklärt und den dynamischen Einfluss des specifischen Gewichts des Seewassers, dem Maury fast Alles zuschrieb, gänzlich ignorirt hatte. Maury polemisirte darüber

---

[1]) „By skinning the tropical waters off from the Atlantic and pushing them along into the Caribbean Sea."

[2]) „That winds have little to do with the Gulfstream and with the general system of aqueous circulation in the Ocean."

gegen Herschell und schrieb ihm einen ausführlichen Brief, in welchem er alle Meeresströmungen des Globus revidirte und nachzuweisen sich bemühte, dass bei keiner von ihnen die Winde irgend welchen Einfluss übten, dass man vielmehr zeigen könne, dass viele von ihnen geradezu gegen die herrschenden Winde anflössen.[1])

Natürlich verwarf Maury auch die von Franklin, Rennell und Anderen behauptete höhere Aufstauung der Meeresgewässer in dem Caribischen und Mexikanischen Binnenmeere, welche dort die Passatwinde veranlasst haben sollten und verneinte ebenso die Ansicht, dass der Golfstrom von da hinab fliesse. „Es ist ausgemacht", sagt er, „dass ein Zweig des kalten Arktischen Stromes zwischen dem Golfstrom und der Amerikanischen Küste nach Süden den Mexicanischen Gewässern zuströmt, und wir hätten demnach einen Strom (den Golfstrom) der von dem sogenannten höheren Niveau des Golfs von Mexico herab flösse und dicht neben ihm einen anderen (den Arktischen kalten Strom) der zu diesem für höher ausgegebenen Niveau hinaufstiege. Herr Maury glaubte im Gegentheil behaupten zu können, „dass der Golfstrom statt abwärts zu fliessen, vielmehr bergaufsteige."[2]) Er schliesst dies aus dem Umstande, dass der Golfstrom im Süden tiefer oder dicker sei, und dass er nach Norden hin das „kalte Wasserkissen" unter ihm mit einer dünneren Schicht bedecke, dass er sich also über demselben emporhebe.

Die gewöhnliche Ansicht der Hydrographen und Seefahrer, dass der Golfstrom von den grossen Bänken bei Neu-England und Neufundland nach Osten umgewendet würde, theilte Herr Maury auch nicht. Er glaubte, dass diess Alles bloss durch die Umdrehung der Erde und die dynamische Wirkung der verschiedenen Schwere des Seewassers in verschiedenen Gegenden und durch das Bestreben des Oceans sein Gleichgewicht herzustellen, bewirkt werde. „Auch wenn gar keine Bänke von Neu-England und Neufundland vorhanden wären", sagt er, „würde doch die Richtung des Golfstromes dieselbe sein." Er gab indess zu, dass allerdings der grosse kalte Arktische Strom,

---

[1]) Siehe diesen Brief Maury's abgedruckt in: „the Nautical Magazine for 1859." London p. 514—524.

[2]) „That the Gulfstream runs up hill."

der bei den genannten Bänken dem warmen Golfstrom begegnet, dazu beitragen möge, ihn auf die Seite zu drehen." („assists to turn the Gulfstream aside.") Er nahm auch an, dass bei dem Zusammenstoss jener beiden einander entgegengesetzten Strömungen die Arktische Strömung vom Golfstrom in zwei Theile zersplittert werde[1]) und dass einer dieser beiden Thcile derjenige Zweig (fork) sei, welcher eine Richtung auf Südwesten annehmend längs der Küsten der Vereinigten Staatsn hinabläuft, während der andere unter den Golfstrom untertaucht, und ihn über sich wegfliessen lässt.

Bei alledem aber gab Herr Maury doch zu, dass in Beziehung auf die den Golfstrom erzeugenden Ursachen noch nicht Alles ganz klar sei („all is not yet clear"), dass die neueren Forschungen und Entdeckungen erst anfingen, einiges Licht auf diesen Gegenstand zu werfen.[2]) Ja, er klagt sogar ein Mal, dass die Gewässer der Caribischen und Mexicanischen Golfe durch den Golfstrom in Folge uns unbekannter Ursachen („for causes unknown") in den Ocean hinausschlüpfen.

Den so entwickelten Ansichten, Beobachtungen, Vermuthungen und Meinungen Maury's und seiner Zeitgenossen zufolge waren also die engen Gränzen, welche Franklin, Rennell und ihre Zeitgenossen für den Golfstrom angenommen hatten, sehr geändert und ausgedehnt. Der Golfstrom war, so zu sagen, wie ein vielarmiger Baum emporgeschossen. Der genannte Englische Hydrograph Herr A. G. Findlay, hat ihn zuerst in seiner ganzen nun so grossartigen Verzweigung auf seinen Karten dargestellt. Derselbe gab seit dem Jahre 1853 mehrere Karten vom Golfstrom heraus, und das Bild, welches wir auf denselben von ihm entworfen sehen, zeigt nun folgende Züge:

Der Aequatorial-Strom und sein Erzeugniss der Golfstrom circuliren auf jene Karten zwischen der Alten und Neuen Welt rund um die Sargasso-See, die sie in die Mitte nehmen, herum. Rennell's „unregelmässiger Nördlicher Zweig der Ae-

---

[1]) „The Arctic Current is split by the Gulfstream into two parts".
[2]) „Modern investigation is beginning only to throw some light upon the subject."

quatorial-Strömung" der nach Rennell von Süden her in die Sargasso-See mündet, ist auf dem Bilde ausgelassen, und ohne Zweifel mit gutem Grunde.

In dem Hauptstamm des Golfstromes selbst längs der Küste America's wurde nichts geändert bis zu den Neufundland-Bänken wo er dem Arktischen Strom begegnet. Doch wird dieser Arktische Strom nicht nur als in den Golfstrom mit seinen Eisbergen einbrechend und ihn theilweise mit einem Zweige im Westen streifend und begleitend, sondern auch als anderm Theils unter ihn hinabsinkend dargestellt. Dieses Hinabsinken des Arktischen Stromes unter den Golfstrom war schon seit 1838 von dem ausgezeichneten Amerikanischen Hydographen W. C. Redfield behauptet und nachgewiesen. —

Alle die Bewegungen und Strömungen in den östlichen Partieen des Atlantischen Oceans, welche Rennell als Theile oder Ausflüsse des von ihm sogenannten North-Atlantic Drift und der Arktischen Strömungen betrachtet hatte, wurden dem Golfstrom beigelegt. Rennell nahm, wie ich oben sagte, die Quelle und den Anfang des Africanischen nach Süden gerichteten längs der Küsten von Portugal, Marrocco etc. streifenden Stroms im Norden an und liess den Golfstrom im Westen der Azoren enden. Auf dem Findlay'schen Bilde kommen dagegen nun die Azoren mitten in „dem Südöstlichen Zweige des Golfstroms" zu liegen, deren östliche Beuge bis zu den Küsten der Pyrenäischen Halbinsel ausgedehnt wird, indem sie dann längs der Küsten von Africa und der Canarischen Inseln hinabstreift. —

Der „Einzug in die Strasse von Gibraltar" („the indraught of the Straits of Gibraltar") erscheint auf diese Weise ebenfalls als ein Nebenzweig des Golfstroms, der als das Mittelländische Meer füllend und seine durch Evaporation bewirkten Verluste ersetzend dargestellt wird. —

Die in dem Biscayischen Meerbusen circulirende Strömung der sogenannte „Rennell-Strom", den Rennell selbst als einen Nebenzweig seines „North ern Drift" ansah, figurirt nun auf den Findlay'sch en Karten ebenfalls als ein Ausfluss oder eine Abzweigung des Golfstromes.

Ausserdem aber durchströmt der mächtige und breite Nordöstliche Zweig des Golfstromes den ganzen Nord-Atlantischen Ocean bis nach Grossbritannien, Norwegen und Island hin, indem er die Faroer und Cherry-Island in seiner Axis hat, und zugleich Zweige gegen die Deutsche und Baltische See ausschickt, so dass der ganze Körper unseres Welttheils Europa so zu sagen in ihm eingetaucht ist und unter seinem allmächtigen Einflusse steht.

Weiterhin setzt der Golfstrom um das Nord-Cap Skandinaviens herum und fliest jenseits desselben längs der Küste Sibiriens und längs des Arktischen Archipels von Nord-America, indem er so in dem Becken des Meeres um den Nordpol kreist, und darauf wieder durch Davis-Strasse in Baffin's-Bay in den Atlantischen Ocean einlenkt. —

So wie Findlay und zum Theil nach ihm haben dann fast alle unsere neuen Hydrographen den Golfstrom gezeichnet. Und sein so eben beschriebenes Gemälde, das unter andern auch wieder auf der Karte der atlantischen Strömungen, welche Captain A. B. Becher's Werk über die Schifffahrt des Atlantischen Oceans beigefügt ist, reproducirt wurde,[1] mag wohl als ein Modell der in der neuesten Zeit ziemlich allgemein angenommenen Vorstellungen von der Ausdehnung des Golfstroms gelten. —

---

[1] A. B. Becher, F. N. Navigation of the Atlantic Ocean. London 1862.

XI.

Geschichte der Entdeckungen und Operationen der Amerikanischen Offiziere im Golfstrom.

Die meisten der Untersuchungen und Beobachtungen über den Golfstrom, von denen ich im Obigen berichtet habe, waren nur vereinzelt, gelegentlich, ohne Zusammenhang und ohne weitreichenden Plan von Privatleuten, Liebhabern und flüchtigen Reisenden zu verschiedenen Zeiten gemacht worden. Und doch ist zur richtigen Erkenntniss des Haushalts einer so grossartigen zwischen zwei Welttheilen vor sich gehenden Naturthätigkeit Planmässigkeit der Beobachtung ganz besonders von nöthen. Humboldt, Arago, Sabine und andere Hydrographen hatten daher auch längst, wie ich gelegentlich andeutete, den Wunsch geäussert, dass die Regierungen und Staaten sich dieser für den Weltverkehr so wichtigen Angelegenheit, der Erforschung des Golfstroms, annehmen und dass sie eine systematische, planmässige, geduldige, ununterbrochene Beobachtung und Untersuchung des einflussreichen Phänomens mit eigens dazu ausgerüsteten Schiffen anordnen möchten. Um eine solche Untersuchung in allen Theilen des weitverzweigten Stromes über den ganzen Ocean hin durchzuführen, dazu hätte es der combinirten Anstrengungen mehrer Amerikanischer und Europäischer Regierungen bedurft. Es ist auch zuweilen zwischen Grossbritannien und den Vereinigten Staaten von einer solchen Combinirung der Kräfte die Rede gewesen, Da indess die in dieser Beziehung angeregten Unterhandlungen zu keiner gemeinsamen Aktion führten, so haben sich denn die Amerikaner einstweilen allein an's Werk gemacht und haben wenigstens den Theil der Arbeit, welchen die Natur ihnen zugewiesen und gleichsam vor die Thür gelegt zu haben schien, in die Hand genommen. Nämlich eine ins Detail gehende Erforschung der oberen Partieen des Golfstroms: seines Quellenreservoirs (des mexicanischen Meerbusens), seiner „Engen" (in der Strasse von Florida) und seines „Hauptstammes" längs der Küste der östlichen Staaten. Die Idee zu einer solchen Arbeit sowie über haupt zu einer offciellen Vermessung der gesammten Küsten der Vereinigten Staaten trat zuerst unter der Präsidentschaft von Jefferson auf. In Folge einer von diesem umsichtigen und geistreichen Staatsmann und seinem Staats-Secretär Gallatin ausgehenden Anregung wurde durch einen Congress-Beschluss vom Jahre 1807 nach einem vom Professor Patterson in Philadelphia entworfenen Plane das Bureau des sogenannten Amerikanischen Coast-Survey begründet, zu dessen erstem Chef der Deutsche Schweizer Herr F. R. Hassler erwählt wurde. Als seine Haupt-Aufgabe wurde diesem neu geschaffenen Institute die Erforschung und chartographische Aufnahme sämmtlicher Küsten der Vereinigten Staaten, ihrer Inseln, Bänke, Flussmündungen, Häfen und Ankerplätze, wie des ihnen nahe liegenden Meeres bis auf eine Distanz von 20 „Leagues" bezeichnet. Da man schon damals so viel vom Golfstrom erkannt hatte, dass er die Küsten der Vereinigten Staaten überall einrahme, und dass man über die Gestaltung derselben, der bei ihnen vorgehenden Veränderungen und über die Art und Weise ihrer Beschiffung, nichts mit Sicherheit wissen könne ohne eine genaue Kenntniss des Golfstroms, so wurde schon gleich damals (im Jahre 1807) bestimmt, dass auch dieser Meeres-Abschnitt und seine Beschaffenheit mit in die Untersuchung und Vermessung hineingezogen werden solle.[1]

Die ersten Schritte und Verrichtungen dieses Küsten-Vermessungs-Bureau's waren von Schwierigkeiten aller Art umgeben, und die erzielten Resultate blieben lange unbedeutend. Hie und da wurden einige Küstenpunkte recognoscirt und einige Hafen-Karten veröffentlicht. Aber politische Ereignisse, Kriege, Ungunst der Zeiten, Abneigung des Congresses zur Bewilligung der nöthigen Geldmittel, Mangel an geübten Ingenieuren und

---

[1] Siehe hierüber das Buch: Report on the History and Progress of the American Coast-Survey up to the year 1858 by the Committee of twenty, appointed by the American association for the advancement of science on the Montreal meeting August 1857 pag. 18 fgg.

guten Instrumenten traten störend und hemmend entgegen. An eine Verwirklichung der Bestimmungen von 1807 über die anzustellende Erforschung des Golfstroms konnte bis zum Jahre 1843 nicht gedacht werden. In diesem Jahre starb der erste Chef des Coast-Survey, der oben genannte Herr Hassler, ein thätiger und kenntnissreicher, aber nicht sehr glücklicher Mann, und ein neuer Chef, Herr Alexander Dallas-Bache, trat mit neuen Kräften, mit vermehrten Mitteln und mit einem erweiterten Plane als zweiter Superintendent an die Spitze der ganzen Unternehmung. Unter ihm würde nun auch alsbald im Jahre 1845 der Golfstrom in Angriff genommen, und seitdem seine Erforschung während fast 20 Jahre bis zum Beginn des grossen Americanischen Bürgerkrieges, mit welchem ein abermaliger länger dauernder Stillstand in diesen Untersuchungen eingetreten ist, fortgesetzt. —

Die Operationen des Coast-Survey innerhalb der Gewässer des Golfstromes führten zu einer Reihe von Entdeckungen und veranlassten eine Menge von Erfindungen oder Verbesserungen von See-Instrumenten, die sehr allmählig und gradweise gemacht wurden und durch lauter kleine und sehr verschiedenartige parallel neben einander hergehende Arbeiten sowohl in den Bureaus des Instituts als auf dem oceanischen Felde der Action ins Leben gerufen wurden, und deren Geschichte sich daher in richtiger Reihenfolge mit Ausführung jedes neuen Gedankens und jeder neuen Thatsache nur sehr schwer darstellen lässt.

Ich will mich daher hier darauf beschränken, zuerst
> eine chronologische Uebersicht der vornehmsten Forsch-Expeditionen der Americanischen Offiziere im Golfstrom

zu geben, derselben einige Bemerkungen
> über die von ihnen erfundenen oder verbesserten See-Instrumente

beifügen, und dann einer kurzen
> Schilderung der Amerikanischen Partie des Golfstroms, so wie sie nun durch die Be-

Anordnungen des Amerikan. Küsten-Bureaus im Jahre 1845. 177

mühungen der Amerikaner gleichsam herausgestattet und an den Tag gelegt ist, noch das Nöthige über die neueste Geschichte des Golfstroms nachholen.

---

1. Eine chronologische Uebersicht der vornehmsten Forsch-Expeditionen der Amerikanischen Offiziere im Golfstrom von 1845—1860.

Der ganze den Amerikanern zufallende Abschnitt des Golfstroms vom Meerbusen von Mexico, wo er beginnt, bis zu den Bänken und Vorgebirgen Neu-Englands, wo er sich nach Osten in den freien Ocean hinauswendet, schwingt sich mit einer Länge von ca. 1500 Nautischen Meilen und in zunehmender Breite von 50 bis 400 Meilen durch beinahe 20 Breitengrade um die Küsten der Vereinigten Staaten herum. Die Amerikaner begannen eine förmliche Anatomie und systematische Analyse dieser mächtigen Wassersäule und bestimmten zunächst eine Reihe von Quersectionen im Golfstrom. Es wurden sechszehn verschiedene sehr markirte und allgemein bekannte Punkte an der Küste ausgewählt und von diesen aus Linien gezogen, welche perpendiculär auf der Axe des Golfstromes standen und denselben senkrecht durchschnitten. Solche Punkte bildeten die berühmten Caps Cod, Montauk, Sandy-Hook, Henlopen, Henry, Hatteras etc. Von diesen Vorgebirgen aus sollten die Schiffe ausgehen und den Golfstrom direct in südlicher, südöstlicher und östlicher Richtung (je nach der Lage seiner Axis zur Küste) durchschneiden. Auf diesen Sektionen oder Querlinien wurden den Schiffen in gewissen Abständen Positionen bezeichnet, auf denen sie ihre Untersuchungen anstellen sollten, und auf jeder „Position" sollte die Temperatur auf der Oberfläche und in den Tiefen von 5, 10, 15, 20, 30, 50, 100 bis 600 Faden beobachtet werden. Auch sollte auf jeder Position der Abstand des Bodens von der Meeresoberfläche, sowie die Beschaffenheit des Meeresbodens und die ihn bedeckenden Substanzen bestimmt und untersucht werden.[1]

---

[1] Siehe hierüber: Coast Survey. Report 1860. p. 168.

Man fing zuerst in den mehr nördlichen Sectionen des Golfstroms, wo überhaupt der erste Schauplatz aller Thätigkeit des Coast-Survey war, an, und dehnte sich allmählich im Laufe der Jahre auf die mehr südlichen Sectionen aus. Die erste Expedition der bezeichneten Art führte ein ausgezeichneter auch im Auslande als Astronom bekannter Amerikanischer Offizier, der Marine-Lieutenant C. H. Davis, im Jahre 1845 von Nantucket in südöstlicher Richtung aus. Er durchschnitt also die äussersten Enden des Amerikanischen Golfstroms nach Osten und gerieth in eine der schwierigsten Partien desselben. Leider kam er nicht ganz bis an's Ziel, da sein Schiff eine schwere Havarie litt und bald umkehren musste. Doch brachte er die Bemerkung heim, dass der Golfstrom auf seinem dortigen Querdurchschnitte einen beachtenswerthen **Wechsel der Temperatur und verschiedene Partieen kalten und warmen Wassers** zeige.[1]

Im folgenden Jahre 1846 war der Lieutenant G. M. Bache auf mehren etwas südlicheren Golfstrom-Sektionen thätig. Er ging von Sandy Hook aus in südöstlicher Richtung vor, ebenso von „Cape Henlopen" und dessgleichen von „Cape Henry" aus. Er beobachtete ebenso wie Davis, dass der Golfstrom auf diesen Querdurchschnitten mehrfachen **Wechsel der Temperatur** sowohl auf der Oberfläche als auch tiefer hinab zeige. Vor allen Dingen aber wies er nach, dass die Hauptmasse des wärmsten Golfstrom-Wassers **sehr plötzlich** erreicht werde und mit dem kalten Wasser längs der Küste bis zu grosser Tiefe hinab einen ausserordentlich scharfen Contrast bilde. Er nannte diese Meeresgegend, wo das warme Golfstrom-Wasser sich bis zu 500 Faden Tiefe hinab dicht an das kalte Küsten-Wasser anlehnt und bei ihm gleichsam wie an einem Abhange vorbeistreicht: „the cold wall" (die kalte Mauer) ein Name, der nach ihm zur Bezeichnung einer der merkwürdigsten Gegenden oder Linien des Golfstroms allgemein angenommen wurde.[2]

Im Jahre 1847 besegelte der Lieutenant Lee die von G. M. Bache im vorhergehenden Jahre untersuchte Section

---

[1] S. Coast Survey. Rep. 1846. p. 16.
[2] S. hierüber Coast Survey. Rep. 1846. p. 25. 50.

von Cape Henry noch ein Mal, und da auch er den von seinen Vorgängern beobachteten Wechsel in der Temperatur des Golfstroms bestätigte, so sah man nun, dass dieser Wechsel in gewissen Lokalitäten wiederkehre und fing an von „kalten und warmen Bändern" oder Streifen (cold and warm bands) im Golfstrom zu sprechen. Oder mit anderen Worten, man erkannte, dass der Golfstrom nicht eine ununterbrochene und compacte Masse warmen Wassers bilde, sondern dass er ähnlich wie das Nordlicht aus mehren, wie ein Cometenschweif auseinander gehenden Streifen von verschiedener Temperatur und Beschaffenheit bestehe. Bei wiederholter Beobachtung erkannte man ferner, dass diese wechselnden Streifen tief ins Meer hinabgingen, grosse Massen bildeten und mehr oder weniger constant seien, dass man sie auf Seekarten verzeichnen, sie zählen und ihnen Namen geben könne.

Im folgenden Jahre 1848 wurde der Lieutenant R. Bache mit der Fortsetzung der Golfstrom-Beobachtungen beauftragt. Er besegelte und revidirte noch ein Mal die Section von Cape Henry und ging dann wieder einen Schritt weiter nach Süden hinab, indem er von Cape Hatteras aus eine Querlinie durch den Golfstrom zog. Er erreichte dabei zum ersten Male die äusserste Gränze des Golfstroms im Osten in einer Entfernung von 450 Meilen von der Küste. Auch waren diese Expeditionen des Lieutenants Bache dadurch ausgezeichnet, dass bei ihnen zum ersten Male Dampfschiffe im Golfstrom gebraucht wurden, mit denen alle Bewegungen und daher auch alle Beobachtungen und Operationen viel präciser, energischer und zuverlässiger ausgeführt werden konnten.

In den Jahren 1849, 50, 51 und 52 wurden von den Amerikanern im Golfstrom sehr wenige Arbeiten ausgeführt. Mehre Offiziere wurden zwar mit solchen Arbeiten beauftragt. Allein sie blieben fast alle in der Nähe der Küsten, wo sie dringendere Verrichtungen hatten, ohne in den unruhigen tiefen, schwierig zu handhabenden Strom hinauszukommen. — Doch fiel in diese Zeit ein für die Förderung der Kenntnisse der Golfstrom-Verhältnisse sehr nützlicher Besuch des berühmten Naturforschers Agassiz in diesen Gegenden. Agassiz bereiste in einem ihm zu dem Zweck zur Disposition gestellten Dampfer des Küsten-Bureaus die Amerikanische Ostküste und Florida, und hielt sich eine Zeit lang an der Südspitze dieser Halbinsel auf, wo die Corallenthiere längs des Randes des Golfstromes eine Reihe höchst merkwürdiger Inseln und das sogenannte „Florida-Riff" gebaut haben und noch heutiges Tages weiter bauen. Agassiz beobachtete das Leben und Sterben dieser Thiere, und die Schicksale ihrer steinernen Gehäuse in den Brandungen und Stürmen des Meeres. Er untersuchte ferner den Boden der Halbinsel Florida und kam endlich zu dem Schlusse, dass dieses grosse Land fast ganz ein Produkt der im Golfstrom lebenden Corallen sei. Agassiz führte diese Ansicht oder Hypothese in einem grösseren Werke über den Korallenbau der Mollusken und Polypen von Florida aus, und die für den Golfstrom wichtigsten Partieen dieser in ihrer Ganzheit noch nicht veröffentlichten Arbeit wurden im Jahre 1851 in den Coast Surveys Reports abgedruckt[1]) —

Die Jahre 1853 und 1854 waren dem Fortschritt der Golfstrom-Erkenntniss wieder sehr förderlich. Der Congress der Vereinigten Staaten hatte sich ein Mal selbst nach dem Zustande dieser Arbeiten erkundigt und hatte verlangt, dass ihm eine Karte vom Golfstrom vorgelegt werde, aus der man ersehen könne, was bisher auf diesem Felde geleistet sei. Es tauchten daher in diesen beiden Jahren nicht weniger als 8 verschiedene Expeditionen in die warmen Gewässer des Golfstroms hinein, und zwar griff man dabei nun noch weiter nach Süden hin aus, indem man auch die Temperatur- und Boden-Verhältnisse des Golfstroms von Cape Hatteras bis in die Nähe der Strasse von Florida einer genauen Untersuchung unterwarf.

Fast alle diese Expeditionen wurden unter dem Commando der beiden Marine-Lieutenants F. A. Craven und J. N. Maffit ausgeführt. Zuerst revidirte im Jahre 1853 der Lieutenant Maffit mit Loth und Thermometer noch ein Mal die Sektionen von Cap Hatteras, die schon 1848 Lieutenant R. Bache untersucht hatte. Dann unternahm derselbe Maffit einen Kreuzzug vom Cape Fear aus in südöstlicher Richtung, und desgleichen von Charleston aus. Hier schloss sich der genannte Lieutenant

---

[1]) Siehe Auszüge aus Agassiz's Arbeit im Coast-Survey-Report von 1851 p. 157.

Craven an ihn an, wiederholte noch ein Mal die Sektion von Charleston und war dann im Sommer des Jahres 1853 und im Winter des Jahres 1854 auf den noch südlicheren Sektionen von Simons Bay, St. Augustine und Cape Cañaveral in östlicher Richtung beschäftigt.[1]

Auch bei allen diesen Expeditionen wurden in den bezeichneten südlicheren Sektionen des Golfstroms wieder **dieselben wechselnden warmen und kalten Streifen** gefunden, die man schon früher in den nördlicheren Partieen wahrgenommen hatte und zwar in derselben Anzahl und Reihenfolge wie dort. Zugleich aber wurde auch bei der Untersuchung der Tiefe und des Bodens die merkwürdige Entdeckung gemacht, dass es dort unten tief im Meeresgrunde **Thäler und Berge** gäbe. Und zwar stellte sich aus einer Vergleichung der beobachteten Tiefen heraus, dass dort zwei oder drei bis 1800 Fuss hohe Haupthöhenzüge oder Bodenfalten und eben so viele mit ihnen correspondirende Thäler existirten.

Bei einer Vergleichung dieser Höhenzüge mit den schon früher entdeckten kalten und warmen Wasserstreifen des Golfstroms zeigte sich ferner, dass sich ein warmer Streifen stets über einem Thale, ein kalter aber über einem Höhenrücken befände. Man glaubte darin die Ursache der Beständigkeit dieser Streifen zu erkennen. Man verfolgte die warmen und kalten Streifen und die mit ihnen correspondirenden Thäler und Bergzüge südwärts bis zum Cap Cañaveral. Man erreichte hier überall auch die östliche **Gränze** oder Kante des Golfstroms, bei der man geringere Tiefen von nur 300 Faden, also ziemlich hoch erhabene Bänke fand, die wahrscheinlich eine Fortsetzung der Bahamas sind [2], so dass sich demnach nun das ganze Terrain, über welches der Golfstrom dahinfliesst, als ein einziges mächtiges Thal mit verschiedenen inneren Rillen darstellte.

Nach der Vervollständigung dieser Beobachtungen glaubte sich nun der Superintendent des Coast-Survey's, Prof. Bache, zur Entwerfung einer **General-Karte des Golfstroms** und

---

[1] Siehe die Berichte über alle die Expeditionen in den C. S. R. von 1853 pag. und 1854.
[2] Siehe hierüber C. S. R. 1853 pag. 50 * Appendix N. 87.

zu einer Darstellung seiner ganzen Physiognomie uud Anatomie von Cap Cañaveral im Süden bis zu den Vorgebirgen von Neu-England im Norden berechtigt. Er entwarf dieselbe für den Congress und veröffentlichte eine Copie von ihr in seinen Berichten über das Jahr 1854[1])

Dieses Gemälde des Golfstroms bezog sich indess einstweilen nur auf seine Verhältnisse, wie sie sich im Sommer darstellen. Denn alle Expeditionen waren bisher nur im Sommer ausgeführt. Die Winterfahrten in dem dann so unruhigen und stürmischen Golfstrom waren bisher noch zu gefährlich für die kleinen im Dienste des Coast-Survey's operirenden Schiffe und auch durchaus ungünstig für Erlangung genauer Peilungen und für andere Beobachtungen. Im Jahre 1854 befuhr zum ersten Mal ein Americanischer Offizier, der schon mehr genannte Lieutenant Craven zwei Golfstrom-Sectionen im Winter, und zwar im Monat Februar. Derselbe fand die Oberfläche des Stromes bedeutend — um 5 Grad — kälter und auch alle Contraste zwischen den verschiedenen Bändern, Streifen und Schichten in den verschiedenen Tiefen nicht so gross wie im Sommer.[2])

Im October desselben Jahres untersuchte derselbe Lieutenant Craven auch noch ein Mal die Section von Nantucket im Norden, die, wie ich sagte, früher schon ein Mal (im August des Jahres 1845) der Lieutenant Davis untersucht hatte. Aber auch dieses Mal wurde, wie damals, die Expedition und Untersuchung durch einen Schiffsunfall unterbrochen.[3])

Im Jahre 1855 war der in der Geschichte des Americanischen Golfstroms so oft genannte Lieutenant Craven noch weiter südlich vom Cap Cañaveral in der Strasse von Florida thätig, und machte hier, indem er eine Linie von Lothungen von Cap Florida zu der Bahama-Bank nach Bimini, quer durch den Golfstrom zog, die merkwürdige Entdeckung, **dass die Tiefe hier nur wenige hundert Faden betrage**, dass der Boden von der grossen Tiefe im Norden zu diesem Engpasse bei Florida und Bimini hinaufsteige, und dass hier eine Art von erhabenem Queer-Riegel bestehe.

---

[1]) Siehe diese Karte in dem C. S. R. von 1:53 „Sketch No. 15" und von 1854 „Sketch No. 24."
[2]) Siehe C. S. R. 1854. p. 60.
[3]) Siehe C. S. R. 1854. p. 61.

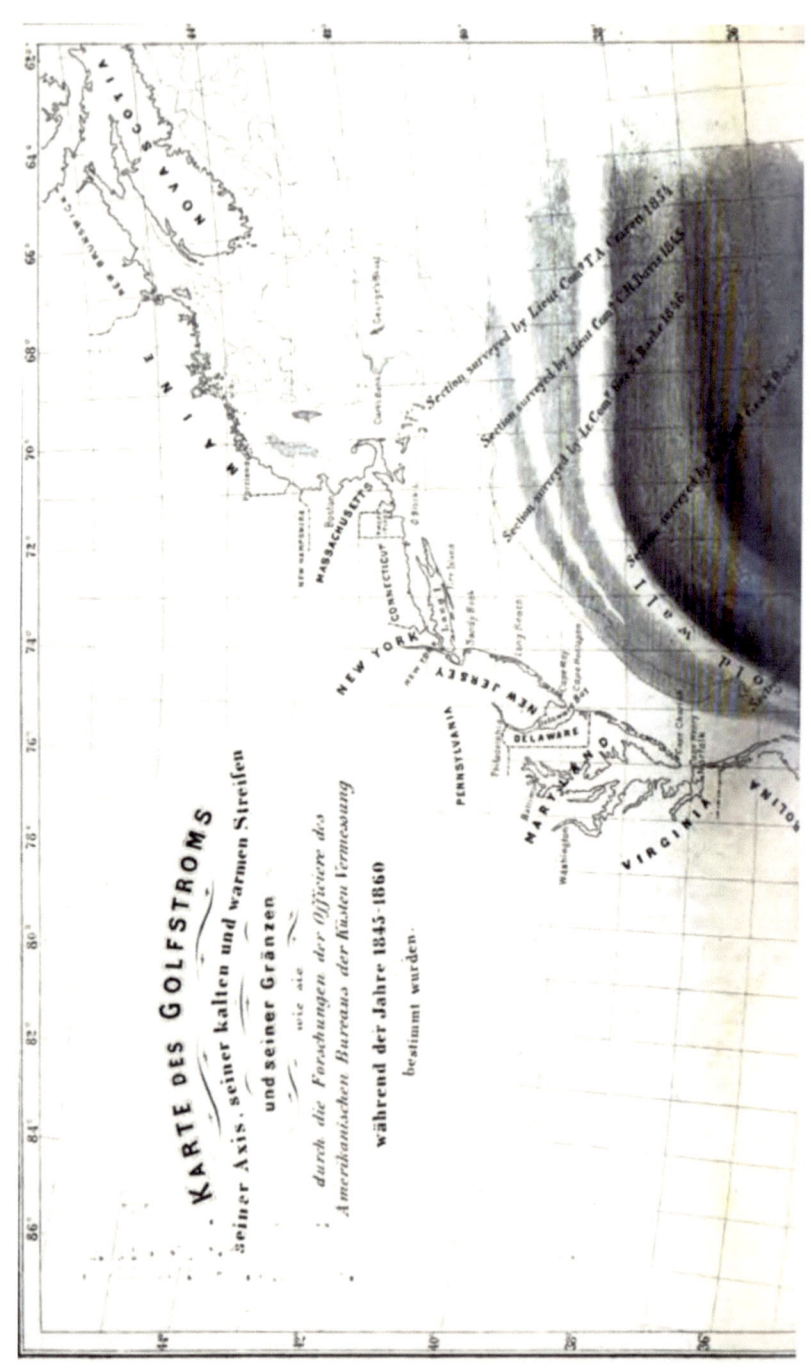

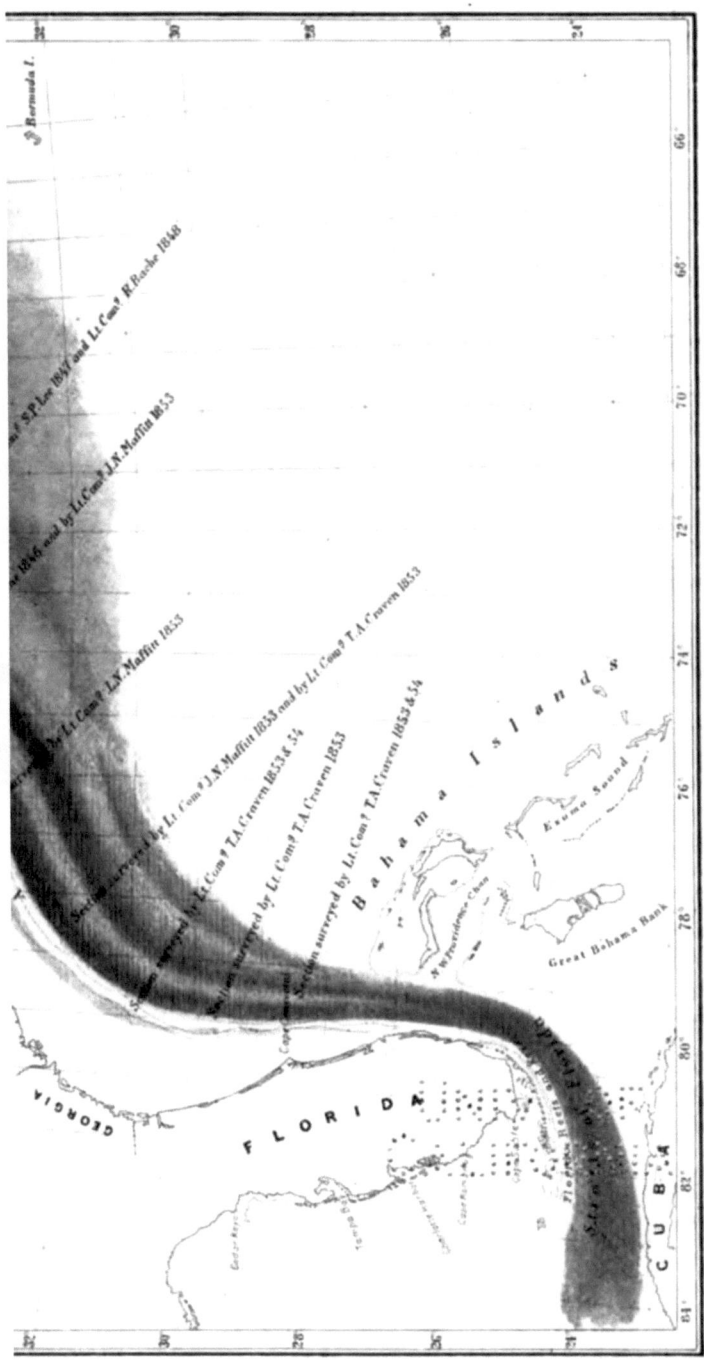

Im Jahre 1856 geschah wieder im Golfstrom nichts besonders Bemerkenswerthes. Dagegen wurden nun in diesem und den folgenden Jahren 1857 und 1858 von den Marine-Lieutenants B. F. Sands und E. J. de Hover mehre sehr erfolgreiche Peilungen in den östlichen Partieen des Meerbusens von Mexico vorgenommen, hauptsächlich auf der Linie von der Mündung des Mississippi bis zu den Tortugas-Inseln oder bis zu der Strasse von Florida, also auf dem Wege, auf welchem der Haupt-Zufluss des Golfstroms herbeikommt und wo er in die Strasse von Florida eintritt. Diese Offiziere beobachteten, dass gleich dicht vor der Mississippi-Mündung das Becken des besagten Meerbusens sehr plötzlich zu grossen Tiefen von mehren hundert Faden abfalle, und vergewisserten in der Mitte der bezeichneten Linie die ausserordentliche Tiefe von über 1500 Faden, in welcher Tiefe sie auf sehr kaltes Wasser (von $+38°$ Fahrenheit) stiessen bei einer Oberflächentemperatur von $77\frac{1}{2}°$ und bei einer Lufttemperatur von $78°$ (im Monat Mai.)[1] Ein Mal im Jahre 1858 wurde sogar eine Tiefe von 1700 Faden erreicht und ein Mal 2100 Faden der Loth-Leine in's Meer gelassen, ohne Boden zu finden. Dies war in einer Position etwas nördlich von der Meerenge von Yucatan, also auch nicht weit vom Thore der Strasse von Florida.[2]

Bisher waren alle Golfstrom-Expeditionen der Amerikaner den auf der Axis des Stromes lothrecht stehenden Sectionen oder Quer-Schnitten gefolgt. Der ganzen Längen-Ausdehnung des Stromes war noch kein Beobachter im Detail nachgegangen. Dies that zum ersten Male im Jahre 1857 der Lieutenant J. C. Febiger, der vom Golf von Mexico oder von den Tortugas-Inseln an bis zur Chesapeake-Bay längs der ganzen Axis des Golfstromes eine Forschreise machte und eine Reihe von Temperatur-Untersuchungen anstellte, durch welche das Factum an's Licht gebracht wurde, dass die Temperaturen des Golfstroms nicht nur der Breite sondern auch der Länge nach wechselten, so dass zuweilen ein mehr nördlicher Querstrich grössere Wärme zeigte, als ein südlicher, obgleich im Ganzen die Golf-

---

[1] Siehe hierüber C. S. R. von 1856 Sketch No 40 und C. S. R. von 1857 pag. 102.
[2] Siehe C. S. R. 1858 pag.

strom-Wärme von Süden nach Norden abnahm. Wahrscheinlich waren diese Temperatur-Schattirungen die Folge von Temperatur-Wechseln im Golf von Mexico zu verschiedenen Monaten oder Zeiten.[1]

In den vier Jahren 1857 bis 1860 war die Aufmerksamkeit der Amerikanischen Offiziere fast ganz auf die südlichste Partie des Golfstroms, auf die für den Handel so äusserst wichtige und gefährliche Strasse von Florida und die Erforschung ihrer Boden-Gestaltung, Temperaturen und Strömungen gerichtet.

Die Marine-Lieutenants E. B. Hunt, B. F. Sands, T. A. Craven, T. B. Huger, Wilkenson und A. Murray waren in dieser Zeit in der bezeichneten Gegend mit Tiefen- und Wärme-Messungen und mit andern Beobachtungen beschäftigt. Zuerst nistete sich im Jahre 1857 der genannte Lieutenant Hunt für einige Monate auf den Corallen-Inseln des Florida-Riffs ein und sammelte dort sowohl seine eigenen Beobachtungen als auch die Erfahrungen der mit diesen Gewässern seit lange vertrauten Lootsen und Schiffer der Umgegend über die sehr complicirten Strömungen an der Süd-Spitze Florida's, namentlich aber über die hier existirende westlich gerichtete Gegenströmung.[2]

Darnach vervollständigten in den Jahren 1858 bis 1860 die anderen von mir genannten Offiziere unsere Kenntnisse von der **Bodengestaltung des Florida-Canals** und von den Temperatur-Verhältnissen des in ihm fliessenden Golfstroms. Sie entdeckten, dass der Canal die Figur eines tiefen schief ausgehöhlten Trogs habe. Die tiefste Rille dieses Trogs, bis zu 800 Faden (beinahe eine englische Meile) hinabsteigend, zog sich nahe an der Küste von Cuba hin und in derselben schwenkte sich die grösste Wassermasse des Golfstroms mit der heftigsten Bewegung herum. Ueberall in diesem Troge fanden jene Offiziere in der Tiefe das ganz kalte Wasser (bis zu $+ 38°$ Fahrenheit).[3]

Im Jahre 1860 glaubten noch einige Amerikanische Officiere den merkwürdigen **Vereinigungs-Punkt der beiden grossen Meeresströme**, welche aus der Strasse von Yu-

---

[1] S. hierüber C. S. R. 1857. p. 76—77.
[2] Siehe die Details hierüber im C. S. R. 1858 p. 217 fgg.
[3] Siehe hierüber das Nähere: Coast Survey. Report 1859 p. 28 und 80 und 1860 p. 72, 73 und „Sketch Nro. 22."

catan und aus dem Golf von Mexico hervorkommen, und bei ihrer Vereinigung zwischen Cuba und Florida den Strom bilden, welchen wir als den eigentlichen Golfstrom nehmen, entdeckt zu haben. Sie fanden diesen Punkt in der Mitte zwischen Cap St. Antonio und den Tortugas-Inseln und wenn diese Beobachtung richtig ist, so hätte man dort dann den eigentlichen Anfangspunkt des Golfstromes im engeren Sinne des Wortes anzunehmen.

Im Jahre 1861 brach der grosse Amerikanische Bürgerkrieg aus, der so viele friedliche Beschäftigungen in den Vereinigten Staaten und so auch die der Küsten-Vermessung unterbrach und störte. Das Küsten-Bureau der Vereinigten Staaten sah sich selbst genöthigt, sich den kriegerischen Operationen hülfreich anzuschliessen und diesen wesentliche Dienste zu leisten. Seine Thätigkeit wurde daher mehr ausschliesslich den Küsten-Objecten, den Häfen, Flussmündungen, Vorgebirgen, Sandbänken etc. zugewandt, und der dem Kriegsschauplatze ferner liegende Golfstrom wurde mehr ausser Acht gelassen. Man konnte für ihn keine Kraft sparen. Wir haben daher seit dem Jahre 1861 auch von neuen Entdeckungen der Amerikaner im Golfstrom nichts vernommen.

---

2. Einige Bemerkungen über die von den Amerikanern construirten Instrumente zur Erforschung und Bestimmung der Temperatur, Tiefe, Richtung etc. von Meeresströmungen.

Das von den Amerikanern zur Vermessung und kartographischen Darstellung ihrer Küsten und der ihnen benachbarten Meeres-Abschnitte etablirte Bureau, der sogenannte „Coast-Survey", hat seit 1845 unter der Leitung des von mir genannten energischen Prof. D. A. Bache, der während der ganzen von mir überblickten Periode bis auf die neueste Zeit auf seinem Posten blieb, eine sehr rührige Thätigkeit entfaltet. Dieser umsichtige und kenntnissreiche Mann entwarf den Plan des ganzen Unternehmens. Er sandte die verschiedenen Expeditionen aus, gab den Offizieren ihre Instructionen und ordnete die Vornahme derjenigen Untersuchungen an, die ihm zunächst die wichtigsten schienen. Er wusste auch gelegentlich, wo es passend war, ausgezeichnete Gelehrte, die sonst nicht mit seinem Institute in officieller Verbindung standen, für die Golfstrom-Untersuchungen zu gewinnen. Unter anderen zahllosen Geschäften, die ihm zufielen, besorgte er auch jährlich die Veröffentlichung eines Berichts über die Leistungen seines hydrographischen Bureaus während des verflossenen Jahres. In diesen jährlichen Berichten wurde jedesmal eine generelle Uebersicht der Thätigkeit jeder Sektion des Bureaus gegeben, die Briefe und Berichte der einzelnen Offiziere angehängt, und die neuen gewonnenen Karten beigefügt. Jeder dieser so ausgestatteten Berichte bildet einen starken Quart-Band und sie alle zusammengenommen eine kleine Bibliothek. Sie kamen mit einem Aufwande grosser Summen jährlich zu Stande und wurden sehr liberal in der ganzen wissenschaftlichen Welt vertheilt und verstreut. Ich glaube, dass wir keine zweite ähnliche hydrographische Anstalt besitzen, über deren Thätigkeit wir so vollständig und umständlich unterrichtet sind, wie über die des Amerikanischen Coast-Survey!

Vor allen Dingen wurden in diesem Bureau und durch die vielen in ihm beschäftigten und vereinigten Kräfte und Talente auch immer neue Erfindungen und Reformen im Fache der wissenschaftlichen See-Instrumente beachtet und gefördert. Es waren darunter mehre von den Amerikanern eingeführte Instrumente, die sich mehr oder weniger allgemeinen Beifall erworben und bessere Erkenntniss der Meeres-Strömungen gefördert haben, sowohl

    Instrumente zur Bemessung der Temperatur (See-Thermometer),

als auch solche

    zur Bestimmung der Tiefen, Senkbleie und Lothe (deap sea hounding instruments),

so wie endlich

    Vorrichtungen zur Ablösung und Heraufschaffung von Bestandtheilen der Meeresboden-Decke.

Ich will die am häufigsten genannten Instrumente dieser Art der Amerikaner eine kurze Revue passiren lassen:

Ein See-Thermometer muss zwei Hauptbedingungen erfüllen. Erstlich: es muss den Wärmegrad der Meeresschicht, bis zu welcher es hinabgelassen wurde, schnell annehmen und deutlich registriren, und die Anzeige davon, auch wenn es durch anders temperirte Schichten wieder heraufgezogen wurde, beibehalten, es muss mit einem Worte ein Minima-Thermometer sein, — und zweitens: es muss gegen den starken Druck, der in grosser Tiefe auf ihm lastet, armirt sein, und nicht von ihm behindert oder zerstört werden. — Thermometer dieser Art „Selfregistring Sea-Thermometers" (sich selbst registrirende See-Thermometer) haben Breguet, Montandon, Jürgensen und andere Europäische Instrumentenmacher in Uhrenform angefertigt und mit starker cylinder- oder kugelförmiger Hülle von Glas oder Metall versehen. Die Amerikaner haben diese Europäischen Instrumente häufig bei ihren Golfstrom-Operationen angewandt. Doch konnten sie dieselben nur bei geringen Meerestiefen gebrauchen, weil in grösseren der Druck des Wassers die Hüllen zertrümmerte. Auch nahmen sie die Temperaturen der Meeresschichten, zu denen sie hinabgelassen wurden, nur sehr langsam an.

Für grössere Tiefen construirte daher ein ausgezeichneter, im Dienste des Coast-Survey's stehender Mechaniker, Herr Joseph Saxton, ein sehr ingeniös eingerichtetes Instrument. Dasselbe besteht in der Hauptsache aus einer Zusammensetzung eines silbernen und eines Platina-Bandes, die wie ein Tauende oder eine längliche Spirale von circa 6 Zoll Länge zusammengerollt sind, und von der Temperatur des Seewassers schnell afficirt, etwas ausgedehnt oder zusammengezogen werden. Das obere Ende dieses metallenen Gewindes ist mit Schrauben an einem Cylinder befestigt, so dass es sich dort nicht verschieben kann. Das untere Ende dagegen ist frei, so dass alle Bewegung in den Bändern, ihre Zusammenziehung oder Ausdehnung nur an diesem untern Ende wirken kann. Das untere Ende des Gewindes ist mit kleinen Rädern in Verbindung gesetzt. Und die Räder stehen wieder mit einem Weiser in Verbindung, den sie, je nachdem das Metall sich zusammenzieht oder ausdehnt, vor- oder zurückschieben, und der sich auf einem graduirten Index dreht. Alle Theile des Instruments, die von Kupfer oder Silber sind, werden mit einer starken Vergoldung vermittelst des elektrotypischen Prozesses bedeckt, um sie vor der Zersetzung durch Seewasser zu schützen. Das Ganze steckt in einer starken metallenen Büchse, um es vor zufälliger Beschädigung beim Hinauswerfen zu schützen. Doch ist diese Büchse oben und unten offen, so dass das Seewasser frei eintreten und auf das metallene Bänder-Tau einwirken kann. — Da das Seewasser alle Theile des Instruments umgiebt, so hat der Druck auch keinen Einfluss auf dasselbe und es kann zu mehren tausend Fuss Tiefe hinabgelassen werden. Für alle grossen Tiefen gebrauchten die Amerikaner in der letzten Zeit im Golfstrom „Saxton's Metallic Selfregistring Seathermometer."

Das gewöhnliche gemeine Instrument der Schiffer zur Bemessung der Meerestiefen, das alte Senkblei oder Loth reicht für Peilungen, bei denen es eben nicht auf grosse Genauigkeit ankommt, und für geringe Tiefen bis zu einigen hundert Fuss aus, keineswegs aber für die Genauigkeit, welche wissenschaftliche Untersuchungen beanspruchen, oder für bedeutende Meerestiefen von hunderten von Klaftern, wo sich allerlei Hindernisse in den Weg stellen.

Zuerst ist es bei sehr grossen Tiefen schwierig, den Moment zu erkennen, in welchem das Loth den Boden erreicht. Der dadurch veranlasste Ruck theilt sich der Leine zwar mit, wird aber bei grossen Tiefen, oder wenn der Meeresboden weich ist, so schwach, dass man ihn oben nicht mehr wahrnehmen kann. Auch hört die Leine keineswegs immer auf, sich zu strammen und abzuwickeln, nachdem das „Loth" den Boden erreicht hat, z. B., wenn sie von unterseeischen Strömungen fortgetrieben, gebogen und angespannt wird. Alsdann ist die Friction, welche die Leine beim Hinabgleiten in die Tiefe zu überwinden hat, in Betracht zu ziehen. In den ersten hundert Klaftern beträgt dieselbe freilich noch nicht viel und ein Loth von 32 Pfund senkt sich dann mit einer Geschwindigkeit von 16 Fuss in der Secunde hinab. Bei 100 Faden ist die Friktion schon so stark, dass es dann nur noch 8 Fuss in der Secunde sinkt, bei 500 Faden 4 Fuss, bei 1000 Faden nur einen Fuss in der Secunde. Und endlich kommt man zu einer Tiefe, in der die Friktion so mächtig wird, dass das Loth gar nicht merkbar mehr sinkt und so zu sagen mitten im Wasser in der Schwebe gehalten wird. Bei Tiefen von mehr als 3000 Faden wird es daher ganz unsicher, ob das Blei wirklich den Meeresboden erreicht habe, oder ob es im Wasser bloss stecken geblieben sei. Je stärker die Leine ist, die man nimmt, desto mächtiger wird die Friktion. Wollte man aber eine sehr dünne Leine nehmen, um die Friktion zu mindern, so würde sie von dem Gewichte leicht zerrissen werden.

Man hat alle Arten von Leinen versucht: hänfene, seidene, aus gesponnenem Garn, aus Eisendraht. Aber bei allen traten diese oder jene Schwierigkeiten hervor. Man kam daher auf allerlei Ideen, Vorschläge und Experimente, um den Gebrauch der Leine gang überflüssig zu machen. Man versuchte Pulverladungen in's Meer hinabzulassen, die bei der Erreichung des Bodens explodiren, und dann in der Schnelligkeit, mit welcher der Schall die Oberfläche erreichte, einen Massstab zur Bestimmung der erreichten Tiefe abgeben sollten. Wie das Pulver, so versuchte man es auch, die Elektricität unter dem Meere zu benutzen. Wiederum liess man ein Stück Holz oder sonst einen leichten Gegenstand mit dem Lothe in die Tiefe hinab. Derselbe sollte sich beim Erreichen des Bodens vom Lothe lösen und nach oben treiben. Aus der Schnelligkeit, mit welcher er oben ankam, wollte man dann die erreichte Tiefe berechnen. Man speculirte auch auf den Druck, der in grösseren Tiefen immer stärker wird, und liess hohle mit Luft gefüllte Gefässe in's Meer hinab, um aus der Stärke, mit der dort die Luft zusammengepresst würde, die Tiefe zu berechnen. Aber alle diese und andere Experimente glückten nicht und gaben für grössere Tiefen nur sehr unsichere Resultate.

Man kam daher wieder zu der alten Loth-Leine zurück und suchte nun diese und das Loth selbst zu reformiren. Der Americanische Offizier Brooke erfand vor 20 Jahren eine sehr ingeniöse und einfache Vorrichtung, durch welche das Gewicht bei Erreichung des Bodens, nachdem es seinen Zweck erfüllt hatte, sich loslöste und am Grunde liegen blieb, indem es so die Leine erleichterte und ein bequemes und vollständiges Aufziehen selbst einer dünnen und schwachen Leine möglich machte. Da bei dieser Vorrichtung das Gewicht völlig abgeschüttelt und die Leine sogleich ganz schlaff wird, so lässt sich bei ihr eben auch der Moment der Erreichung des Bodens leichter und schneller erkennen. Dieser Brookesche Apparat (Brookes Sounding Apparatus) wurde bald bei den Seefahrern berühmt und kam — zuweilen mit einigen Modifikationen — in allgemeinen Gebrauch. Man konnte bei ihm ziemlich dünne Leinen anwenden und daher grosse Tiefen leicht und schnell erreichen.

Aber selbst bei den dünnsten Leinen bleibt doch immer noch ein grosser Rest von Friktion zu überwinden. In neuester Zeit, im Jahre 1860, kam daher ein sehr intelligenter Offizier des Americanischen Coast-Survey, Prof. Trowbridge auf die Idee, auch diesen Rest von Friktion gänzlich zu beseitigen. Er construirte ein sehr ingeniöses Instrument, durch welches er das Abwickeln der Leine an Bord des Schiffes und das Passiren derselben durch die Wasserschichten umging. Er nahm nämlich ein längliches hohles Gefäss, an welchem unten das Senkblei befestigt und in dem inwendig die in einer Reihe von Knäueln aufgewickelte Leine eingepackt wurde, die sich beim Herablassen eben so aus dem oberen Ende abspann, wie aus dem Leibe einer Spinne der Faden, an dem sie sich von einem Baumzweige herablässt. Hierdurch wurde fast alle Friktion beseitigt. Das spiessartig geformte, spitzige, unten beschwerte Gefäss konnte mit ungehemmter Geschwindigkeit zu äuserst grossen Tiefen schnell wie ein Pfeil hinabschiessen. Unten am Grunde des Meeres fährt es senkrecht in den weichen Boden, Gewicht und Gefäss lösen sich ab, bleiben am Grunde liegen und die Leine kann schnell und leicht wieder heraufgeholt werden. Da die Leine nichts als das Gewicht eines kleinen dünnen Tubus mit etwas Bodenschlamm nach oben zu bringen hat, und da selbst ein ziemlich dünner, wenn nur stark gezwirnter seidener Faden doch mehre Pfunde zu tragen im Stande ist, so kann man bei dieser Vorrichtung die grössten Meerestiefen so zu sagen, mit Zwirnfäden ausmessen.

Ein fast noch interessanteres Instrument zur Bemessung der Meerestiefen hat vor einigen Jahren der Amerikanische Lieutenant C. B. Hunt construirt. Durch die bisherigen Apparate wurde bei jeder Operation, bei jedem einzelnen Gebrauche des Senkbleis nur die Tiefe eines einzigen Punktes bestimmt. Herr Hunt hat nun einen Apparat construirt, mit dem **eine ganze Reihe von Tiefen und Boden-Zuständen auf ein Mal bestimmt werden kann.** Er hat dazu den Druck, den das Meereswasser in der Tiefe ausübt, und der bei den bisherigen Operationen oft ein so grosses Hinderniss war, benutzt, und zwar auf folgende Weise: Er hat einen starken wasserdichten Schlauch aus Gummi und Leinwand angefertigt, der mit Luft gefüllt und dann mit dem nöthigen Gewichte beschwert, auf den Boden des Meeres hinabgelassen wird. Je tiefer der Sack hinabsteigt, desto grösser ist der Druck des Wassers und desto stärker wird die Luft in ihm comprimirt. Damit der Grad der Comprimirung sich oberhalb des Wassers den Beobachtern kund geben könne, ist der Luftsack durch einen dünnen engen langen Schlauch mit einem in dem die Operationen leitenden Schiffe aufgestellten Barometer oder Manometer der Art verbunden, dass das Ende des Schlauchs auf das kleine Quecksilber-Becken des Barometers fest und luftdicht aufgeschroben ist, so dass mithin eine Comprimirung der Luft in dem Gummisack das Barometer steigen macht. Der feste Luftsack, der eine birnenförmige Gestalt hat, wird nun von dem segelnden Schiffe über den Meeresboden, dessen Gestalt man zu erkennen wünscht, hingeschleift. Fällt der Sack in tiefere Rillen oder Löcher, so wird die Luft in ihm sogleich compriprimirt und das Quecksilber in dem Barometer an Bord des Schiffes eben so schnell in die Höhe getrieben. Das Umgekehrte hat statt, wenn der Luftsack über submarine Höhen oder Sandbänke weggeschleift und dabei in höhere Wasserschichten mit geringerem Seitendruck erhoben wird. An einer Scala am Barometer liest man den Wasserdruck in Fussen und Klaftern ab. Das Instrument ist so empfindlich, und der Druck selbst in den dünnsten Wasserschichten so verschieden, dass sogar Tiefen-Unterschiede von nur wenigen Fussen registrirt werden können. Um das Ablesen und Registriren der beständig wechselnden Bodentiefen zu vermeiden, ist man noch einen Schritt weiter gegangen und hat versucht, mit dem auf- und absteigenden Quecksilber oder dem Manometer eine kleine Maschine und einen Bleistift in Verbindung zu setzen, der nach Art unserer Telegraphen die Wechsel des Barometerstandes, des Luftdrucks und der Tiefenverhältnisse auf ein Papier aufträgt, so dass auf diese Weise der Ocean so zu sagen sich selbst portraitiren muss. — Diese Huntsche Vorrichtung scheint nun bis jetzt das Non plus ultra von Peilungs-Methode zu sein. Allerdings hat man mit ihr erst in Baien und Häfen von geringer Tiefe zu operiren gelernt. Aber wer weiss, wohin uns bei fernerer

Verbesserung diese Erfindung noch führen wird. Vielleicht werden wir es noch lernen, Huntsche Luftsäcke durch den ganzen Ocean zu schleppen, und dann die unterseeischen Boden- und Höhen-Verhältnisse, die uns bisher so viele Schwierigkeiten machten, leichter erkennen und verzeichnen, als die in unser Luftmeer hinaufragenden Bergspitzen.

Selbst bei dem gewöhnlichen alten Senkblei hatte man schon seit den frühesten Zeiten eine Vorrichtung getroffen, **um etwas von dem Sande und Schlamme des Meeresbodens zu erlangen**, weil der einzige sichere Beweis, dass man wirklich den See-Grund erreicht habe, das Heraufbringen von Boden-Proben ist. Man hätte ja auch auf einen Wallfisch oder sonst ein in der Tiefe schwimmendes Objekt stossen können! Es genügt für alltägliche Zwecke dazu eine „Armirung" von Talg, an welchem beim Aufstossen der Sand kleben bleibt. Wünscht man aber zum Zwecke wissenschaftlicher Untersuchungen grössere Quantitäten von den den Meeresboden bedeckenden Gegenständen zu haben, oder besteht dieser Boden nicht aus feinem Gerölle, das leicht am Talg kleben bleibt, **so** sind complicirtere Instrumente nöthig. Man hat deren von sehr verschiedenen Arten erfunden, und namentlich auch beim Amerikanischen Coast-Survey beständig auf Verbesserung dieser Instrumente gedacht und studirt. Die Amerikanischen Marine-Lieutenants Sand, Stellwagen, Craven, Bergmann und andere haben Instrumente dieser Art construirt und alle ihre Erfindungen sind in Gebrauch gekommen, das eine für diese, das andere für jene Art von Boden, und je nachdem sich ein Schiffs-Commandeur an den Gebrauch dieses oder jenes Instrumentes gewöhnt hatte. Das am meisten gebrauchte Instrument ist eins von der Erfindung des Lieutenants Stellwagen. Es ist ein an das Lothgewicht gehängtes metallenes Gefäss, das mit beweglichen Ventilen versehen ist. Beim Hinabsteigen in's Meer werden diese Ventile durch das von unten eindringende Wasser nach oben gedrückt und das Gefäss offen gehalten. Dieses bohrt sich in den Schlamm des Meeresbodens ein und füllt sich mit seinen Substanzen. Beim Hinaufziehen werden die Ventile durch den Druck des Wassers von oben geschlossen. Die eroberten Substanzen werden vor dem Ausspülen bewahrt und kommen richtig oben an.

Ein Amerikanischer Lieutenant Sandt hat auch einen sehr beliebten Apparat für Erlangung von Boden-Proben erfunden, der aus zwei in einander geschobenen metallenen Cylindern besteht und unter dem Namen „Sandt's specimen tube for deep sea bottom" (Sandt's Proben-Tubus für tiefen Seegrund) bekannt ist[1]). — Er wird überall in grossen Tiefen, wo der Meeresboden gewöhnlich mit weichen Substanzen bedeckt ist, angewandt. Ausserdem aber hat man auch mehre andere zum Theil sehr ingeniöse Instrumente erfunden — für grobsandigen, — für festen — für mit groben Brocken bedeckten Meeresboden. Man hat ihnen allerlei Formen gegeben. Man hat sogar versucht, Zangen zu construiren, mit denen man Felsenstücke vom Meeresboden losarbeiten und heraufschaffen könnte.

Auch die Rollen und andere Vorrichtungen an Bord der Schiffe, welche dazu dienen, die Instrumente in die See hinabzulassen, hat man in neuerer Zeit sehr verbessert, so dass sie prompter und schneller wirken, was natürlich sehr wichtig ist, da den Entdeckern in der stürmischen See oft nur sehr kurze günstige Momente zur Benutzung gegeben sind: Das Zustandekommen einer einzigen zuverlässigen und in jeder Beziehung genügenden Beobachtung hat nicht geringe Schwierigkeiten. Die Beobachter müssen dabei vor allen Dingen den Punkt, wo sie mit ihrem Schiffe ohne Anker auf den hafenlosen Wellen tanzen (ihre sogenannte „Station") astronomisch genau bestimmen. Nun sind aber schon dazu die oft hinter Nebeln steckende Sonne und Gestirne nicht gleich bei der Hand. Bei jedem Wurfe dauert es lange, bei sehr grossen Tiefen wohl einige Stunden, bis das Loth den Boden erreicht hat und noch länger. um es wieder heraufzuholen. Das durch Wellen, Winde, Strömungen aus seiner Position vertriebene Schiff muss diese immer zu halten oder wieder zu gewinnen suchen. Man vollführt daher das Peilen oder Sondiren am liebsten von einem Boote aus, das zu diesem Zwecke vom Schiffe expedirt wird, und mit Hülfe von Rudern seine Bewegungen leichter corrigiren und sich senkrecht über dem Punkte, wo das Loth hinausgeworfen wurde, erhalten kann. Ist der Peilungs-Apparat oben,

---

[1]) Siehe dasselbe beschrieben in C. S. R. 1855. Sketch Nr. 55 und 1857 Sketch Nr. 70.

so entstehen Discussionen darüber, ob er wirklich den Boden erreicht habe oder nicht, ob sich nicht etwas in dem Instrumente verschoben habe, wie viel auf die sogenannte „Strayline" (Abweichung der Schnur von der geraden Linie) abzurechnen sei, und der Wurf muss dann, um sicher zu gehen, noch ein Mal wiederholt werden. Kann man endlich mit gutem Gewissen die gefundene Anzahl Faden eintragen, so weiss man dann, wie tief die See an einem Punkte ist. — Der Leser mag hiernach beurtheilen, was es zu bedeuten hat, wenn schon im Jahre 1849 die Offiziere des Amerikanischen Coast-Survey berichten konnten, dass sie bis dahin im Golfstrom 1419 Temperatur-Sondirungen und 4598 Tiefen-Peilungen ausgeführt und eben so viele sorgfältig in Gläser verpackte, versiegelte und etikettirte Boden-Proben an Bord gebracht hatten,[1]) und dass sich seit dem Jahre 1849 bis jetzt diese Summen verdreifacht oder vervierfacht haben.

3. Kurze Schilderung der Nordamericanischen Partie des Golfstroms nach den Untersuchungen der Offiziere des Küsten-Vermessungs-Bureaus der Vereinigten Staaten.

I. Verhältnisse im Golf von Mexico und bei dem Beginne des eigentlichen Golfstroms.

Die Tiefen- und Strömungs-Verhältnisse des Ursprungsbeckens oder Reservoirs des Golfstromes, des Golfs von Mexico, sind von den Amerikanischen Offizieren, vornehmlich in seiner nördlichen und östlichen Hälfte, soweit er das Gebiet der Vereinigten Staaten bespült, genauer untersucht. Dieselben haben, wie ich zeigte, eine Menge Beobachtungen und Expeditionen, namentlich in der Richtung von der Mississippi-Mündung bis zu der Strasse von Florida angestellt, um dort die Configuration des Meeresbodens festzustellen. Sie haben überall nachgewiesen, was freilich auch zum Theil schon von früheren Zeiten her bekannt war: erstlich, dass in der Nähe der Küste dieses Binnenmeeres (ganz eben so wie an den Küsten des Atlantischen Oceans) zunächst bis auf 50 bis 80 Meilen Entfernung eine sehr allmählige Zunahme der Tiefe bis auf 50 und 100 Faden stattfindet, dass dann aber plötzlich ein rascher Abfall zu ganz ausserordentlicher Tiefe eintritt.

---

[1]) S. C. S. R. 1849. p. 69.

Die Küsten sind demnach ringsumher von einem breiten submarinen Plateau umkränzt, auf dem die Länder wie auf ihrem Fundamente ruhen. Am Rande dieses Plateaus schiesst der Boden rasch zu 4—500 und 800 Faden herab und erreicht gegen die Mitte des Busens sogar die Tiefe von 1500 Faden und mehr, oder von beinahe 2 Englischen Meilen. Der Golf von Mexico erweist sich also, namentlich im Vergleich mit unserer Ostsee oder dem schwarzen Meere ein ausserordentlich tiefes Becken oder Loch, das sich gegen seinen Auslass nach der Strasse von Florida hin noch mehr herabsenkt, dann aber, wie ich sogleich zeigen werde, in diesem wieder aufsteigt.

Die Böschung oder das Dach des Seiten-Plateaus, dem zahlreiche Inseln aufgesetzt sind, ist der Schauplatz vieler Brandungen, bunten Strömungen und Gegenströmungen, die zum Theil durch Ebbe und Fluth veranlasst werden. Am Rande dieses Plateaus und des mittleren Kessels aber dreht sich eine kreisende breite Strömung herum. Sie beginnt bei der Strasse von Yucatan, wo sie aus der Caribischen See eintritt, streift west- und nordwärts längs der Küsten von Yucatan, Mexico, Texas, dreht sich bei der Mississippi-Mündung ostwärts vorbei und geht im Parallelismus mit Florida nach Süden zurück. In dieser Richtung trifft sie auf die Nordküste von Cuba und tritt in die Strasse von Florida ein, wo ihr eine östliche Richtung mitgetheilt wird. Sie ist die Mutter und Hauptversorger des Golfstroms. Doch vereinigt sich mit ihr in der Nähe des West-Endes von Cuba, um den Golfstrom vollständig zu machen, eine zweite Strom-Branche, nämlich eine Abspaltung des Yucatan-Stromes, die beim Austritt aus der Strasse von Yucatan sich von der Hauptstrom-Masse abzweigt und um das Cap San Antonio sich ebenfalls ostwärts herumwirft. Den Vereinigungs-Punkt dieser beiden Strömungen, der mithin zugleich der Anfangspunkt des eigentlichen Golfstromes ist, haben die Amerikanischen Offiziere in der Mitte zwischen Cap San Antonio und der Gruppe der Tortugas-Inseln festgesetzt.[1]) Ueber die Gechwindigkeit und sonstigen Verhältnisse dieser beiden Ur-

---

[1]) C. S. R. 1860 p. 73. „The temperature observations made in the year 1860 by Lieutenant Wilkinson seem to indicate, that some position between the Tortugas and Cape San Antonio is the point of junction of the two distinct currents coming eastward one around the Cape and the other from the Gulf of Mexico."

sprungs-Zweige oder Quellen des Golfstroms sind noch wenige genaue Beobachtungen angestellt. Nur so viel ist gewiss, dass sie sich ziemlich langsam bewegen, und dass der Golfstrom seine grosse Schnelligkeit erst in der engen Strasse von Florida erhält. Manche haben zwar die kreisende Bewegung im Golf von Mexico gänzlich abläugnen wollen und haben den ganzen Golfstrom gleich direct aus der Strasse von Yucatan eintreten lassen. Doch streitet dies mit allen früheren Erfahrungen und auch, wie ich sogleich zeigen werde, mit den Tiefen-Verhältnissen der Strasse von Florida, die es sehr wahrscheinlich machen, dass die aus dem Golf von Mexico hervortretende Strömung die Golfstrom-Ader vorzugsweise nährt und füttert.

II. Die Halbinsel Florida.

Die beiden Länder, welche im Süden und Norden des Golf-Stroms an der Strasse von Florida liegen, die Insel Cuba und die Halbinsel Florida, bieten in Bezug auf ihre geologische Struktur die grössten Contraste dar. Cuba ist ein von Gebirgen durchzogenes, von vulkanischen Kräften aus dem Meere gehobenes und offenbar sehr altes Land. Die ganze Halbinsel Florida ist dagegen ohne alle Gebirge und ohne Spuren vulkanischer Hebung und Durchfurchung. Sie ist durchweg eben, flach, wenige Fuss oder Klafter über dem Meeres-Niveau erhaben, zum Theil von Sümpfen und Lagunen und untiefen Seen überschwemmt, und trägt alle Spuren eines sehr jungen geologischen Gebildes an sich. Erst in ihrem nördlichen Wurzel-Ende, wo sie dem Continente Nord-Amerikas ansitzt, finden sich in den äussersten Ausläufern der Alleghany's wieder Anzeichen alter vulkanischer Hebung.

Der Boden des Landes besteht auf der Oberfläche und auch in der Tiefe, so weit man sie durch Nachgrabungen erforscht hat, aus Sand, zertrümmerten Korallen, Korallenfelsen und anderen jüngeren Depositen. An seinen Küsten, namentlich an seiner südlichen Spitze sieht man heutzutage viele Arten von Polypen, und anderen See-Thieren mächtige Riffe und Inseln bauen. Die Polypen setzen, indem sie die kalkigen Stoffe dazu aus dem Meere beziehen, fortwährend ihre steinigen Korallen an. Diese werden von den Wellen abgerissen und zertrümmert. Zu den Trümmern fügen auch viele Muscheln und Schwämme ihre Gehäuse hinzu. Zuweilen ergreift der Wind diese Trümmer und den Corallensand und häuft sie so hoch an, dass das Meer sie nicht mehr bedeckt. Zuweilen cementirt die darauf schlagende Brandung des Meeres den Sand und vereinigt ihn zu festen Massen oder Felsen, deren Blöcke bei hoch gehendem Meeresgewoge übereinander gehäuft werden. Selbst die weichen Theile der Thiere, der Conchylien, Schnecken und Polypen, auch das Fett und die faulenden Knochen der Schildkröten tragen zur Cementirung dieser Felsen bei.[1]) Und so erhebt sich das Festland über dem Wasser-Niveau und der Ocean wird auf engere Gränzen beschränkt.

Was wir hier noch jetzt vor sich gehen sehen, ist nach der Ansicht des Prof. Agassiz ein uralter seit vielen tausend Jahren fortgesetzter Process, der im Laufe der Zeiten die ganze Halbinsel Florida eben so herangebildet hat, wie er noch jetzt die Inseln und Riffe an ihrem Rande baut. Dieses grosse weite Land wurde dem Continent von America Schritt für Schritt, Stück für Stück von den Kalk erzeugenden Korallen, von den Dämme bildenden Stürmen und cementirenden Wogen hinzugefügt. Seine ganze innere Struktur beweist dies. Denn es ist durchweg, wie gesagt, ein Gewebe von flachen Corallen-Felsen, Sanddünen und untiefen Lagunen, wie wir sie bei noch heute in der Bildung begriffenen Corallen-Inseln sehen. Und eben daraus geht auch hervor, dass bei der Bildung des Landes Florida nicht etwa eine vulkanische von unten wirkende, h e - b e n d e Kraft im Spiel war. Eben so wenig kann das Land Florida zu seinem jetzigen Niveau herabgesunken, vielmehr kann es durch nichts anderes als durch die Corallen aufgebaut sein. Denn Alles, was bei ihm über dem Meere hervorragt, alle seine Felsen und niedrigen Hügel zeigen sich als von Wind und Wellen zusammengeführte und aufgehäufte Corallentrümmer. Sie sind nicht s u b m a r i n e, sondern in der A t m o s p h ä r e e n t s t a n d e n e Bildungen. — „subaërial accumulations", wie die Amerikaner sagen.

Die Corallen können indess bekanntlich nur bis zu sehr geringer Tiefe im Meere hinab leben. Aus über 50 Fuss tiefen

---

[1]) Siehe die Ansichten von Agassiz hierüber entwickelt in C. S. R. 1851 p. 151—152.

Gewässern vermögen sie keine Bänke, Riffe oder Länder emporzubauen. Die Corallen von Florida müssen daher schon ehe sie ihre Arbeit begannen, hier eine Basis, ein submarines Land, eine Bank, an der sie haften konnten, vorgefunden haben. Der Amerikanische Professor Joseph Le Conte und der oben genannte Lieutenant Hunt haben daher, um den Agassiz'schen Corallen dieses Fundament für ihren Bau zu verschaffen, die weitere Vermuthung aufgestellt, dass der Golfstrom selbst dasselbe herbei geführt habe. Ihrer Ansicht zufolge communicirte der Golfstrom ursprünglich zwischen dem längst bestehenden vulkanischen Cuba im Süden und dem ebenfalls alten und vulkanischen Continent von America im Norden durch ein ganz breites Thor mit dem Ocean. Er führte, wie jeder Strom eine Menge von Detritus organischer und unorganischer Substanzen mit sich und liess diese beim Zusammenstoss mit dem Ocean innerhalb des besagten Thores fallen. Im Verlaufe der Jahrtausende wuchs daher hier eine Sandbank oder Barre an, wie sie sich nach denselben Prinzipien bei jedem Hafen oder vor jeder Flussmündung in der Linie des Zusammenstosses der fliessenden Land-Gewässer mit denen des Oceans bildet. Auf dieser Bank haben nun die Corallen sich angesiedelt, gelebt, gearbeitet, dieselbe durch Hinzufügung ihrer Felsen und ihrer Kalktrümmer über dem Niveau des Meeres erhoben und das Land Florida geschaffen.[1])

Je mehr Florida nach Süden hervorwuchs, desto mehr wurde auch der Golfstrom in seine Krümmung nach Süden herumgeworfen, desto mehr wurde er in der Strasse zwischen Florida und Cuba eingeengt, desto heftiger wurde seine Strömung, und desto tiefer wühlte er diese Enge aus. In der jetzigen Weltperiode hat dieser Process, nach der Ansicht der Herren Agassiz, Le Conte und Hunt sein Ende erreicht. Die Strasse zwischen Florida und Cuba ist so tief, dass die Corallen hier kein Land mehr emporführen können, und der Wachsthum Florida's ist nun zum Stillstand gekommen. Meer und Land haben sich in ihren Abgränzungen festgesetzt und ausgeglichen.[2])

Sehr wohl möglich ist es aber, dass diese Landbildung auf der andern Seite des Golfstroms bei den grossen Bahama-

---

[1]) S. hierüber das Werk: Report on the history of the Coast Survey p. 70.
[2]) S. den Bericht des Prof. Agassiz in C. S. R. 1851. p. 158—160.

Bänken noch immer fortgeht. Diese Bahama-Bänke im Osten des Golfstroms und Cuba's liegen auch jetzt noch grossen Theils unter dem Niveau des Meeres. Nur hie und da hat sich eine Corallen-Insel über demselben erhoben und bietet bewohnbares Land dar. Die Corallen bauen noch heutiges Tages an diesen Inseln und Bänken weiter. Die Bahama-Insel- und Bänke-Gruppe bietet jetzt wahrscheinlich denselben Anblick dar, den einst vor mehren tausend Jahren Florida gewährte, als es noch bloss eine Sand-Bank mit mehren darauf deponirten und nicht zusammenhangenden Inseln war. Die Offiziere des Amerikanischen C. S. haben bei ihren Golfstrom-Studien auch längst diese Gruppe in's Auge gefasst und beschlossen, ihre Operationen über sie auszudehnen. Da sie aber hier Englisches See-Gebiet berühren, sind sie noch nicht weit darin eingedrungen. Und sie haben sich über die Frage, wie der Golfstrom mit diesen Bildungen der Bahamas zusammenhängt, und ob und in wie weit sie als ein Erzeugniss desselben zu betrachten sind, vorerst noch nicht klar werden können. Nur so viel scheint durch alle Beobachtungen ausgemacht, dass ein Arm des Golfstroms sich bei seinem Austritt aus der Strasse von Florida abzweigt, ost- und südostwärts um die Bahama-Gruppe herumgeht und sie ebenso umschlingt wie Florida.

III. Die Bodengestaltung in der Strasse von Florida.

In Bezug auf die Strasse von Florida und insbesondere ihre westliche Partie zwischen Florida und Cuba hat sich durch die Beobachtungen der Amerikanischen Offiziere Folgendes als Resultat herausgestellt:

Die grossen Tiefen der mittleren Partien des Golfs von Mexico kommen bis in das westliche Thor dieser Strasse zwischen den Tortugas und dem West-Ende von Cuba heran. Das Meer bleibt in der Strasse selbst noch immer sehr tief, bis 800 Faden und mehr, und bildet in derselben also einen tief ausgehöhlten Trog. Doch steigt dieser Trog in der Richtung nach Osten und Nordosten allgemach auf und erreicht zuletzt auf dem Rücken des „Riegels von Bimini" seine geringste Tiefe (von durchschnittlich 2 bis 300 Faden) und sein Ende. Dabei ist er nicht gerade sondern schief ausgehöhlt. Das heisst er hat seine grössten Tiefen nicht in der Mitte der Breite. Von den Riffen und Bänken von Florida fällt er südwärts etwas weniger schnell ab, von der Küste von Cuba aus nordwärts aber sehr schnell und sehr schroff. Schon in einer Entfernung von 7 Seemeilen von Havana ist er 800 Faden, d. h. über eine Meile tief. Er hat überall seine grösste Tiefe auf der Süd- und Ostseite liegen in der Nähe der ganzen Küste von Cuba so wie dicht längs des Randes der Bahama-Bänke. Mit Recht hat man aus diesen Tiefen-Verhältnissen geschlossen, dass der Golfstrom seine Haupt-Wasser-Masse aus dem Golf von Mexico empfange, und dass derjenige Stromzweig, der ihm aus der Caribischen See um das Cap San Antonio herum zukommt, verhältnissmässig gering sei. Alle Stömungen arbeiten, höhlen und schwingen sich nämlich bei einer Biegung immer am stärksten und heftigsten an der convexen Seite der Biegung und sind in der concaven Seite ruhiger und minder zerstörend. Die convexe Seite der Strömung aus dem Golf von Mexico stösst nun auf die Küste von Cuba und krümmt sich längs ihr und dem Rande der Bahama-Bänke herum. Der Yucatan-Strom dagegen würde bei seiner Umbiegung seine convexe Seite bei Florida haben, und da hier keine grossen Tiefen sind, so kann er mithin nicht stark sein.[1] —

IV. Der Riegel von Bimini.

Wie das ganze Thal des Golfstromes, so hielt man in früheren Zeiten auch namentlich diejenige Partie desselben zwischen der Südspitze Florida's und dem Bänke-Plateau der Bahama's für ausserordentlich tief. Man sprach von fabelhaften Tiefen, die man dort erreicht haben wollte und nahm darnach an, dass die See hier ein unergründliches Loch oder einen Schlund gebildet habe, obgleich dies keineswegs mit den anderswo beobachten Erscheinungen übereinstimmte. Denn gewöhnlich hatte man schon längst anderswo zwischen naheliegenden Länderspitzen oder in den innersten Partien der Meer-Engen, so z. B. in dem Canal zwischen England und Frankreich, ebenso in der Strasse von Gibraltar zwischen Spanien und Afrika solche Boden-Erhebungen oder Riegel, unter-

---

[1] C. S. R. 1859. p. 28. „The form of the trough near Havana renders it probable, that the main stream of the Gulf is that, which makes the circuit of the Gulf of Mexico."

seeische Höhenzüge oder Rücken, welche beide einander entgegentretende Länder mit einander verknüpfen, entdeckt. — Nachdem der Lieutenant Craven hier im Jahre 1858 gepeilt hatte, erkannte man, dass hier zwischen den beiden Punkten Cap Florida und Bimini eine auffallend geringe Tiefe von 100 bis in der tiefsten Rille zu 350 Faden existire. Spätere Untersuchungen bestätigten diese Beobachtungen und stellten weiter heraus, dass von der bezeichneten Linie aus der Meeresboden sowohl nordostwärts im Thale des Golfstroms als auch südwestwärts nach dem Golf von Mexico hin allmählich tiefer absinke, dass also in der bezeichneten Gegend ein Höhen-Rücken oder ein Riegel existire, den man den „Riegel von Bimini" nannte. — Man kann diesen Riegel gleichsam als die Schwelle betrachten, welche unterseeisch die Gewässer des Atlantischen Oceans und die des Golfs von Mexico scheidet.

Wie bei allen Boden-Erhebungen, so ergab sich auch bei dieser Bimini-Schwelle, dass das Wasser bei ihr besonders kalt sei, und dass hier also im Golfstrom gleichsam ein transversaler kalter Querstreifen, der die warmen und kalten Longitudinal-Streifen des Golfstroms quer durchschneidet, sich darstelle.

Wahrscheinlich ist diese Schwelle ebenso wie das Land Florida und die Bahama-Bänke selbst, die durch sie unterseeisch verbunden werden, ein Produkt des Golfstroms, der hier unweit seines Eintritts in den Ocean seit Jahrtausenden seine Sedimente fallen liess und aufhäufte.

V. Die kalten und warmen Bänder oder Streifen des Golfstroms.

Früher nahm man den Golfstrom für eine einzige zusammenhangende und compakte Masse gleichmässig durchwärmten Wassers. Zuweilen hatte man wohl mitten im warmen Strom namentlich in seinen mehr nördlichen und östlichen Abschnitten eine Partie kalten Wassers entdeckt. Doch schrieb man dieselbe dann gewöhnlich nur einem etwa in den Golfstrom eingedrungenen und geschmolzenen Eisberge zu und hielt sie für eine vorübergehende Kaltwasser-Insel oder Oase. Wie aber die Optiker den weissen Lichtstrahl in seine sieben Farben zerlegt haben, so haben die Amerikanischen Offiziere durch fortgesetzte und combinirte Beobachtungen herausgebracht und bewiesen, dass der Golfstrom aus einer Menge, gleichsam aus einem Bündel warmer und kalter Wasserstreifen oder Strom-Zweige und Adern bestehe. — Wo und zu welcher Zeit sie auch den Golfstrom durchschnitten, da haben sie immer diese wechselnden Streifen in derselben Gegend, in derselben Anzahl, in derselben Reihenfolge und mit denselben Temperaturen wiedergefunden. Sie haben sie auch in die Tiefe hinab verfolgt und sind ihnen dort mit ihren Lothen und Seethermometern in derselben Ordnung und Folge begegnet. Sie haben dieselben eben so im Norden bei Neu-England, wie auch in der Mitte des ganzen Stromstammes an der Küste von Virginien und dessgleichen beim Austritt des Stromes in den Ocean gespürt. — Im Süden des Riegels von Bimini in der Strasse von Florida und beim Austritt des Golfstroms aus dem Meerbusen von Mexico haben sich diese Temperatur-Unterschiede und Stromzweige dagegen nicht gezeigt. Dort bildet der ganze Golfstrom in der That eine compakte, gleich gewärmte Masse, die sich nur allmählig und überall in derselben Weise nach unten und nach den Seiten regelmässig und ohne Absätze oder Sprünge abkühlt.

Im Norden des Riffs von Bimini, wo der Golfstrom sich bereitet in den Ocean hinauszufliessen, beginnt auch seine Zersplitterung in Nebenzweige. Zuerst zeigen sie sich schwach und mit nicht sehr scharfen Temperatur-Contrasten. Auch sind sie wie der ganze Golfstrom selbst zuerst noch schmal. Je weiter der Golfstrom in den Ocean hinauskommt, desto stärker und schärfer tritt seine Zersplitterung hervor. Zugleich werden auch die kalten Bänder oder Streifen breiter. In der Gegend von Neu-England werden sie wie der Golfstrom selbst sehr breit, und dort werden auch ihre Temperatur-Contraste allmählig wieder geringer. Ob sie da, wo sich der Golfstrom von den Amerikanischen Küsten ganz ab und in den breiten Ocean ostwärts hinauswendet, völlig aufhören, ist noch nicht ausgemacht, da hier die genauen Forschungen der Amerikanischen Offiziere selbst aufgehört haben. — Wenn man von der Küste der Vereinigten Staaten in der Mitte des Golfstrom-Stammes etwa von den Vorgebirgen Virginiens ausgeht und ostwärts queer den Golfstrom durchschneidet, so kommt man zuerst durch den überall vorhandenen kalten südwärts gerichteten Küstenstrom, und findet dann in einem Abstande von ungefähr 50 Meilen mitten im kalten Wasser den ersten warmen Streifen. Die Amerikaner nennen ihn „the first inner warm band" (das erste innere warme Band). Es ist etwa 15 Meilen breit, scheint sich aber nordwärts noch wieder in zwei Arme zu spalten und weiter auszubreiten. Nach Durchschneidung dieses Streifens kommt man wieder für circa 20 Meilen in kaltes Wasser, welches die Amerikaner „the first inner cold band" (das erste innere kalte Band) nennen. Nach ihm trifft man ostwärts weiter gehend auf einen zweiten sehr warmen und sehr breiten Streifen. Er ist 30 bis 40 Meilen breit, hat eine höhere Temperatur als alle übrigen, fliesst schneller als sie und setzt sich mit dem kalten Wasser im Osten in einem scharfen und sehr bestimmt gezeichneten Contraste ab. Das warme Wasser geht in ihm auch tiefer hinab, als in den übrigen Streifen und er wird daher als der eigentliche Hauptstrom oder die Mark-Röhre des Golfstroms betrachtet. Die Amerikaner bezeichnen in ihm die Linie, welche sie „the Axis of the Gulfstream" (die Axe des Golfstroms) nennen.

Ostwärts von dieser Central-Arterie des Golfstroms finden sich noch einige Neben-Zweige, noch zwei kalte und zwei warme Streifen, welche man als „the first and the second outer cold band" (das erste und zweite äussere kalte Band) und „the first and the second outer warm band" (das erste und zweite äussere warme Band) bezeichnet. In einem Abstande von 300 bis 350 Meilen von der Küste von Virginien geben die Amerikanischen Karten „the limit of warm water observed" (die Gränzen des beobachteten warmen Wassers) an.

Fasst man diese kalten und warmen Streifen näher in's Auge, so stellen sich folgende Sätze heraus: Ganz oben auf der Oberfläche des Meeres und in der Nähe desselben in geringer Tiefe sind die Temperatur-Contraste nicht sehr gross. Sie sind dort in der Regel etwas verwischt. Das Wasser steht daselbst mehr unter dem Einfluss der Atmosphäre und der Winde. Ist die Lufttemperatur niedrig, so werden alle Streifen etwas erkältet, ist sie hoch, so werden sie alle etwas erwärmt. Weiter unten in Tiefen von 20 oder 30 Faden und darüber, wo Sonne und Winde nicht mehr einwirken, zeigt das Meer seine ihm eigenen Contraste, und seine unabhängige und selbstständige Temperatur. In sehr grossen Tiefen verlieren sich diese Contraste wieder. In 4- bis 500 Faden Tiefe geht selbst die starke warme Axis-Ader ziemlich schnell zu einer gleichmässig kühlen und zwar sehr kalten Grund-Wasser-Masse über.

Das Wichtigste und Interessanteste bei diesen Adern ist der Umstand, dass sie in allen ihren Verhältnissen so constant sind. Diese ihre Unveränderlichkeit, die durch zahlreiche Beobachtungen ausser Zweifel gesetzt ist, lässt sie als für die Schifffahrt wichtig erscheinen. Sie machen es dem Seefahrer, der das Thermometer fleissig benutzt und gut zu beobachten und zu zählen versteht, möglich, auch mitten in der Nacht und im Nebel, an ihnen wie an einem Gitterwerk seinen Abstand von der Küste und seine Schiffsposition heraus zu tasten und zu bestimmen.

In den warmen Adern existirt natürlich wie in dem ganzen Golfstrom eine Bewegung des Wassers nach Norden. In den dazwischen eingedrängten kalten Adern dagegen haben mehre Beobachter einen Gegenstrom, eine Bewegung des Wassers in umgekehrter Richtung von Norden nach Süden erkennen wollen. Auch dieser Umstand, der indess noch nicht ganz fest steht, verdient natürlich von den Seefahrern wohl beachtet zu werden. Man sieht daraus, dass Schiffe sogar mitten im Golfstrom, wenn sie sich nämlich in einer seiner kalten Adern befinden, südwärts getrieben werden können. Es geschah diess einmal im Jahre 1858 dem Marine-Lieutenant W. G. Temple, welcher berichtete, er sei mitten im Golfstrom von einem solchen kalten Gegen- oder Zwischenstrom für 20 Stunden lang mit einer Schnelligkeit von 3 Knoten oder Meilen in der Stunde südwärts getrieben worden.

Ausser den grossen durchgehenden allgemeinen und zählbaren Adern des Golfstroms hat man häufig auch noch kleine Nebenadern (ofshots) entdeckt, deren fernere Zersplitterung zu verfolgen aber kaum einen Nutzen haben würde, weil sie wahrscheinlich nicht constant sind und weil man damit zu sehr in's Detail geführt werden würde.

VI. Die kalte Mauer.

Der grösste Contrast zwischen den verschiedenen Zweigen oder Adern, aus denen der Golfstrom zusammengesetzt ist, zeigt sich zwischen dem „ersten inneren kalten Streifen" und der „Axis" oder der Haupt-Kern-Ader des Golfstroms in der Nähe des schroffen Abfalls des Küsten-Plateaus. Hier sinken von Westen nach Osten alle Curven gleicher Temperatur auf sehr kurzen Abständen von der Küste sehr schnell zu grossen Tiefen hinab. Oder mit andern Worten, man hat hier in einem mehr oder weniger grossen Abstande von der Küste auf der ganzen Linie des Golfstroms eine Gegend bestimmt, in der man bis auf grosse Tiefen hinab überall das warme Wasser ganz dicht an das kalte Wasser anliegend fand. Selbst noch in 400 Faden oder 2400 Fuss Tiefe entdeckte man auf verhältnissmässig kurzen Distanzen in derselben Tiefe Temperatur-Unterschiede von 35 und mehr Graden. Das kalte Wasser baut sich hier überall gleichsam wie eine hohe und ziemlich schroffe Mauer auf, an welcher das warme Wasser des Golfstroms vorüberfliessend, gleichsam anprallt. Daher die Amerikaner denn auch diesen Strich im Golfstrom „den kalten Wall" oder „die kalte Mauer" (the cold wall) genannt haben. Es ist allerdings ein etwas poetischer Ausdruck. Es giebt im ganzen Golfstrom keinen zweiten so scharf gezeichneten Contrast zwischen warm und kalt, und eben so auch keine zweite Linie, die durch Beobachtung so gut bestimmt wäre. Daher diese sogenannte kalte Mauer auch besonders hervorgehoben zu werden verdient.

Geht man längs der Längenausdehnung des Golfstroms, so findet man „den kalten Wall" in den nördlichen Partieen an den Küsten von Neu-England und Pensylvanien am deutlichsten und schroffsten hervortreten. Etwas weniger gross sind die Contraste zwischen kalt und warm in der bezeichneten Linie in den mittleren Küstengegenden. Doch findet man selbst noch in der Strasse von Florida Spuren vom kalten Wall. Auch dort giebt es noch in der Nähe der Küste einen Streifen kalten Wassers und eine Gegend, wo in einem gewissen Abstande dieses mit der Hauptmasse des warmen Wassers des Golfstroms in ziemlich scharfen Contrast tritt.

Die Schiffer können die kalte Mauer mit dem See-Thermometer fast eben so leicht herausfinden, wie das hohe Küstenplateau mit dem Lothe. Die Amerikaner haben sich daher besondere Mühe gegeben, seinen Abstand von der Küste überall genau fest zu stellen und ihn auf ihren Karten zu verzeichnen. Auch die Engländer haben auf ihren Seekarten eine schwarze Linie für ihn adoptirt:

Bei Cap Florida im Süden ist die mittlere Linie der kalten Mauer nur 11 Meilen von der Küste entfernt. Nach Norden herauf vergrössert sich der Abstand allmählig. In den mittleren Partieen der Amerikanischen Küste wechselt er zwischen 40 und 80 Meilen. Bei New-York und an der Küste von Neu-England entfernt sich die Linie bis auf 200 und 300 Meilen.

Schärfer als bei irgend einer der andern Linien und Bänder des Golfstroms tritt bei der kalten Mauer der Parallelismus mit der Küsten-Configuration hervor. Sie schwingt sich um Florida herum. Sie tritt in der Bai von Georgia etwas westwärts zurück. Sie biegt sich mit und bei dem Cape Hatteras bedeutend ostwärts hinaus und springt wieder bei der Küste von Virginien, wie diese selbst, etwas westwärts ein, bis sie sich an der Küste von Neu-England, wie diese, direkt ostwärts wendet, um dann nicht wieder zurückzukehren.

Dieser Parallelismus, den die kalte Mauer, oder was auf eins hinauskommt die Hauptmasse des warmen Stromes, mit der Küste einhält, ist sehr beachtenswerth, besonders in Bezug auf die Beurtheilung der Ansicht Vieler, dass der Golfstrom in seiner Richtung durch die Impulse, welche ihm die Rotation der Erde gäbe, ausschliesslich bestimmt werde; es scheint durch ihn bewiesen zu werden, dass diese Impulse dabei nicht das einzig Entscheidende sind. Denn wäre dies der Fall, so müsste der Golfstrom bei seinem Austritt in's Meer bei der Strasse von Florida sogleich und durchweg eine Tendenz zur Flucht nach Osten zeigen. Er könnte nicht, wie er dies dem Gesagten nach thut, noch mehre Male wieder westwärts einzubiegen streben. Wahrscheinlich zwingt ihn hierzu die Gestaltung seines Thalwegs, in welchem seine Hauptmasse unterseeisch eingezwängt ist. [1]

---

[1] Siehe Coast Survey-Report 1860. p. 173.

VII. Die Gebirgszüge und Thäler auf dem Boden des Golfstroms.

Alles, was man von der Gestaltung des Meeresgrundes im Golfstrom und in seiner Nachbarschaft vor dem Beginn der Amerikanischen Tief-See-Messungen wusste, reducirte sich in der Hauptsache auf die Kenntniss der geringen Tiefen in der Nähe der Küsten, die längs des Golfstroms hin niedrig, flach und mit Lagunen, langen Sandzungen und Dünen besetzt sind. Wie die Ufer flach, so ist das Meer anfänglich in der Nähe derselben untief. Ganz nahe am Lande findet man 4 bis 5 Faden Tiefe, und diese Tiefe vergrössert sich sehr allmählig und von Stufe zu Stufe in einem Abstande von 40 bis 100 Meilen zu 40 bis 50 Faden. Dann aber vergrössert sich die Tiefe schnell zu 100 Faden und bald darauf schiesst der Boden plötzlich zu 6 und 700 Faden und zu noch grösserer Tiefe ab.

Demnach ist die ganze Amerikanische Ostküste, eben so wie der Golf von Mexico, von einem submarinen Plateau eingesäumt, welches gleichsam das Fundament des Landes darstellt. Im Süden bei Florida ist dieses Plateau schmal. Weiter nach Norden an der Küste Carolina's und Virginien's wird es etwa 50 bis 60 Meilen breit und noch weiter im Norden an der Küste von Neu-England noch breiter bis zu 100 Meilen und mehr.

Dieses Plateau war den Schiffern längst bekannt und wurde von ihnen stets zur Bestimmung ihrer Entfernung von der Küste benutzt. Sie konnten es überall leicht mit ihrem Lothe erreichen, und fingen daher, wenn sie sich in seiner Nähe glaubten, sofort an zu peilen. Hie und da ist es etwas hüglich oder rauh auf der Oberfläche. Auf einigen Küstenstrecken aber dacht und senkt es sich so allmählig und so regelmässig zu seinem schroffen Rande ab, dass man dort aus der Meerestiefe mit Bestimmtheit erkennen kann, wie viele Meilen man noch von der Küste entfernt ist. Auf jede nautische Meile Distanz nimmt das Meer ungefähr einen Faden an Tiefe zu und findet man daher 50 Faden Tiefe, so weiss man, dass die Küste noch ungefähr 50 Meilen entfernt sei, und so kann man sich selbst in Nacht und Nebel von Faden zu Faden, oder von Meile zu Meile bis zum Hafen hintasten.

Im Osten des schroffen Plateau-Abfalls floss der Golfstrom. In ihm hatte aber noch kein Senkloth Grund gefunden. Man glaubte, er ströme in einem „unergründlich tiefen" Thale. Den unermüdlichen Operationen der Amerikanischen Offiziere ist es gelungen, wenigstens theilweise die Tiefen-Verhältnisse und Boden-Configuration dieses Golfstrom-Thales zu bestimmen. Sie haben bei ihren zahlreichen Peilungen sowohl innerhalb des Thales als auch an seiner östlichen Grenze an vielen Stellen den Grund erreicht und die Meerestiefe bestimmt.

Die merkwürdigste Entdeckung machte dabei im Jahre 1853 der Lieutenant Maffitt im Angesichte der Küste von Carolina. Er fand zuerst nahe bei dem schroffen Plateau-Abfall ausserordentlich grosse Tiefen. Dann in einer Entfernung von circa 30 Meilen von diesem Abfall kam er auf ein Mal auf sehr mässige Tiefen von circa 4 bis 500 Faden. Wieder 30 Meilen östlich erreichte er abermals tieferes Wasser und darnach wurde es wiederum für eine kurze Strecke flacher, und dann abermals tiefer und endlich an der östlichen Gränze des Golfstroms flachte es sich allmählig und ausdauernd ab.

Da Maffitt's Nachfolger in anderen mehr südlichen Sektionen ganz in derselben Weise wechselnde Tiefen-Verhältnisse entdeckten, so gelangte man, indem man diese Angaben combinirte, zu dem Schluss, dass sich auf dem Boden des Golfstromthales Rillen oder Thäler und zwischen ihnen liegende Landrücken oder Gebirgszüge befänden. Man hat diese Gebirgszüge südwärts jetzt bis zu dem Riegel bei Bimini verfolgt, wo sie sich allmählig verlieren, und wo sie ihren Anfang und Ursprung zu haben scheinen. Zwei solche submarine Höhenrücken hat man bis jetzt ziemlich deutlich erkannt und von Bimini bis zur Breite von Georgia nachgewiesen, einen mächtigeren von etwa 1800 Fuss Höhe in der Nähe der Axis des Golfstroms und einen zweiten niedrigeren etwa 800 Fuss hohen weiter ostwärts. Sie laufen mit der Küste und mit dem Golfstrom parallel, und ebenso auch mit dem Rücken der Alleghany-Gebirge im Innern des Landes. Sie haben auch mit diesen noch die Aehnlichkeit in ihrer Configuration, dass sie nach Osten schroffer und steiler abfallen, nach Westen aber sich allmählig erheben. Noch weiter ostwärts vom zweiten Höhenzuge hat man eine allmählige Ansteigung des Meeresbodens bis zur östlichen Gränze des Golfstroms gefunden, ohne indess bis jetzt noch zu wissen, wie weit dieselbe geht. Im Angesichte der

Küste von Georgia scheinen diese Höhenzüge und die zwischen ihnen liegenden Thäler ihre grösste Höhe und markirteste Ausbildung zu besitzen. Weiter nach Norden scheinen sie sich zu verflachen, zu verbreitern und zu verlieren. Hie und da bieten diese submarinen Gebirgszüge ungewöhnlich schroffe Wände und Abhänge dar. Lieutenant Craven fand in der Nähe des Cap Cañaveral ein Mal auf der geringen Entfernung von 1½ Meilen einen Tiefen-Unterschied von mehr als 500 Faden. Er peilte ein Mal 460 Faden und „gleich darauf" 1060 Faden, was entweder auf einen tiefen Bergkessel oder einen sehr schroffen Abhang hindeutet.[1]

Wegen der Aehnlichkeit, welche diese submarinen Höhenzüge in Richtung und Gestalt mit den Alleghanyschen Gebirgen zeigten, hat man einerseits die Vermuthung aufgestellt, dass sie mit diesen desselben Ursprungs und wie sie Erd-Falten sein möchten, welche durch vulkanische Kräfte erzeugt wurden. Andererseits dagegen hat man gedacht, dass der Golfstrom diese Höhen und Thäler selbst veranlasst habe, indem er seine Sedimente und seinen Detritus fallen liess, und dass diese sich im Laufe der Jahrhunderte allmählig zu Dämmen und Rücken aufhäuften. Wieder Andere haben es für möglich gehalten, dass wir hier eine Wirkung beider Aktionen vor uns haben, nämlich dass ursprünglich Höhenzüge und Thäler vulkanischen Ursprungs existirten und dass diese nachher dann von den Niederschlägen des Golfstroms bedeckt und in ihrer Gestalt verändert wurden. Sollte es sich bestätigen, dass die Höhenzüge und ihre Thäler sich nach Norden zu immer mehr verwischten, verflachten und ausglichen, so würde diess die Ansicht, dass der Golfstrom mit seinem Detritus die Hauptsache dabei gethan haben, unterstützen, denn natürlich musste der Golfstrom bei seinem Vorgehen nach Norden immer weniger Sedimente mit sich führen.

VIII. Zusammenhang der submarinen Gebirgszüge und Thäler mit den kalten und warmen Adern des Golfstromes.

Zugleich mit der Entdeckung der submarinen Gebirgszüge und Thäler gewahrte man, dass über den Höhenrücken das

---

[1] C. S. R. 1853. p. 5.

Wasser kälter sei, als in derselben Tiefe in den Thälern, oder mit andern Worten, dass jedes Mal in einem Thale eine jener tiefen warmen Stromadern flösse und dass der Höhenrücken oben einem kalten Wasserstreifen entspräche. Man glaubt daher in den besagten Bodenfalten die Ursache jener Zersplitterung des Golfstroms zu erkennen.

Es ist eine ziemlich allgemeine Erscheinung, dass das kalte Wasser des Meeres auf seichten Stellen, Bänken und unterseeischen Bergen weiter hinaufgedrängt wird, und dagegen über grösseren Tiefen sich höhere Temperaturen finden. Die warmen Adern füllen daher die Thäler aus und folgen ihnen wie Flüsse. Die kalten Adern dagegen ruhen über den höheren Rücken. Einige Beobachter haben sogar auf der Oberfläche des Meeres über der Linie dieser unterseeischen Höhenrücken Spuren von Brandung oder Kabelung sogenannte „ripples" gewahrt. Möglicher Weise sind diese Kabelungen aber nur ein sekundärer Effekt der Berge, nämlich eine Folge der Reibung oder des Zusammenstosses der durch sie veranlassten contrastirenden Strömungen.[1]

Andere haben umgekehrt die Meinung aufgestellt, dass die Rillen des Golfstromthales nicht Ursache, sondern Wirkung der Zersplitterung des Stromes seien. Ihnen zufolge soll der Strom gleich von vorn herein beim Austritt in den Ocean sich geädert oder zersplittert haben, und da in der warmen Ader eine nach Norden gerichtete Strömung, in der kalten aber Ruhe oder gar eine nach Süden gerichtete Strömung vorwaltete, so sollen demnach diese verschiedenen Strömungen in der Gegend ihrer Berührungs-Linien gezwungen worden sein, ihre Sedimente fallen zu lassen und so die Bergzüge aufzuhäufen. Ich habe schon gesagt, dass erst eine fernere und genauere Untersuchung derselben und namentlich ihres Verlaufs nach Norden diese Fragen lösen kann. Dass jedenfalls die Boden-Rillen und die Strom-Adern untereinander in Causal-Connex stehen, wird unter andern auch dadurch erwiesen, dass wo im Golfstrom jene nicht vorkommen, wie z. B. in der Strasse von Florida auch diese nicht erscheinen, dass aber wo die Rillen oder Thäler beginnen (bei dem Riegel von Bimini) auch die Adern anfangen.

---

[1] C. S. R. 1853 p. 6 und p. 47.

IX. Das kalte Wasser unter dem Golfstrom.

Man glaubte früher, dass der Golfstrom mit seiner hohen Temperatur bis zum Boden des Meeres reiche, und von seinem Quellen-Becken, dem Golf von Mexico meinten Einige gar, dass sein Wasser von einem submarinen vulkanischen Feuer gleichsam wie in einem Kessel gekocht würde, und man daher in grossen Tiefen eine noch höhere Temperatur finden würde. Diese Vorstellungen sind durch die neuen Forschungen sehr berichtigt worden. Man hat überall unter dem Golfstrom eine mächtige und tiefe Schicht sehr kalten Wassers gefunden sowohl in seinen nördlichen als auch in seinen mittleren und südlichsten Partien, sogar auch in seinem überall umschlossenen und von heissen Ländern umgebenen Quellen-Becken, dem innerhalb der Tropen liegenden Golf von Mexico. Kaltes Wasser kann man dasjenige nennen, dessen Temperatur sehr bedeutend unter der mittleren Temperatur steht, welche die Atmosphäre und die Oberfläche des Oceans unter der betreffenden Breite zeigt. Da die mittlere Temperatur des Oceans und der Atmosphäre unter den Breitengraden von Florida über $+65^0$ F. hinausgeht, so würde daher „50^0" schon auf sehr kaltes Wasser deuten. Die Golfstrom-Erforscher pflegen mithin Wasser-Temperaturen von 50, 45, 40 und weniger Graden Fahrenheit „Boden-Temperaturen" (Botton temperatures) zu nennen.

Man erreicht diese „Boden-Temperaturen" unter dem Golfstrom nicht immer in derselben Tiefe. Auf den Höhenrücken und Riegeln kommt man früher zu ihnen als in den tiefen Thälern. Auf jenen schon zuweilen in einer Tiefe von 300 Faden. Aber auch in diesen wenigstens bei 400, 500 oder 600 Faden Tiefe. Man ist hier überall bis zu den in allen grossen Tiefen des Oceans gewöhnlichen niedrigen Temperaturen von $+38$ oder $+39^0$ F., und hat diese noch mehre 1000 Fuss unter den Golfstrom hinabsteigen sehen. Selbst wenige Meilen von Havana will man in 600 Faden Tiefe die Temperatur von $+35^0$ F. erreicht haben. Und aus dem Golfe von Mexico wird von einem Amerikanischen Offizier sogar ein Mal in 1130 Faden Tiefe eine noch niedrigere Temperatur gemeldet![1]) Es scheint demnach, dass die ganzen Vorgänge und Bewegungen des warmen Wassers im Golfstrom weit mehr auf der Oberfläche bleiben, als man es sich ehemals dachte.

Wie viele andere Hydographen, so haben auch die Amerikanischen Offiziere fast immer dafür gehalten, dass dieses ungemein kalte Wasser, wo sie es entdeckten, ein fremder Gast aus dem Norden sei. Sie haben die Ansicht aufgestellt und fast stillschweigends als richtig angenommen, dass weil diese ausserordentliche Kälte nicht an Ort und Stelle erzeugt sein könne, sie eine Fortsetzung des kalten Polar- oder Labrador-Stromes sein müsse. Dieser Labrador-Strom soll sich demnach als submariner Gegenstrom unter dem Golfstrom und mit ihm in entgegengesetzter Richtung fliessend fortsetzen. Er soll auch südwärts unter dem Golfstrom weg in die Strasse von Florida eindringen, sich an dem westlichen Ende derselben in zwei Arme theilen, von dem der eine sich um das West-Ende von Cuba herumbiegt, während der andere nordwestlich in den Golf von Mexico eindringt und dort überall dieses Meeres-Becken auf dem Grunde mit kaltem Wasser versieht. Diese Ansicht begründet sich aber nur auf der beobachteten grossen Kälte des Wassers. Eine wirkliche submarine Bewegung oder Strömung desselben ist in den südlichen Partien des Golfstroms noch nirgends nachgewiesen. In den nördlichen bei den Bänken von Neufoundland ist sie allerdings erwiesen, denn dort sah man nicht selten tief gehende Eisberge queer durch den Golfstrom oder auch gegen ihn an schwimmen, was sich wohl nur aus einer starken submarinen Strömung nach Süden, die gegen den breiten Fuss der Eisberge stösst, erklären liess.

Manche haben dagegen, auf gewisse andere an dem Detritus des Golfstroms gemachte Beobachtungen, die ich sogleich näher erwähnen werde, fussend, die Ansicht aufgestellt, dass in der grossen Tiefe eine ewige und unveränderliche Ruhe obwalte, dass die niedrigen und kalten Temperaturen der Lokalität eigenthümlich sein und anders erklärt werden müssten und dass man sie daher, wie sie sich ausdrücken, als ein „Kissen kalten Wassers" betrachten müsse, auf welchem der Golfstrom schwimme und ströme.

---

[1]) C. S. R. 1858 p. 89.

Da das Wasser ein sehr schlechter Wärmeleiter ist, so conservirt der auf ihm schwimmende Golfstrom seine Wärme weit länger, als er es thun würde, wenn er unmittelbar auf dem festen Boden des Meeres hinströmte und die Vorrichtung jenes kalten Wasser-Kissens trägt daher indirekt sehr viel zu derjenigen Klima-Verbesserung bei, welche der Golfstrom in dem westlichen Europa veranlasst.[1]

X. Die Elemente und Stoffe, welche den tiefen Meeresgrund im Golfstrom bedecken.

Die Gebirge, Thäler und Plateaus des Meeresbodens im Golfstrom sind mit grossen Massen von Niederschlägen oder kleinen Trümmern sowohl organischer als unorganischer Bildungen bedeckt. Die Untersuchung dieser Stoffe, die grossentheils der Golfstrom dahin gebracht und verstreut hat, ist für die Beurtheilung der Beschaffenheit dieses Stromes, seiner Herkunft und seines Verhaltens in grossen Tiefen sehr wichtig. Mehre ausgezeichnete Gelehrte haben sich mit der Untersuchung dieser Golfstrom-Sedimente beschäftigt. So der New-Yorker Geologe Professor Baily, so Professor Ehrenberg in Berlin, denen Boden-Proben aus verschiedenen Gegenden und Tiefen des Golfstroms zugesandt wurden, und welche dieselben ihren Mikroskopen unterwarfen. In den Bureaux des Coast-Survey selbst, in welchen die meisten dieser Grundproben (bottom specimens) zusammenströmten, gingen die Untersuchungen darüber immer fort. Sie sind dort meistens von einem Deutschen Naturforscher und Geologen Grafen Pourtales geleitet worden. Dieser und Professor Baily haben die Resultate, zu denen sie dabei gelangten, in mehren an den Coast-Survey gerichteten Briefen und Schriften niedergelegt die in den Reports des Superintendenten abgedruckt sind.[2] Ehrenberg's Untersuchungen wurden in den Monatsberichten der Königlich Preussischen Akademie der Wissenschaften veröffentlicht.[3]

---

[1] S. hierüber M. F. Maury. Die Physische Geographie des Meeres. Deutsch von Boettger. Leipzig 1856. p. 36.
[2] S. einen Bericht von Graf Pourtales in C. S. R. 1853. p. 82* und 83* und von Prof. Baily in C. S. R. 1855. p. 360 und in Smithsoman Contr. 1851. Art. 3.
[3] Siehe diese Monatshefte für das Jahr 1861. Erste Hälfte. Berlin 1862. p. 222. fgg.

Aus den übereinstimmenden Angaben dieser Beobachter scheint erstlich das Faktum hervorzugehen, dass der Detritus auf dem Boden des Stroms und die Partikelchen, aus denen er besteht, desto feiner und kleiner werden, zu je grösseren Tiefen man hinabsteigt. In der Nähe der Küsten liegen die gröberen Bestandtheile.

Eben so scheint es ausgemacht, dass man in der Nähe der Küsten und in geringeren Tiefen mehr unorganische, weiter in's Meer hinaus und in grösseren Tiefen mehr organische Trümmer findet. Graf Pourtales fand unter dem Detritus in der geringen Tiefe von 250 bis 300 Faden 50 Procent Quarzsand und 50 Procent von Conchylien herrührende Trümmer. In 1000 Faden Tiefe fand er dagegen nur ganz wenig Quarzsand und fast lauter Conchylien-Staub oder Schlamm.

Eben so nimmt mit der Tiefe die Zahl der Individuen unter den organischen Bestandtheilen zu. Prof. Ehrenberg hat in dem Schlamm-Staub und Detritus des tiefsten Golfstrombodens die Hüllen und Reste von nicht weniger als 172 Conchylien, Corallen und kleinen mikroskopischen Thieren nachgewiesen. Und neben so vielen organischen Formen fand er nur 7 verschiedene unorganische Formen, namentlich Trümmer von granitischen, quarz- und glimmerreichen Gebirgsarten, auch Thon und Kalk, aber gar keine Proben vulkanischen Sandes.

Die warme Temperatur des Golfstroms scheint dem thierischen Leben sehr günstig zu sein, indem er dasselbe überall, wohin er kommt, weckt. „Er ist", ruft Prof. Baily aus, „eine wahre Milchstrasse von Polythalamien". Unter den organischen Substanzen kamen viele äusserst zarte Lebensformen vor, die an Ort und Stelle selbst in ausserordentlich grosser Tiefe erzeugt waren. Andere schienen aus weit entlegenen Gegenden herbeigeführt zu sein. So z. B. gab es mitten im Golfstrom an der Ostküste Amerika's viele Lithodonten, eine Gattung mikroskopischer Thiere, die bisher nur als am Mississippi heimisch beobachtet sind, und die daher der Golfstrom wahrscheinlich aus den Mississippi-Trübungen entnahm, fortbewegte und auf dem Meeresgrunde verstreute. Ehrenberg hat diese Mississippi-Formen sogar noch viel weiter nördlich mitten in dem Atlantischen Ocean gefunden. Der Golfstrom schleppt solche Mississippi-Stoffe also sehr weit mit sich.

Ganz ähnliche Depositen von mikroskopischen Thieren und Thierschalen, wie auf dem Boden des Golfstromes selbst, entdeckte Prof. Bailey an einigen Küstenstrichen des Festlandes von Amerika, z. B. in der Nähe von Charleston. Und dieser jetzt leider verstorbene Gelehrte stellte die Meinung auf, dass sie als „das Werk eines alten Golfstroms" betrachtet werden könnten. Es ist eine Bemerkung, die uns wieder ein weites Feld der Untersuchung eröffnet und uns ahnen lässt, wie alt schon die Geschichte des Golfstroms sein, wie er früher viel näher zum Amerikanischen Continent hinzugetreten sein und wie er auch noch viel weiter nördlich als Florida an diesen Küstenländern gebaut und gebildet haben mag.[1])

Das merkwürdigste aber, was Ehrenberg bei den ihm überlieferten Tiefgrund-Proben zu entdecken glaubte, war dieses: dass alle die, welche tiefer als 92 Faden (= 552 Fuss) hervorgeholt waren, bis zu vielen tausend Fuss tiefer hinab gar keine Spur von Abschleifung oder Abrundung zeigten. Sie waren in dieser Tiefe alle eckig und scharfkantig. Es gab daselbst nirgends „Rollsand". Ehrenberg glaubte daraus mit Sicherheit schliessen zu können, dass alle Bewegung und Strömung im Golfstrom sehr oberflächlich sei, und dass die Mächtigkeit des als Golfstrom bewegten Wassers nicht stärker als 552 Fuss sein könne. In der Tiefe von 552 Fuss abwärts können nach ihm weder Wellen-Bewegung noch Golfstrom noch kalter Gegenstrom eingewirkt haben.[2]) „Es ist anzunehmen", sagt er ferner, „dass der Golfstrom oder andere Meeresströmungen nirgends in den grösseren Tiefen die ruhige Entwickelung selbst der feinsten Lebensformen zu berühren oder zu stören vermögen. Die absolute Ruhe in der Tiefe beugt den Versandungen und Abreibungen des Lebendigen vor". „Auch bei Grönland und Island", setzt er hinzu, „ist in grosser Tiefe der Sand kein Rollsand, sondern eckiger Trümmersand. Nur der Küstenboden zeigt abgerundeten Rollsand".[3])

XI. Die Temperaturen des Golfstroms in seiner Längenrichtung.

Die höchste Temperatur zeigt der Golfstrom natürlich in seinen südlichsten Partien in der Nähe des Wendekreises im

---
[1]) S. Bailey in Smithsonian Contributions to Knowledge 1851. Art. 3. p. 8.
[2]) Ehrenberg l. c. p. 235—236.
[3]) Ibidem p. 287—288.

Golf von Mexico und in der Strasse von Florida. Man hat sie auf der Oberfläche des Wassers bis über $+85^0$ F. gefunden, welches einem mässigen Warmwasserbade von etwa 23 bis 24^0 Réaumur gleichkommt. In der Nähe der Mississippi-Mündung will man auf der Oberfläche ein Mal sogar eine Temperatur von beinahe $+90^0$ F. beobachtet haben. Von Mexico und Florida an kühlt er sich natürlich, so wie er nach Norden vorrückt, allmählig ab. Nach welchem Gesetze und in welcher Progression diese Abkühlung sich vollzieht, ist noch nicht ausgemacht. Um zu sicheren Beobachtungen hierüber zu gelangen, schien das beste Mittel zu sein, dass ein Schiff sich vom Golf von Mexico aus mit dem Golfstrom abwärts treiben liesse, und täglich die Temperatur beobachte. Man würde dabei dann immer in demselben Wasserabschnitte bleiben und könnte seine allmählige Abkühlung festsetzen. Dieses Experiment haben die Amerikaner wirklich mehre Male versucht. Namentlich hat es, wie ich oben erzählte, ein Lieutenant Febiger im Jahre 1860 versucht, längs der ganzen Axe des Golfstroms zu fahren und sich immer innerhalb derselben zu halten, um ihre Temperaturen der Länge nach zu beobachten. Aber so einfach das Experiment scheint, so schwer ist es, dasselbe gedeihlich auszuführen. Man könnte es nur bei ganz ruhigem Wetter allenfalls zu Stande bringen, und solches Wetter dauert selten lange an. Wind und Wellen und auch die dem Golfstrom eigene Seiten-Bewegung, von der ich gleich sprechen werde, drängen das Schiff immer nach der Seite hinaus. Und so sind die Seefahrer stets gezwungen, Dampf, Segel und Steuerruder anzuwenden, um ihren Cours zu corrigiren, und dabei kommen sie dann leicht aus ihrer ursprünglichen Position hinaus und gerathen in andere Abschnitte des Golfstrom-Wassers. Der obengenannte Lieutenant Febiger gab das Treibenlassen mit dem Strom daher bald auf und dampfte mit eigener Kraft die ganze Strom-Axe entlang. Er kam dabei natürlich, da er nicht gleiches Tempo mit dem Strom hielt, durch sehr verschiedene Abschnitte des Stromwassers, und da er beständig das Thermometer im Wasser hatte, so machte er dabei die Entdeckung, dass diese Abschnitte in ihren Temperaturen sehr wechselten und dass zuweilen in derselben Jahres-Zeit ein unterer oder nördlicher Strom-Abschnitt höhere Temperaturen zeigte als ein oberer oder südlicher, und dass mit einem Worte die ganze

Oberfläche des Golfstroms in Bezug auf Temperatur sehr buntscheckig sei. Man vermuthet, wie gesagt, dass dieser Temperatur-Wechsel der Länge nach eine Folge der im Golf von Mexico herrschenden und wechselnden Witterungen und Temperaturen sei. Ein Paar kalte Tage im Golf lassen kühleres Wasser in den Ocean hinaus, eine Reihe heisser Tage wärmeres, und diess lässt sich dann im Golfstrom an jenen kühleren oder wärmeren Querstreifen, durch die man bei einer Reise mit ihm abwärts kommt, nachweisen und messen.

XII. Geschwindigkeit des Golfstroms.

In früheren Jahren war man mit der Bemessung und Bestimmung der Geschwindigkeit des Golfstroms sehr schnell bei der Hand. Franklin sagte auf seiner Karte des Golfstroms, dass er mit einer Geschwindigkeit von 5 Meilen in der Stunde die Strasse von Florida passire, und er zeigte dann ziemlich genau in Zahlen, wie viel er mit jedem Paar hundert Meilen weiter nordwärts abnähme. In neuerer Zeit ist man mit solchen Behauptungen vorsichtiger geworden, und man kann schon mit Dem, was ich über die verschiedenen kalten und warmen Adern des Golfstroms sagte, von denen einige vollkommen still zu stehen oder gar rückwärts zu fliessen scheinen, sich vorstellen, was von solchen Behauptungen zu halten ist. Jeder dieser Zweige fliesst mit einem verschiedenen Grade von Geschwindigkeit nach Nordosten, und einige fliessen sogar nach Süden. Man sollte in Bezug auf fortschreitende Bewegung für jeden Zweig eine eigene Reihe von Beobachtungen angestellt haben. Wir sind aber noch weit entfernt davon, solche Beobachtungs-Reihen zu besitzen. Die Geschwindigkeit eines Stromes mitten im Meere genau zu bestimmen, ist äusserst schwierig. Ich finde in den Berichten der Amerikanischen Offiziere den Gegenstand sehr selten und immer nur gelegentlich berührt. Nur dieser Behauptung begegnet man bei ihnen häufig wieder, dass innerhalb der Strasse von Florida der Golfstrom am schnellsten fliesse, nämlich mit einer Schnelligkeit von 3 bis 5 Meilen in der Stunde, was der Geschwindigkeit eines ziemlich schnellfliessenden Landflusses oder eines rasch trabenden Pferdes gleich kommt. Bei Cap Charles an der Küste von Virginien soll seine Geschwindigkeit schon nicht mehr als $1^1/_2$ Meilen in der Stunde betragen.[1]) Im Allgemeinen scheinen die früheren Vorstellungen von der Geschwindigkeit des Golfstroms übertrieben gewesen zu sein. Man glaubte, er käme in wenigen Monaten von dem Golf von Mexico nach Europa hinüber. Aber in den Coast-Survey-Berichten findet sich die Geschichte einer Flasche, welche unweit der Mississippi-Mündung über Bord geworfen und nach 2 Monaten an der Ostküste von Florida bei der Mosquito-Insel gleich nach ihrem Anstranden gefunden wurde. Sie machte diese nicht viel mehr als 800 Meilen betragende Strecke in 2 Monaten oder circa 1400 Stunden und das würde noch nicht einmal eine durchschnittliche Geschwindigkeit von einer Meile in der Stunde geben.[2])

Ausserordentlich gross ist die Einwirkung der Winde auf die Geschwindigkeit des Golfstroms. Diese Untersuchung in ihren Details scheint auch von dem Coast-Survey noch nicht in Angriff genommen zu sein. Man weiss nur im Allgemeinen, was man längst wusste, dass er sich, wenn im Golf von Mexico Nordwinde oder im Ocean Ostwinde lange wehten, mit vermehrter Geschwindigkeit bewegt, dass er bei Westwinden aber langsamer fliesst. Zuweilen hat man ihn selbst in der Strasse von Florida — auf der Oberfläche wenigstens — nur ganz schwach strömend gefunden.

Ueberall haben die Seefahrer die Bemerkung gemacht, dass seine Gewässer keinesweges gleichmässig schnell in Masse vorgehen, dass sie vielmehr nur strichweise sehr schnell fliessen und dass der ganze Golfstrom voll von heftigen Strömungen oder Wirbeln (Races) ist.

In welcher Tiefe er die grösste Geschwindigkeit habe, und nach welchem Gesetz dieselbe in sehr grossen Tiefen abnehme und in welchen Tiefen der Strom endlich zur Ruhe komme oder gar in die entgegengesetzte Richtung umschlage, dies sind lauter Fragen, auf die wir noch keine Antwort haben.

Auf der Oberfläche hat man noch dies bemerkt, dass der Strom sich nicht nur vorwärts, sondern auch zugleich seitwärts bewegt. Seine Gewässer häufen sich nämlich, nach allgemeinen hydrostatischen Gesetzen, in der Mitte etwas auf und an,

---

[1]) C. S. R. 1860. p. 176.
[2]) C. S. R. 1854. p. 61.

und fallen nach der Seite hin etwas ab. Der Golfstrom ist, wie Herr Maury sich ausdrückt, „roofshaped" (dachförmig gestaltet). Es giebt zugleich mit dem Fortschritt nach vorn eine seinen Gewässern eigene Tendenz, ein Drängen und ein Abfliessen nach der Seite. Dieses Drängen nach der Seite, welches die Amerikaner „the lateral flow" nennen, giebt sich dadurch zu erkennen, dass alle Gegenstände, die in dem Golfstrom fortschwimmen, das Treibholz, die Bäume, Früchte, Gesäme der Westindischen Inseln am Ende nach seinem Rande hingedrängt werden. Ein Schiff, das sich mit dem Golfstrom steuer- und segellos treiben liesse, würde, nachdem es eine Strecke weit so fortgetrieben wäre, am Ende ganz aus dem Strome hinaus und in seine Seitenströmungen hineingetrieben werden. Die Schiffe, welche stets die Mitte des Stromes zu halten wünschen, haben dies in Rechnung zu bringen und müssen immer etwas gegen die Seiten-Tendenz des Stromes anarbeiten. Auf der Oberfläche scheint dieses Abfliessen nach den Seiten am stärksten zu sein, weiter nach unten wird es minder stark. Dies schliesst man unter andern aus dem Umstande, dass ein Boot, welches man mitten im Golfstrom aussetzt, sogleich sich von seinem Schiffe trennt und seitwärts abtreibt. Das grosse Schiff, welches tiefer hinabtaucht und daher von keiner so starken Seiten-Abtreibung ergriffen wird, schiesst noch mehr gerade aus.

Man muss endlich sogar noch eine damit zusammenhangende dritte Bewegung im Golfstrom annehmen, nämlich von unten nach oben, wie bei sprudelnden warmen Quellen. Das warme Wasser des Golfstroms ist nämlich leichter als das kalte unter ihm, und muss daher wie das ins Wasser eingetauchte Holz eine Tendenz nach oben haben. In Folge dieser Tendenz geschieht es, dass der Golfstrom bei seinem Fortschritte nach Norden sich immer weiter über dem kalten Wasser ausbreitet oder mit andern Worten stets dünner oder untiefer wird.

XIII. Gegenströme des Golfstromes.

Wie jeder Fluss zufolge allgemeiner hydrostatischer Gesetze auf seinen Seiten Gegenströmungen erzeugt, die sich mit ihm in umgekehrter Richtung bewegen, so thut dies auch der Golfstrom, sowohl längs der Küste der Vereinigten Staaten, als auch da, wo er längs des freien Meeres fliesst.

Die bemerkenswertheste, constanteste und für Schifffahrts- und andere Verhältnisse wichtigste Gegenströmung hat der Golfstrom auf seiner westlichen Seite längs der ganzen mehr als 1000 Meilen langen Ostküste der Vereinigten Staaten von den Vorgebirgen Neu-Englands bis zur Südspitze bei Cap Florida. Das ganze dort sich hinziehende submarine Plateau ist von einem Wasser bedeckt, welches auffallend kühler und überhaupt ganz anders beschaffen ist, als das des Golfstroms, und das sich fast das ganze Jahr hindurch nach Süden und Südwesten bewegt.

Man kann sagen, dass die mittlere Temperatur dieses Stroms im Durchschnitt 15 Grade niedriger ist, als die des Golfstroms in seiner Axis. Wegen dieser auffallenden Kälte und wegen seiner Richtung nach Süden hält man diesen Küstenstrom für eine Fortsetzung des von Labrador herabkommenden Polar-Stroms. Er ernährt ganz andere Thiere als der Golfstrom und erzeugt unter andern die köstlichen und schmackhaften Fische für die Märkte der Union, während die Fische aus dem warmen Golfstrom alle flau von Geschmack und schlaff von Fleisch sind. Er erzeugt auch an den Küsten andere See- und Ufer-Pflanzen als der Golfstrom. Er sondert den Golfstrom und seine Einflüsse von den Amerikanischen Küsten fast ganz und gar ab, so dass dieser (nach Maury's Aussage) von den vielen westindischen Produkten, die er mit sich führt, und zu den Azorischen Inseln und nach Europa flösst und die er sogar an den Küsten von Norwegen verstreut, an den Küsten der Vereinigten Staaten gar keine auswirft. Auch erleichtert und fördert jener Seitenstrom die Schifffahrt in südlicher Richtung, und ist die gewöhnliche und allgemeine Bahn der nach Süden bestimmten Fahrzeuge, während die nach Norden fahrenden den dahin führenden Golfstrom aufsuchen. Die Geschwindigkeit dieser Küsten-Strömung ist natürlich je nach Wind und Wetter, nach den Jahreszeiten, und nach den Küsten-Configurationen sehr verschieden. Hie und da hat man schon eine nach Süden gerichtete Bewegung von 3 Meilen in der Stunde beobachtet. Mitunter wird dieser Strom stellenweise ganz vom Golfstrom verdeckt, der zuweilen so zu sagen aus seinen Ufern tritt und den kalten Küstenstrom mit warmem Wasser weit und breit überschwemmt. Diess geschieht namentlich, wenn lange Zeit Ostwinde geweht haben, während umgekehrt, wenn lange Zeit Westwinde vorherrschten, das kalte Wasser des Küstenstroms sich auszubreiten und das warme Wasser des Golfstroms sich von der Küste zurückzuziehen scheint. Auch im Winter wird der kalte Küstenstrom, der dann mehr Zufuhr kalten Wassers aus dem Norden empfängt, breiter. Im Sommer, wo der Golfstrom mehr warmes Wasser aus dem erhitzten Golf von Mexico empfängt, und wo seine warmen Adern gleichsam anschwellen, findet das Umgekehrte statt. Nichtsdestoweniger sind diess Alles nur Vorgänge auf der Oberfläche. Die besagten Phänomene sind nur als Austretungen oder Ueberfluthungen des warmen und kalten Wassers zu betrachten. Frühere Seefahrer übersahen diess und behaupteten, der ganze Golfstrom würde von Ostwinden an die Küste gedrängt und von Westwinden von ihr abgetrieben. Und eben so sagte auch noch in der Neuzeit der Amerikanische Hydograph Maury, „der Golfstrom schwinge sich im Meere wie ein Pendel hin und her", und drehe sich im Winter von der Küste ab, im Sommer ihr zu. Es ist aber leicht einzusehen, dass eine Wassermasse von mehr als 1000 Fuss Dicke sich nicht so leicht wie ein Pendel schwingen lässt, und noch viel weniger von den Winden, die schwerlich über eine Tiefe von 100 oder 150 Fuss noch irgend einen Einfluss üben, hin und her getrieben werden kann. Es ist daher viel wahrscheinlicher, dass in grösserer Tiefe, bei Ost- wie bei Westwind, im Winter wie im Sommer sich die Verhältnisse und Abgränzungen beider Strömungen in weit höherem Grade gleich bleiben.

Natürlich müssen die Wassermassen, welche dieser Seitenstrom des Golfstroms nach Süden hinabführt, irgendwo ausmünden und weiter gehn, und da sie südwärts auf der Oberfläche nicht erscheinen, so ist es wohl ohne Zweifel, dass sie sich schliesslich unter den Golfstrom hinabsenken und in der Strasse von Florida als submariner Strom weiter nach Süden fliessen.

Dass auch auf der östlichen Seite des Golfstroms, wo er den freien Ocean streift, Gegenströmungen stattfinden, ist von vielen Seefahrern beobachtet worden. Doch haben die Officiere des Amerikanische C. S. über sie noch keine speciellen Untersuchungen angestellt.

Auch in dem Canal von Florida begleiten den Golfstrom bemerkenswerthe Gegenströmungen, namentlich auf seiner nördlichen Seite. Hier beginnt beim Cap von Florida eine westwärts gerichtete Strömung, während die Hauptmasse des Golfstroms selbst ostwärts gerichtet ist. Sie bewegt sich vom Cap Florida, wo gleichsam ihr Ursprung ist, circa 200 Meilen weit längs der Südküste der Halbinsel und längs der Corallen-Riffe und Inselketten derselben hin, und spielt wahrscheinlich eine grosse Rolle in der Förderung des Thierlebens und bei der Bildung und dem Wachsthum dieser Riffe. Sie ist anfänglich schmal, wird nach Westen hin meistens breiter (man hat sie schon 30 Meilen weit in die See hinaus gefunden) zugleich aber auch schwächer. Zuweilen strömt sie stark, zuweilen verschwindet sie gänzlich. Namentlich wenn im Golf von Mexico heftige Nordwinde länger bliesen, die den Golfstrom mächtiger anschwellen lassen. Dann drängt der Golfstrom diesen westlichen Gegenstrom wohl mit seinem warmen Wasser zurück, tritt der Südküste von Florida näher und dringt auch in alle Canäle und Meerengen der Corallen-Riffe Florida's ein. [1])

Auch im Süden des Golfstroms längs der Küste von Cuba zeigt sich zuweilen ein westwärts gerichteter Gegenstrom. Doch hat man noch wenige detaillirte Beobachtungen über ihn gemacht.

XIV. Verschiedenheiten der Golfstrom-Temperaturen in verschiedenen Jahreszeiten und in verschiedenen Jahren.

Aus verschiedenen Ursachen, die ich schon angab, wurden bisher fast alle Operationen im Golfstrom während des Sommers ausgeführt. Forschreisen im Winter hat man nur ganz selten unternommen. Man kennt daher noch sehr wenig von der Temperatur und dem übrigen Verhalten des Stromes während des Winters. Doch hat man so viel beobachtet, dass die Temperaturen der Oberfläche des Stromes ebenso wie die der Luft bedeutend niedriger werden, während die grösseren Tiefen mehr gleich bleiben. Man fand im Januar und Februar die Wärme des Wassers in 50 Faden Tiefe grösser, als auf der Oberfläche. [2]) Während im Sommer 1853 bei Cap

---

[1]) Siehe über diesen westlichen Gogenstrom der Florida-Riffe den Bericht und die Schilderungen des Lieutenants Hunt in C. S. R. 1858. p. 217—222.
[2]) C. S. R. 1854. p. 60.

Cañaveral in 5 Faden Tiefe die Temperatur um 16 Grad höher war als in 125 Faden, betrug im folgenden Winter 1854 die Differenz hier nur 5 Grade. Sehr bedeutende Tiefen zeigten also beinahe dieselbe Wärme, wie die Gegenden in der Nähe der Oberfläche.[1]

Wie von einer Jahreszeit zur anderen, so hat man auch von einem Jahre zum andern sehr beträchtliche Contraste zwischen den Wärme-Graden des Wassers gefunden. Die Verschiedenheiten der Temperatur der ganzen Masse des Golfstrom-Wassers in verschiedenen Jahren ist oft grösser als die Contraste der Temperatur zwischen den verschiedenen Partieen des Golfstroms.[2] Im Jahre 1846 z. B. scheint der ganze Golfstrom besonders heiss gewesen zu sein. Denn in diesem Jahre ist die Temperatur seiner Axe noch bei Sandy Hook, also in einer sehr nördlichen Position um $1^1/_2$ Grad höher gefunden worden, als 1853 bei Cañaveral, also in einer sehr südlichen Gegend.[3] Vielleicht hängen solche Unterschiede von den Witterungszuständen ab, die im Laufe des Jahres im Golf von Mexico geherrscht haben. War dort ein besonders heisses Jahr, so mag der Golfstrom sich durchweg erwärmen und vice versa.

Doch haben wir über alle diese Dinge noch keineswegs so zahlreiche Beobachtungen und Daten, um sie mit einander verbinden, zu einem allgemeinen übersichtlichen Resultate gelangen und ein Gemälde der Regelmässigkeit des Temperatur-Wechsels nach den Jahreszeiten, und nach der Reihenfolge der Jahre und langen Zeiträumen entwerfen zu können.[4]

Schlussbemerkung.

Mit dieser kurzen Schilderung Dessen, was die Amerikaner für die nähere Erforschung des an ihren Küsten fliessenden Abschnitts des Golfstroms in neuerer Zeit thaten, schliesse ich meine Untersuchung der Geschichte dieses Phänomens, die ich

---

[1] C. S. R. 1854. p. 65.
[2] So sagt Professor Bache im C. S. R. 1854. p. 59.
[3] C. S. R. 1853. p. 49.
[4] C. S. R. 1860. p. 175 und 1854. p. 51.

als unparteiischer Berichterstatter von den Zeiten des Columbus bis auf die Mitte des 19. Jahrhunderts zu entwickeln und fortzuführen bestrebt gewesen bin. Die Acten über dasselbe sind noch lange nicht abgeschlossen und demnach bleibt auch mein Versuch ein Bruchstück, das später vollendet werden wird, doch aber, wie ich hoffe, auch jetzt schon in seiner Unvollkommenheit nicht ganz überflüssig und in mancher Beziehung nützlich befunden werden mag.